"十三五"高等职业教育规划教材

# 高等数学

主编 付菁波
参编 李 蕊 张晓妮
主审 张 涛

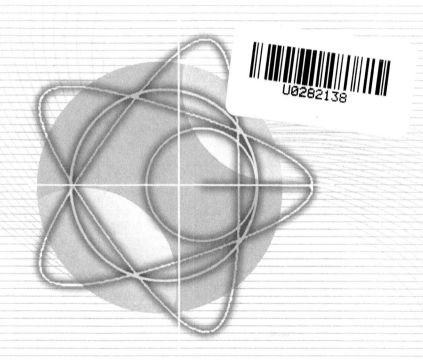

U0282138

西安交通大学出版社
XI'AN JIAOTONG UNIVERSITY PRESS

# 内 容 简 介

本书是在认真研究了高职人才培养目标、高职学生学习特点的基础上,结合多年来高职高等数学教学与改革经验编写的。

本书编写简明直观、通俗易学、涉及的知识面宽广。主要内容包含函数的极限与连续、导数与微分、微分中值定理及其应用、不定积分、定积分及其应用、向量与空间解析几何、多元函数微分学、二重积分以及常微分方程初步。本书的最大特色在于每章都搭配了 Matlab 程序便于学生同步地学习 Matlab 数学软件,并且还广泛涉猎了与工科专业知识相关的数学应用案例,充分体现出高等数学在专业知识中的广泛应用。

本书可作为高职高专院校工科类各专业高等数学课程的通用教材,也可作为工程技术人员和数学爱好者的参考书。

**图书在版编目(CIP)数据**

高等数学/付菁波主编 . —西安:西安交通大学出版社,2017.8(2021.8 重印)
ISBN 978 - 7 - 5605 - 9873 - 4

Ⅰ.①高…　Ⅱ.①付…　Ⅲ.①高等数学　Ⅳ.①O13

中国版本图书馆 CIP 数据核字(2017)第 169021 号

| 书　　名 | 高等数学 |
| --- | --- |
| 主　　编 | 付菁波 |
| 责任编辑 | 李　佳 |

| 出版发行 | 西安交通大学出版社 |
| --- | --- |
| | (西安市兴庆南路 1 号　邮政编码 710048) |
| 网　　址 | http://www.xjtupress.com |
| 电　　话 | (029)82668357　82667874(发行中心) |
| | (029)82668315(总编办) |
| 传　　真 | (029)82668280 |
| 印　　刷 | 西安日报社印务中心 |

| 开　　本 | 787mm×1092mm　1/16　　印张　12.5　　字数　292 千字 |
| --- | --- |
| 版次印次 | 2017 年 8 月第 1 版　2021 年 8 月第 3 次印刷 |
| 书　　号 | ISBN 978 - 7 - 5605 - 9873 - 4 |
| 定　　价 | 31.80 元 |

读者购书、书店添货,如发现印装质量问题,请与本社发行中心联系、调换。
订购热线:(029)82665248　(029)82665249
投稿热线:(029)82668818　QQ:19773706
读者信箱:lg_book@163.com

# 前　言

本书是根据教育部制定的《高职高专教育高等数学课程教学基本要求》，结合高等职业教育的教学特点和实际情况编写。本书的指导思想和特色如下：

（1）注重概念。以实际案例为背景，通过解答实际案例引入数学概念，用通俗的语言说明概念的内涵，再将数学概念应用到实际案例中，从而不断加强和深化学生对概念的理解。

（2）注重简洁直观，突出实际应用。结合高职的教学特点，教材在保持高等数学学科基础体系的前提下，力求通俗化叙述抽象的数学概念，简化理论证明，强化直观说明和几何解释。

（3）数学知识与专业知识相结合。为提高学生应用数学知识解决实际问题的能力，在编写教材时，选择了较多的工程专业方面的应用性案例，以提高学生应用数学知识解决实际问题的意识和能力，体现出"以应用为目的"的编写原则。

（4）高等数学与数学实验相结合。鉴于计算机的广泛应用以及数学软件的日臻完善，为促进教学手段不断改革和创新，提高学生使用计算机解决数学问题的意识和能力，激发学生的兴趣，尝试高等数学的教学与计算机功能的结合，进而提高学生的素质。每章后面都相应地设置了 MATLAB 程序解决数学问题，使学生感受到数学软件给解决数学问题带来的便利。

本书主要适用于高职高专各专业，也可供其他理工理科专业使用，还可作为"专升本"及学历文凭考试的教材或参考书。

本书由杨凌职业技术学院文理分院数学教研室的付菁波、李蕊和张晓妮三位教师共同编写而成。其中，李蕊编写第 1、2、5 章、付菁波编写第 3、7、9、10 章、张晓妮编写第 4、6、8 章。在本书的策划编写和审稿的过程中杨凌职业技术学院文理分院数学教研室主任张涛老师给予了大力支持，提出了宝贵建议，在此我们一并表示衷心感谢。

由于编者水平所限，书中不足之处在所难免，我们期望得到专家、同行和读者的批评指正，使本书不断完善。

编者
2017 年 5 月

# 目　　录

# 第1章　函数的极限与连续

常量是初等数学研究的对象,而变量是高等数学的研究对象.函数关系就是研究变量之间的依存关系,极限方法是研究变量的一个基本方法,极限的概念是微积分学中的基本概念之一,微积分学中的其他几个重要概念,如连续、导数、定积分等均是通过极限来表述的,并且微积分学中的很多定理也是用极限方法推导出来的.本章我们将在对函数概念进行复习和补充的基础上介绍函数极限的概念,求极限的方法和函数的连续性,为以后微积分的学习打下基础.

## 1.1　初等函数

### 1.1.1　函数的定义

函数是微积分学研究的对象.在中学里我们已经学习过函数的概念,在这里我们不是进行简单的重复,而是要从全新的视角来对它进行描述并重新分类.

**1. 函数的定义**

**定义 1**　设有两个变量 $x$ 和 $y$,如果当变量 $x$ 在一定范围 $D$ 内任取一数值时,变量 $y$ 按照一定的法则 $f$,总有唯一确定的数值与之对应,则称变量 $y$ 是变量 $x$ 的函数,记为

$$y = f(x), x \in D$$

其中,$x$ 称为自变量;$y$ 称为因变量;$D$ 称为函数的定义域;集合

$$M = \{y \mid y = f(x), x \in D\}$$

称为函数的值域.

对于确定的 $x_0 \in D$,通过对应法则 $f$,总有唯一确定的值 $y_0$ 与之对应,这个值 $y_0$ 称为函数 $y = f(x)$ 在 $x_0$ 处的函数值,记作 $y_0 = f(x_0)$.

**2. 函数的两个要素**

函数的对应规律和定义域称为函数的两个要素.如果两个函数的定义域相同,对应规律也相同,那么这两个函数就是相同的函数.

**例 1**　求函数 $y = \sqrt{1-x^2}$ 的定义域.

**解**　要使得原函数有意义,只需 $1-x^2 \geqslant 0$,即 $x^2 \leqslant 1$,解得 $-1 \leqslant x \leqslant 1$,所以函数定义域为 $[-1,1]$.

**例 2**　求函数 $f(x) = \arcsin(x-1)$ 的定义域.

**解**　要使得原函数有意义,只需 $|x-1| \leqslant 1$,即 $-1 \leqslant x-1 \leqslant 1$,解得 $0 \leqslant x \leqslant 2$,所以函数的定义域为 $[0,2]$.

**例 3**　下列函数是否相同,为什么?

(1) $y = x$ 与 $y = \sqrt{x^2}$;

(2)$y = \ln x^7$ 与 $y = 7\ln x$.

**解**　(1)$y = x$ 与 $y = \sqrt{x^2}$ 是不同的函数,因为对应法则不同.

(2)$y = \ln x^7$ 与 $y = 7\ln x$ 是相同的函数,因为对应法则与定义域均相同.

**3. 函数的表示法**

函数常用的表示法有三种,分别为:表格法、图像法和公式法.

**4. 分段函数**

分段函数:在定义域内不同的区间上可以用不同解析式表示的函数.

分段函数是微积分中常见的一种函数.例如,符号函数.

$$y = \operatorname{sgn} x = \begin{cases} 1, & x > 0 \\ 0, & x = 0 \\ -1, & x < 0 \end{cases}$$

和绝对值函数

$$y = |x| = \begin{cases} x & x \geqslant 0 \\ -x & x < 0 \end{cases}$$

**注意:**

(1) 分段函数是用几个不同解析式表示的一个函数,而不是几个函数.

(2) 分段函数的定义域是各段自变量取值集合的并集.

## 1.1.2　函数的几种特性

设函数 $f(x)$ 的定义域为区间上 $I$.

**1. 函数的有界性**

**定义 2**　若存在正数 $M$,使得对于在区间上 $I$ 的任意 $x$,都有 $|f(x)| \leqslant M$ 成立,则称 $f(x)$ 为 $I$ 上的有界函数.

例如,$y = \cos x$ 在定义域 $(-\infty, +\infty)$ 内有界,因为在定义域内,始终有 $|\cos x| \leqslant 1$;而 $y = \dfrac{1}{x}$ 在 $(0,1)$ 内无界.

**2. 函数的单调性**

**定义 3**　如果对于区间 $I$ 上任意两点 $x_1$ 及 $x_2$,若当 $x_1 < x_2$ 时,恒有 $f(x_1) < f(x_2)$,则称函数 $f(x)$ 在区间 $I$ 上是**单调增加**;若当 $x_1 < x_2$ 时,恒有 $f(x_1) > f(x_2)$,则称函数 $f(x)$ 在区间 $I$ 上是**单调减少**,区间 $I$ 称为单调区间.

**3. 函数的奇偶性**

**定义 4**　设 $I$ 为关于原点对称的区间,若对于任意 $x \in I$,都有 $f(-x) = f(x)$ 恒成立,则称 $f(x)$ 为偶函数;若 $f(-x) = -f(x)$ 恒成立,则称 $f(x)$ 为**奇函数**.

**4. 函数的周期性**

**定义 5**　如果存在一个非零数 $l$,使得对于任一 $x \in D$ 有 $(x + l) \in D$,且

$$f(x + l) = f(x)$$

恒成立,则称 $f(x)$ 为**周期函数**,$l$ 称为 $f(x)$ 的**周期**,通常我们说周期函数的周期是指**最小正周期**.

### 1.1.3　初等函数

**1. 基本初等函数**

把高中数学中学过的六大类函数,通常统称为**基本初等函数**,即:

(1) 常函数　　$y = C$($C$ 为实常数);

(2) 幂函数　　$y = x^a$($a$ 为实常数);

(3) 指数函数　　$y = a^x$($a > 0, a \neq 1$);

(4) 对数函数　　$y = \log_a x$($a > 0, a \neq 1$);

(5) 三角函数　　$y = \sin x, y = \cos x, y = \tan x,$

$$y = \cot x, y = \sec x, y = \csc x$$

(其中正割 $\sec x = \dfrac{1}{\cos x}$,余割 $\csc x = \dfrac{1}{\sin x}$);

(6) 反三角函数　　$y = \arcsin x, y = \arccos x, y = \arctan x, y = \text{arccot} x.$

在中学数学中上述这些函数已做过较详细的讨论,下面就反三角函数的图像和性质作简要复习.

反正弦函数 $y = \arcsin x$ 的图形如图 1-1 所示,其定义域是 $x \in [-1,1]$,值域是 $y \in \left[ -\dfrac{\pi}{2}, \dfrac{\pi}{2} \right]$,它是单调增函数,是奇函数.

反余弦函数 $y = \arccos x$ 的图形如图 1-2 所示,其定义域是 $x \in [-1,1]$,值域是 $y \in [0, \pi]$,它是单调减函数.

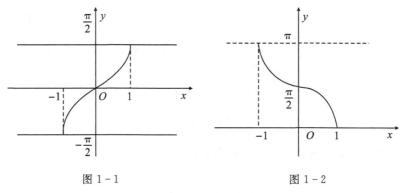

图 1-1　　　　　　　　　　　图 1-2

反正切函数 $y = \arctan x$ 的图形如图 1-3 所示,其定义域是 $x \in (-\infty, +\infty)$,值域是 $y \in \left( -\dfrac{\pi}{2}, \dfrac{\pi}{2} \right)$,它是单调增函数,是奇函数.

反余切函数 $y = \text{arccot} x$ 的图形如图 1-4 所示,其定义域是 $x \in (-\infty, +\infty)$,值域是 $y \in (0, \pi)$,它是单调减函数.

**2. 复合等函**

**定义 6**　设函数 $y = f(u)$,而 $u = \varphi(x)$,且 $u = \varphi(x)$ 的值域全部或部分在 $y = f(u)$ 的定义域中,则 $y$ 通过中间变量 $u$ 构成 $x$ 的函数,称为 $x$ 的复合函数,记作

$$y = f(\varphi(x))$$

其中,$x$ 是自变量,$u$ 称为中间变量.

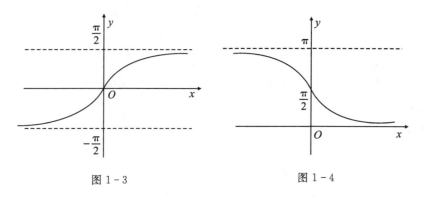

图 1-3                     图 1-4

**注意:**

(1) 不是任何两个函数都可以构成一个复合函数,例如 $y = \arcsin u$ 与 $u = x^2 + 5$ 就不能构成复合函数.

(2) 复合函数不仅可以有一个中间变量,还可以有多个中间变量,这些中间变量是经过多次复合产生的.

**例 4** 指出下列函数是由哪些简单函数复合而成的.

$(1) y = \cos(6x)$;$(2) y = \tan^2 \dfrac{x}{2}$;$(3) y = e^{\sin^3 x^2}$

**解** (1) $y$ 是由 $y = \cos u$ 与 $u = 6x$ 复合而成;

(2) $y$ 是由 $y = u^2$、$u = \tan v$ 及 $v = \dfrac{x}{2}$ 复合而成;

(3) $y$ 是由 $y = e^u$、$u = v^3$、$v = \sin t$ 及 $t = x^2$ 复合而成.

**3. 初等函数**

**定义 7** 由基本初等函数经过有限次的四则运算或者有限次的复合步骤而构成的,且能用一个解析式表示的函数,叫做**初等函数**.

**注意:**大多数分段函数不能用一个解析式子表示出来,因而不是初等函数.但也有例外,例如,分段函数 $y = |x| = \begin{cases} x, & x \geqslant 0 \\ -x, & x < 0 \end{cases}$ 可以改写成 $y = |x| = \sqrt{x^2}$,所以它还是初等函数.

微积分中研究的函数绝大部分都是初等函数.

# 同步练习 1.1

1. 求下列函数的定义域.

$(1) y = \arccos(2x - 1)$;

$(2) y = \dfrac{2}{1 - x^2}$;

$(3) y = \ln(x + 3)$;

$(4) y = \sqrt{5 - x} + \arctan \dfrac{1}{x}$.

2. 下列各对函数是否相同,为什么?

$(1) y = \cos x$ 与 $y = \sqrt{1 - \sin^2 x}$;

$(2) y = \dfrac{1}{x + 1}$ 与 $y = \dfrac{x - 1}{x^2 - 1}$;

$(3) y = 1$ 与 $y = \sin^2 x + \cos^2 x$;

$(4) y = \ln x^7$ 与 $y = 7\ln x$.

3. 下列函数是由哪些简单函数复合而成的?

(1) $y = \tan 4x$;

(2) $y = \sqrt{7x+1}$;

(3) $y = (\lg x)^5$;

(4) $y = \sqrt{\lg \sqrt{x}}$;

(5) $y = \ln^3(\arcsin x^3)$;

(6) $y = e^{\sqrt{x+1}}$;

(7) $y = \sin^3(2x^2 + 3)$;

(8) $y = \ln^3(x+5)$.

# 1.2　极限的概念

函数描述了事物的变化规律,为了研究这种变化规律的趋势,本节学习极限的概念.

## 1.2.1　数列极限的概念

数列是以正整数为自变量的一种特殊的函数. 通常记为 $a_n = f(n)$,$(n = 1, 2, \ldots)$ 或 $\{a_n\}$,其中 $a_n$ 称为数列 $\{a_n\}$ 的通项.

**定义 1**　对于数列 $\{a_n\}$,如果当 $n$ 无限增大时,通项 $a_n$ 无限趋近于某个确定的常数 $A$,则称 $A$ 为数列 $\{a_n\}$ 的极限,记为

$$\lim_{n \to \infty} a_n = A \text{ 或 } a_n \to A (n \to \infty)$$

此时也称数列 $\{a_n\}$ 收敛于 $A$;若数列 $\{a_n\}$ 没有极限,则称该数列发散.

**例 1**　观察下列数列的极限.

(1) $a_n = \dfrac{1}{2^n}$;(2) $a_n = \dfrac{n}{n+1}$;(3) $a_n = 2^n$;(4) $a_n = (-1)^n$.

**解**　观察上面 4 个数列在 $n \to \infty$ 时的发展趋势,得

(1) $\lim_{n \to \infty} \dfrac{1}{2^n} = 0$;

(2) $\lim_{n \to \infty} \dfrac{n}{n+1} = 1$;

(3) $\lim_{n \to \infty} 2^n$ 不存在;

(4) $\lim_{n \to \infty} (-1)^n$ 不存在.

**定理 1**　(单调有界原理)单调有界数列必有极限.

## 1.2.2　函数极限的概念

### 1. $x \to x_0$ ($x_0$ 为确定的值) 时函数 $f(x)$ 的极限

**引例**　从函数图形特征考察函数 $f(x) = x+1$,$g(x) = \dfrac{x^2-1}{x-1}$,在 $x \to 1$ 时的变化趋势.

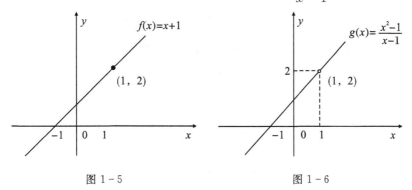

图 1-5　　　　　　　　　　　　　图 1-6

从图 1-5 可以得到,当 $x \to 1$ 时,$f(x) = x+1$ 无限接近于 2;

从图 1-6 可以得到,当 $x \to 1$ 时,$g(x) = \dfrac{x^2-1}{x-1}$ 无限接近于 2.

**分析**:函数 $f(x) = x+1$ 与 $g(x) = \dfrac{x^2-1}{x-1}$ 是两个不同的函数,$f(x)$ 在 $x=1$ 处有定义,$g(x)$ 在 $x=1$ 无定义,但是它们的极限都存在,这就是说,函数的极限是否存在与其在 $x=1$ 处是否有定义无关.

邻域的概念.以点 $x_0$ 为中心的任何开区间称为点 $x_0$ 的**邻域**,记为 $N(x_0)$.

设 $\delta$ 是任一正数,则开区间 $(x_0-\delta, x_0+\delta)$ 就是点 $x_0$ 的一个邻域,这个邻域称为点 $x_0$ 的 $\delta$ 邻域,记作 $N(x_0, \delta)$,即

$$N(x_0, \delta) = \{x \mid x_0 - \delta < x < x_0 + \delta\}$$

点 $x_0$ 称为这邻域的中心,$\delta$ 称为该邻域的半径(如图 1-7).

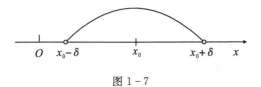

图 1-7

有时用到的邻域需要把邻域的中心去掉.点 $x_0$ 的 $\delta$ 邻域去掉中心 $x_0$ 后,称为点 $x_0$ 的**去心邻域**,记为 $N(\hat{x}_0, \delta)$,即

$$N(\hat{x}_0, \delta) = \{x \mid 0 < |x - x_0| < \delta\}$$

**定义 2**　设函数 $f(x)$ 在点 $x_0$ 的某一去心邻域 $N(\hat{x}_0, \delta)$ 内有定义,当自变量 $x$ 在此邻域内趋近于 $x_0$ 时,函数 $f(x)$ 无限趋近于常数 $A$,则 $A$ 称为 $x \to x_0$ 时函数 $f(x)$ 的**极限**,记作

$$\lim_{x \to x_0} f(x) = A \quad \text{或} \quad f(x) \to A (x \to x_0)$$

这时我们称 $\lim\limits_{x \to x_0} f(x)$ 存在,否则称 $\lim\limits_{x \to x_0} f(x)$ 不存在.

**2. 左右极限**

**定义 3**　当 $x < x_0$(或 $x > x_0$),即 $x$ 从 $x_0$ 的左(或右)边无限接近 $x_0$ 时,$f(x)$ 都无限接近于常数 $A$,这时称常数 $A$ 为 $f(x)$ 在点 $x_0$ 处的左(右)极限,记作

$$\lim_{x \to x_0^-} f(x) = A \text{ 或 } \lim_{x \to x_0^+} f(x) = A$$

**定理 2**　$\lim\limits_{x \to x_0} f(x) = A$ 的充要条件为 $\lim\limits_{x \to x_0^+} f(x) = \lim\limits_{x \to x_0^-} f(x) = A$.

**注意**:左右极限的概念通常用于求分段函数在分段处的极限.

**例 2**　讨论分段函数 $f(x) = \begin{cases} x^2 + 2, & x < 1 \\ \dfrac{1}{2}, & x = 1 \\ x - 3, & x > 1 \end{cases}$,当 $x \to 1$ 时 $f(x)$ 的极限是否存在.

**解**　因为

$$\lim_{x \to 1^-} f(x) = \lim_{x \to 1^-} (x^2 + 2) = 3$$

$$\lim_{x \to 1^+} f(x) = \lim_{x \to 1^+} (x - 3) = -2$$

即 $f(x)$ 在 $x \to 1$ 时的左右极限存在但不相等,因此 $\lim\limits_{x \to 1} f(x)$ 不存在.

**2. $x \to \infty$ 时函数 $f(x)$ 的极限**

**定义 4**　如果当 $x$ 的绝对值无限增大时,函数 $f(x)$ 趋近于一个常数 $A$,则称 $A$ 为函数 $f(x)$ 在 $x \to \infty$ 时的极限,记作

$$\lim_{x \to \infty} f(x) = A,\text{或} f(x) \to A (x \to \infty)$$

**定义 5**　如果当 $x > 0$ 且无限增大时,函数 $f(x)$ 无限趋近一个常数 $A$,则称 $A$ 为函数 $f(x)$ 在 $x \to +\infty$ 时的极限,记作

$$\lim_{x \to +\infty} f(x) = A,\text{或} f(x) \to A (x \to +\infty)$$

**定义 6**　如果当 $x < 0$ 且其绝对值无限增大时,函数 $f(x)$ 无限趋近一个常数 $A$,则称 $A$ 为函数 $f(x)$ 在 $x \to -\infty$ 时的极限,记作

$$\lim_{x \to -\infty} f(x) = A,\text{或} f(x) \to A (x \to -\infty)$$

**定理 3**　$\lim\limits_{x \to \infty} f(x) = A$ 的**充分必要条件**是 $\lim\limits_{x \to +\infty} f(x) = \lim\limits_{x \to -\infty} f(x) = A$.

**例 3**　考察 $x \to -\infty$ 时,$f(x) = e^x$ 的极限.

**解**　当 $x \to -\infty$ 时,$f(x) = e^x$ 的值无限趋近于零,所以 $\lim\limits_{x \to -\infty} e^x = 0$.

**注意:**

(1) 在一个变量前加上极限记号,表示对这个变量进行取极限运算,若变量的极限是存在的,所指的不再是这个变量本身而是它的极限,即变量无限接近的那个值.

(2) 如上所给出的各种情形下的极限定义,均属于极限的形象描述,不属于严格的极限定义.有兴趣的同学可以参考本科教材.

## 1.2.3　极限的性质

前面我们讨论了函数极限的各种情形,他们描述的问题可以统一表述为:自变量 $x$ 在某一变化过程中,函数 $f(x)$ 的值无限逼近某个确定的常数 $A$,因此,它们有一系列的共性.下面以 $x \to x_0$ 为例给出函数极限的性质.

**性质 1(唯一性)**　若 $\lim\limits_{x \to x_0} f(x) = A$,$\lim\limits_{x \to x_0} f(x) = B$,则 $A = B$.

**性质 2(有界性)**　若 $\lim\limits_{x \to x_0} f(x) = A$,则存在 $x_0$ 的某一去心邻域 $N(\hat{x}_0, \delta)$,在此邻域内函数 $f(x)$ 有界.

**性质 3(保号性)**　若 $\lim\limits_{x \to x_0} f(x) = A$ 且 $A > 0$(或 $A < 0$),则存在某个去心邻域 $N(\hat{x}_0, \delta)$,在此邻域内 $f(x) > 0$(或 $f(x) < 0$).

**推论**　若在某个去心邻域 $N(\hat{x}_0, \delta)$ 内,$f(x) \geqslant 0$(或 $f(x) \leqslant 0$),且 $\lim\limits_{x \to x_0} f(x) = A$,

则　　　　　　　　　　　　　　$A \geqslant 0$(或 $A \leqslant 0$)

**性质 4(夹逼准则)**　若 $x \in N(\hat{x}_0, \delta)$ 时,有

$$g(x) \leqslant f(x) \leqslant h(x),\text{且} \lim_{x \to x_0} g(x) = \lim_{x \to x_0} h(x) = A$$

则　　　　　　　　　　　　　　$$\lim_{x \to x_0} f(x) = A$$

对于极限的上述 4 个性质,若把 $x \to x_0$ 换成自变量 $x$ 的其他变化过程,有类似的结论成立.

### 1.2.4 无穷小量与无穷大量

**1. 无穷小量**

**定义 7** 当 $x \to x_0$(或 $x \to \infty$)时,如果函数 $f(x)$ 的极限为零,那么称函数 $f(x)$ 为当 $x \to x_0$(或 $x \to \infty$)时的**无穷小量**,简称无穷小,记为

$$\lim_{x \to x_0} f(x) = 0 \text{ 或 } \lim_{(x \to \infty)} f(x) = 0$$

例如,当 $x \to 0$ 时,$\tan x, \sqrt[5]{x}, x^7$ 均为无穷小量;当 $x \to 2, (x-2)^2$ 是无穷小量;当 $x \to \infty$ 时,$\dfrac{1}{x+1}, \dfrac{1}{x^3}$ 是无穷小量.

**注意:**

(1) 定义中的自变量可以趋于任何方式;

(2) 无穷小量是以 0 为极限的变量,不要把无穷小与很小的数混为一谈,只有数 0 是唯一可以作为无穷小量的常数;

(3) 不能笼统地说某个函数是无穷小,必须指出它的极限过程.

**定理 4** (极限与无穷小的关系)在自变量的同一变化过程 $x \to x_0$(或 $x \to \infty$)中,$f(x)$ 以 $A$ 为极限的充分必要条件是 $f(x) = A + \alpha$,其中 $\alpha$ 为同一变化过程中的是无穷小.

**2. 无穷小的性质**

**性质 5** 有限个无穷小的代数和是无穷小.

**注意:**无穷多个无穷小的代数和未必是无穷小,如 $n \to \infty$ 时,$\dfrac{1}{n^2}, \dfrac{2}{n^2}, \cdots, \dfrac{n}{n^2}$ 均为无穷小,但

$$\lim_{n \to \infty} \left( \frac{1}{n^2} + \frac{1}{n^2} + \cdots + \frac{n}{n^2} \right) = \lim_{n \to \infty} \frac{n(n+1)}{2n^2} = \frac{1}{2}$$

即 $\dfrac{1}{n^2} + \dfrac{1}{n^2} + \cdots + \dfrac{n}{n^2}$ 不是无穷小.

**性质 6** 有界函数与无穷小的乘积是无穷小.

**推论** 常数与无穷小的乘积是无穷小.

**例 4** 求 $\lim\limits_{x \to 0} x^2 \cos \dfrac{1}{x}$.

**解** 因为 $\lim\limits_{x \to 0} x^2 = 0$,所以 $x^2$ 为 $x \to 0$ 时的无穷小;又因为 $\left| \cos \dfrac{1}{x} \right| \leqslant 1$,即 $x \to 0$ 时 $\cos \dfrac{1}{x}$ 为有界函数,因此 $x^2 \cos \dfrac{1}{x}$ 仍为 $x \to 0$ 时的无穷小,即

$$\lim_{x \to 0} x^2 \cos \frac{1}{x} = 0$$

**性质 7** 有限个无穷小的乘积是无穷小.

**注意:**两个无穷小之商未必是无穷小,如当 $x \to 0$ 时,$x, 3x$ 均为无穷小,但由 $\lim\limits_{x \to 0} \dfrac{3x}{x} = 3$

知当 $x \to 0$ 时 $\dfrac{3x}{x}$ 不是无穷小.

**3. 无穷大量**

**定义 8**　当 $x \to x_0$（或 $x \to \infty$）时，如果函数 $f(x)$ 的绝对值无限增大，那么称函数 $f(x)$ 为当 $x \to x_0$（或 $x \to \infty$）时的无穷大量，简称无穷大，记为

$$\lim_{x \to x_0} f(x) = \infty \text{ 或 } \lim_{(x \to \infty)} f(x) = \infty$$

例如，当 $x \to 0$ 时 $\dfrac{1}{x}$ 为无穷大；当 $x \to \infty$ 时 $x + 2, x^2$ 均为无穷大.

**注意：**

(1) 无穷大是一个变量，无论绝对值多大的数，都不能作为无穷大量.

(2) 不能笼统地说某个函数是无穷大，必须指出它的极限过程.

(3) 无穷大是极限不存在的一种情况.

当 $x \to 0$ 时，$x^3$ 是无穷小，而 $\dfrac{1}{x^3}$ 是无穷大，这说明无穷大与无穷小存在倒数关系. 这种简单关系有如下定理.

**定理 5**　（无穷大与无穷小的关系）在自变量的同一变化过程中，如果 $f(x)$ 为无穷大，则 $\dfrac{1}{f(x)}$ 为无穷小；反之，如果 $f(x)$ 为无穷小，且 $f(x) \neq 0$，则 $\dfrac{1}{f(x)}$ 为无穷大.

# 同步练习 1.2

1. 求下列数列的极限.

(1) $x_n = \dfrac{n-1}{n+1}$;　　　　　　　　　　(2) $x_n = \dfrac{1}{2^n}$;

(3) $x_n = 6 + \dfrac{1}{n^6}$;　　　　　　　　　　(4) $x_n = 5n$.

2. 设 $f(x) = \begin{cases} x^2 + 8, & x < 0 \\ x - 6, & x > 0 \end{cases}$ 画出 $f(x)$ 的图形，求 $\lim\limits_{x \to 0^-} f(x)$ 及 $\lim\limits_{x \to 0^+} f(x)$，并问 $\lim\limits_{x \to 0} f(x)$ 是否存在？

3. 求 $\varphi(x) = \dfrac{|x-2|}{x^2-4}$ 当 $x \to 2$ 时的左、右极限，并说明他们在 $x \to 0$ 时的极限是否存在.

4. 观察下列各题，哪些是无穷大，哪些是无穷小？

(1) $\dfrac{1+2x}{x} (x \to 0)$;　　　　　　　　　(2) $e^{-x} (x \to +\infty)$;

(3) $\tan x (x \to 0)$;　　　　　　　　　　　(4) $2^{\frac{1}{x}} (x \to 0^-)$.

5. 求下列极限.

(1) $\lim\limits_{x \to 0} x^2 \sin \dfrac{1}{x^2}$;　　　　　　　　(2) $\lim\limits_{x \to \infty} \dfrac{1}{x} \arctan x$;

(3) $\lim\limits_{x \to \infty} \dfrac{\sin x + \cos x}{x}$.

# 1.3 极限的运算

前面学习了函数极限的概念,本节介绍极限的主要性质、函数极限的四则运算法则以及两个重要极限公式.

## 1.3.1 极限的四则运算法则

利用极限的定义只能计算一些简单函数的极限,而实际问题中的函数要复杂得多.下面我们介绍极限的四则运算法则,并运用这些法则求一些较复杂的函数极限.

**定理 1** 设在自变量的同一变化过程中 $\lim f(x)$ 及 $\lim g(x)$ 都存在,则有下列运算法则:

**法则 1** $\lim[f(x) \pm g(x)] = \lim f(x) \pm \lim g(x)$

**法则 2** $\lim[f(x) \cdot g(x)] = \lim f(x) \cdot \lim g(x)$

**法则 3** $\lim \dfrac{f(x)}{g(x)} = \dfrac{\lim f(x)}{\lim g(x)}$,其中 $\lim g(x) \neq 0$

**注意**:上述运算法则推广到有限个函数的情况,得到如下推论:

**推论** 1 $\lim[c \cdot f(x)] = c \cdot \lim f(x)$

**推论** 2 $\lim [f(x)]^n = [\lim f(x)]^n$

**例 1** 求 $\lim\limits_{x \to 2}(2x^3 - 5x^2 - 8)$.

**解**
$$
\begin{aligned}
\lim_{x \to 2}(2x^3 - 5x^2 - 8) &= \lim_{x \to 2}(2x^3) - \lim_{x \to 2}(5x^2) - \lim_{x \to 2}8 \\
&= 2\,(\lim_{x \to 2}x)^3 - 5\,(\lim_{x \to 2}x)^2 - 8 \\
&= 16 - 20 - 8 \\
&= -12
\end{aligned}
$$

**例 2** 求 $\lim\limits_{x \to 1} \dfrac{x^2 + x - 4}{x^2 + 2}$.

**解** 因为 $\lim\limits_{x \to 1}(x^2 + 2) = 3 \neq 0$,所以

$$
\lim_{x \to 1} \frac{x^2 + x - 4}{x^2 + 2} = \frac{\lim\limits_{x \to 1}(x^2 + x - 4)}{\lim\limits_{x \to 1}(x^2 + 2)} = -\frac{2}{3}
$$

**例 3** 求 $\lim\limits_{x \to 3} \dfrac{x - 3}{x^2 - 9}$.

**解** 因为 $\lim\limits_{x \to 3}(x^2 - 9) = 0$,$\lim\limits_{x \to 3}(x - 3) = 0$(呈"$\dfrac{0}{0}$"型),不能直接用法则 3. 又因为分子及分母有公因子 $x - 3$,且 $x \to 3 (x \neq 3)$ 时,$x - 3 \neq 0$,可约去这个不为零的公因子,所以

$$
\lim_{x \to 3} \frac{x - 3}{x^2 - 9} = \lim_{x \to 3} \frac{1}{x + 3} = \frac{\lim\limits_{x \to 3}1}{\lim\limits_{x \to 3}(x + 3)} = \frac{1}{6}
$$

**例 4** 求 $\lim\limits_{x \to 0} \dfrac{\sqrt{x + 4} - 2}{x}$.

**解** 因为 $x \to 0$ 时,分子分母的极限都是 $0$(呈"$\dfrac{0}{0}$"型),不能直接用法则 3,故先进行

分子有理化($x \to 0$,但 $x \neq 0$),所以

$$\lim_{x \to 0} \frac{\sqrt{x+4}-2}{x} = \lim_{x \to 0} \frac{x}{x(\sqrt{x+4}+2)} = \lim_{x \to 0} \frac{1}{\sqrt{x+4}+2} = \frac{1}{4}$$

**例 5**　求 $\lim\limits_{x \to \infty} \dfrac{x^2+4x+1}{3x^3-x^2+2}$.

**解**　因为当 $x \to \infty$ 时,分子分母都趋近于无穷大(呈"$\dfrac{\infty}{\infty}$"型),不能直接用法则 3,先用 $x^3$ 除分子分母后再求极限,得

$$\lim_{x \to \infty} \frac{x^2+4x+1}{3x^3-x^2+2} = \lim_{x \to \infty} \frac{\dfrac{1}{x}+\dfrac{4}{x^2}+\dfrac{1}{x^3}}{3-\dfrac{1}{x}+\dfrac{2}{x^3}} = \frac{0}{3} = 0$$

对 $x \to \infty$ 时"$\dfrac{\infty}{\infty}$"型的极限,可用分子、分母中 $x$ 的最高次幂除之,然后再用运算法则求极限.

**例 6**　求 $\lim\limits_{x \to \infty} \dfrac{x^3+x^2+2}{5x^3+1}$.

**解**　$\lim\limits_{x \to \infty} \dfrac{x^3+x^2+2}{5x^3+1} = \lim\limits_{x \to \infty} \dfrac{1+\dfrac{1}{x}+\dfrac{2}{x^3}}{5+\dfrac{1}{x^3}} = \dfrac{1}{5}$

**注意:**

$$\lim_{x \to \infty} \frac{a_0 x^m + a_1 x^{m-1} + \cdots + a_{m-1} x + a_m}{b_0 x^n + b_1 x^{n-1} + \cdots + b_{n-1} x + b_n} = \begin{cases} 0, & m < n \\ \dfrac{a_0}{b_0}, & m = n \\ \infty, & m > n \end{cases} \quad (\text{其中 } a_0 \neq 0, b_0 \neq 0)$$

**例 7**　求 $\lim\limits_{x \to 1} \left( \dfrac{1}{1-x} - \dfrac{2}{1-x^2} \right)$.

**解**　当 $x \to 1$ 时,此极限属于"$\infty-\infty$",不能直接用法则 1,故先通分,再求极限,得
$$\lim_{x \to 1} \left( \frac{1}{1-x} - \frac{2}{1-x^2} \right) = \lim_{x \to 1} \frac{x-1}{1-x^2} = -\lim_{x \to 1} \frac{1}{1+x} = -\frac{1}{2}$$

**小结:**

(1) 使用极限法则时,必须确保每项的极限都存在(对商,还要分母极限不为零)时才能适用;

(2) 如果所求极限呈"$\dfrac{0}{0}$","$\dfrac{\infty}{\infty}$","$\infty-\infty$"等形式不能直接用极限法则,必须先对函数进行恒等变形(约分、通分、有理化、变量代换等),然后再求极限.

## 1.3.2　两个重要极限

**1. $\lim\limits_{x \to 0} \dfrac{\sin x}{x} = 1$**

**注意:**(1) 这个重要极限是"$\dfrac{0}{0}$"型的;(2) 实质:$\lim\limits_{u(x) \to 0} \dfrac{\sin u(x)}{u(x)} = 1$.

**例 8**  求 $\lim\limits_{x\to 0}\dfrac{\sin 6x}{\sin 7x}$.

**解**  把 $6x,7x$ 看做两个新变量,且当 $x\to 0$ 时,$6x\to 0,7x\to 0$,故

$$\lim_{x\to 0}\frac{\sin 6x}{\sin 7x}=\lim_{x\to 0}\left(\frac{\sin 6x}{6x}\cdot\frac{7x}{\sin 7x}\cdot\frac{6x}{7x}\right)=\frac{6}{7}\lim_{x\to 0}\frac{\sin 6x}{6x}\cdot\lim_{x\to 0}\frac{7x}{\sin 7x}=\frac{6}{7}$$

**例 9**  求 $\lim\limits_{x\to 0}\dfrac{\tan x}{x}$.

**解**  $\lim\limits_{x\to 0}\dfrac{\tan x}{x}=\lim\limits_{x\to 0}\left(\dfrac{\sin x}{x}\cdot\dfrac{1}{\cos x}\right)=1$.

**例 10**  求 $\lim\limits_{x\to 0}\dfrac{1-\cos x}{x^2}$.

**解**  利用三角公式变换后再求极限,得

$$\lim_{x\to 0}\frac{1-\cos x}{x^2}=\lim_{x\to 0}\frac{2\sin^2\dfrac{x}{2}}{x^2}=\frac{1}{2}\lim_{x\to 0}\frac{\sin^2\dfrac{x}{2}}{\left(\dfrac{x}{2}\right)^2}=\frac{1}{2}\lim_{x\to 0}\left[\frac{\sin\dfrac{x}{2}}{\dfrac{x}{2}}\right]^2=\frac{1}{2}$$

**2. $\lim\limits_{x\to\infty}\left(1+\dfrac{1}{x}\right)^x=\mathrm{e}$**

**注意:**

(1) 这个重要极限是"$1^\infty$"型的;

(2) 实质: $\lim\limits_{u(x)\to\infty}\left(1+\dfrac{1}{u(x)}\right)^{u(x)}=e$(或 $\lim\limits_{u(x)\to 0}(1+u(x))^{\frac{1}{u(x)}}=e$).

**例 11**  求 $\lim\limits_{x\to\infty}\left(1+\dfrac{6}{x}\right)^x$.

**解**  $\lim\limits_{x\to\infty}\left(1+\dfrac{6}{x}\right)^x=\lim\limits_{x\to\infty}\left(1+\dfrac{6}{x}\right)^{\frac{x}{6}\cdot 6}=\lim\limits_{x\to\infty}\left[\left(1+\dfrac{6}{x}\right)^{\frac{x}{6}}\right]^6=\mathrm{e}^6$

**例 12**  求 $\lim\limits_{x\to\infty}\left(1-\dfrac{2}{x}\right)^{x+6}$.

**解**  $\lim\limits_{x\to\infty}\left(1-\dfrac{2}{x}\right)^{x+6}=\lim\limits_{x\to\infty}\left[\left(1-\dfrac{2}{x}\right)^x\cdot\left(1-\dfrac{2}{x}\right)^6\right]=\lim\limits_{x\to\infty}\left(1-\dfrac{2}{x}\right)^x\cdot\lim\limits_{x\to\infty}\left(1-\dfrac{2}{x}\right)^6$

$$=\lim_{x\to\infty}\left(1-\frac{2}{x}\right)^{\left(-\frac{x}{2}\right)\cdot(-2)}\times 1=\lim_{x\to\infty}\left[\left(1-\frac{2}{x}\right)^{-\frac{x}{2}}\right]^{-2}=\mathrm{e}^{-2}$$

**例 13**  求 $\lim\limits_{x\to\infty}\left(\dfrac{2x+3}{2x+1}\right)^x$.

**解**  $\lim\limits_{x\to\infty}\left(\dfrac{2x+3}{2x+1}\right)^x=\lim\limits_{x\to\infty}\left(\dfrac{1+\dfrac{3}{2x}}{1+\dfrac{1}{2x}}\right)^x=\dfrac{\lim\limits_{x\to\infty}\left(1+\dfrac{3}{2x}\right)^{\frac{2x}{3}\cdot\frac{3}{2}}}{\lim\limits_{x\to\infty}\left(1+\dfrac{1}{2x}\right)^{2x\cdot\frac{1}{2}}}=\dfrac{\mathrm{e}^{\frac{3}{2}}}{\mathrm{e}^{\frac{1}{2}}}=\mathrm{e}$

### 1.3.3  无穷小的比较

两个无穷小的和、差、积仍然是无穷小,但两个无穷小之商,却不一定是无穷小,会出现不同的情况,例如,当 $x\to 0$ 时,$3x,x^2,\tan x$ 都是无穷小,而

$$\lim_{x\to 0}\frac{x^2}{3x}=0,\lim_{x\to 0}\frac{3x}{x^2}=\infty,\lim_{x\to 0}\frac{\tan x}{3x}=\frac{1}{3}$$

这反映了无穷小趋于零的速度的差异,为比较无穷小趋于零的快慢,我们引入无穷小的阶的概念.

**定义 1**　设 $\alpha,\beta$ 是同一变化过程中的两个无穷小量

(1) 若 $\lim \dfrac{\alpha}{\beta} = 0$,则称 $\alpha$ 是比 $\beta$ 高阶的**无穷小量**,也称 $\beta$ 是比 $\alpha$ 低阶的无穷小量,记作 $\alpha = o(\beta)$;

(2) 若 $\lim \dfrac{\alpha}{\beta} = c\,(c$ 为不等于零的常数),则称 $\alpha$ 与 $\beta$ 是**同阶无穷小**.特别地,$c = 1$ 时,则称 $\alpha$ 与 $\beta$ 是**等价无穷小**,记作 $\alpha \sim \beta$.

例:$\lim\limits_{x \to 0} \dfrac{x^2}{3x} = 0$,所以当 $x \to 0$ 时,$x^2$ 是比 $3x$ 高阶的无穷小,即 $x^2 = o(3x),(x \to 0)$;

$\lim\limits_{x \to 0} \dfrac{\sin x}{x} = 1$,所以当 $x \to 0$ 时,$\sin x$ 与 $x$ 是等价无穷小,即 $\sin x \sim x,(x \to 0)$;

$\lim\limits_{x \to 0} \dfrac{\tan x}{3x} = \dfrac{1}{3}$,所以当 $x \to 0$ 时,$3x,\tan x$ 是同阶无穷小.

等价无穷小在求两个无穷小之比的极限时,有重要作用.对此,有如下定理

**定理 1(等价无穷小替换定理)**　设 $\alpha \sim \alpha',\beta \sim \beta'$,且 $\lim \dfrac{\beta'}{\alpha'}$ 存在,则 $\lim \dfrac{\beta}{\alpha} = \lim \dfrac{\beta'}{\alpha'}$

**证**　$\lim \dfrac{\beta}{\alpha} = \lim\left(\dfrac{\beta}{\beta'} \cdot \dfrac{\beta'}{\alpha'} \cdot \dfrac{\alpha'}{\alpha}\right) = \lim \dfrac{\beta}{\beta'} \cdot \lim \dfrac{\beta'}{\alpha'} \cdot \lim \dfrac{\alpha'}{\alpha} = \lim \dfrac{\beta'}{\alpha'}$

此定理表明,求两个无穷小之比的极限时,分子及分母都可用等价无穷小来替换.因此用来替换的无穷小选得适当的话,可以使计算简化.

**例 14**　求 $\lim\limits_{x \to 0} \dfrac{\tan 3x}{\sin 5x}$.

**解**　当 $x \to 0$ 时,$\tan 3x \sim 3x$,$\sin 5x \sim 5x$,所以

$$\lim\limits_{x \to 0} \dfrac{\tan 3x}{\sin 5x} = \lim\limits_{x \to 0} \dfrac{3x}{5x} = \dfrac{3}{5}$$

**例 15**　求 $\lim\limits_{x \to 0} \dfrac{\tan x - \sin x}{x^3}$.

**解**　当 $x \to 0$ 时,$\sin x \sim x$,$1 - \cos x \sim \dfrac{1}{2}x^2$,所以

$$\lim\limits_{x \to 0} \dfrac{\tan x - \sin x}{x^3} = \lim\limits_{x \to 0} \dfrac{\sin x\left(\dfrac{1}{\cos x} - 1\right)}{x^3}$$

$$= \lim\limits_{x \to 0} \dfrac{\sin x(1 - \cos x)}{x^3 \cos x} = \lim\limits_{x \to 0} \dfrac{x \cdot \dfrac{1}{2}x^2}{x^3 \cos x} = \dfrac{1}{2}$$

**注意**:等价替换是对**分子或分母的整体替换**(或对分子、分母中的因式进行替换).而对分子或分母中用"+"、"-"号连接的各部分不能分别作代换.

例如,上例 $\lim\limits_{x \to 0} \dfrac{\tan x - \sin x}{x^3}$,若 $\sin x$ 与 $\tan x$ 分别用其等价无穷小 $x$ 代换,则有

$$\lim\limits_{x \to 0} \dfrac{\tan x - \sin x}{x^3} = \lim\limits_{x \to 0} \dfrac{x - x}{x^3}$$

这样就错了.

下面是几个常用的等价无穷小代换,要熟记.

当 $x \to 0$ 时,有

$$\sin x \sim x, \tan x \sim x, \arcsin x \sim x, \arctan x \sim x,$$

$$1 - \cos x \sim \frac{1}{2}x^2, \ln(1+x) \sim x, e^x - 1 \sim x, \sqrt{1+x} - 1 \sim \frac{1}{2}x$$

# 同步练习 1.3

1.计算下列极限.

(1) $\lim\limits_{x \to 2} \dfrac{x^2+1}{x-6}$;

(2) $\lim\limits_{x \to 1} \dfrac{x^2-2x+1}{x^2-1}$;

(3) $\lim\limits_{x \to 1} \dfrac{x^2+1}{x-1}$;

(4) $\lim\limits_{x \to \infty} \dfrac{7x^2-1}{2x^2-x-1}$;

(5) $\lim\limits_{x \to \infty} \dfrac{x^2+x}{x^4-3x^2+1}$;

(6) $\lim\limits_{x \to 1} \left( \dfrac{1}{1-x} - \dfrac{3}{1-x^3} \right)$;

(7) $\lim\limits_{x \to 1} \dfrac{\sqrt{x+2}-\sqrt{3}}{x-1}$;

(8) $\lim\limits_{x \to \infty} \dfrac{x^2+1}{x^3+1}(3+\cos x)$.

2.求下列极限.

(1) $\lim\limits_{x \to \infty} x \sin \dfrac{1}{x}$;

(2) $\lim\limits_{x \to 0} \dfrac{1-\cos 2x}{x \sin x}$;

(3) $\lim\limits_{x \to \infty} \left( \dfrac{2-x}{3-x} \right)^x$;

(4) $\lim\limits_{x \to 0} (1-2x)^{\frac{1}{x}}$.

4.用等价无穷小代换定理,求下列极限.

(1) $\lim\limits_{x \to 0} \dfrac{\tan(3x)}{\sin(7x)}$;

(2) $\lim\limits_{x \to 0} \dfrac{1-\cos x}{x \sin x}$;

(3) $\lim\limits_{x \to 0} \dfrac{\tan x - \sin x}{\sin^3 x}$;

(4) $\lim\limits_{x \to 0} \dfrac{\sqrt{1+x}-1}{\sin 5x}$.

## 1.4　函数的连续性

本节学习函数的连续性,函数的连续性在自然界中有许多表现,如气温的变化、水的流动、植物的生长等等.下面我们引进增量的概念,然后来描述函数的连续性,并引出函数连续性的定义.

### 1.4.1　函数连续性的概念

#### 1.增量的概念

设自变量 $x$ 从它的一个初值 $x_0$ 变到终值 $x_1$,终值与初值的差 $x_1 - x_0$ 就叫做自变量 $x$ 在 $x_0$ 点的增量,记作 $\Delta x$,即

$$\Delta x = x_1 - x_0$$

所以终值 $x_1 = x_0 + \Delta x$,设函数 $y = f(x)$ 在点 $x_0$ 的某一个邻域内有定义,当自变量 $x$

在此邻域内从 $x_0$ 变到 $x_0 + \Delta x$ 时,函数 $y$ 相应的从 $f(x_0)$ 变到 $f(x_0 + \Delta x)$,因此函数 $y$ 对应的增量为

$$\Delta y = f(x_0 + \Delta x) - f(x_0) \text{ 或 } \Delta y = f(x_1) - f(x_0)$$

**2. 连续性的概念**

　　**定义 1**　设函数 $y = f(x)$ 在点 $x_0$ 的某一个邻域内有定义,当自变量 $x$ 在点 $x_0$ 处的增量 $\Delta x$ 趋于零时,对应的函数 $y$ 的增量 $\Delta y$ 也趋于零,即

$$\lim_{\Delta x \to 0} \Delta y = \lim_{\Delta x \to 0} [f(x_0 + \Delta x) - f(x_0)] = 0$$

则称函数 $y = f(x)$ 在点 $x_0$ 连续.

　　**例 1**　用连续定义证明函数 $y = 2x$ 在点 $x = 2$ 处连续.

　　**证**　设自变量的增量为 $\Delta x$,则相应的函数的增量为

$$\Delta y = f(2 + \Delta x) - f(2) = 2(2 + \Delta x) - 2 \times 2 = 2\Delta x$$

因为

$$\lim_{\Delta x \to 0} \Delta y = \lim_{\Delta x \to 0} (2\Delta x) = 0$$

所以函数 $y = 2x$ 在点 $x = 2$ 处连续.

　　**函数连续的定义也可用下面的方式来叙述.**

　　设 $x = x_0 + \Delta x$,则 $\Delta x \to 0$ 就是 $x \to x_0$. 又由于

$$\Delta y = f(x_0 + \Delta x) - f(x_0) = f(x) - f(x_0)$$

可见 $\Delta y \to 0$ 时就是 $f(x) \to f(x_0)$,因此连续的定义又可叙述如下

　　**定义 2**　设函数 $y = f(x)$ 在点 $x_0$ 的某一个邻域内有定义,如果

$$\lim_{x \to x_0} f(x) = f(x_0)$$

则称函数 $y = f(x)$ 在点 $x_0$ 连续.

　　同理也可以定义左右连续.

　　如果 $\lim\limits_{x \to x_0^-} f(x) = f(x_0)$,称函数 $f(x)$ 在点 $x_0$ **左连续**;

　　如果 $\lim\limits_{x \to x_0^+} f(x) = f(x_0)$,则称 $f(x)$ 在点 $x_0$ **右连续**.

　　**定理 1**　函数 $f(x)$ 在点 $x_0$ 连续的充要条件为函数在点 $x_0$ 左连续且右连续,即

$$\lim_{x \to x_0^-} f(x) = \lim_{x \to x_0^+} f(x) = f(x_0)$$

　　**例 2**　讨论 $f(x) = \begin{cases} -x + 5, & x < 0 \\ x^2 + 1, & x \geq 0 \end{cases}$,在 $x = 0$ 处的连续性.

　　**解**　因为 $f(0) = 1, \lim\limits_{x \to 0^-} f(x) = \lim\limits_{x \to 0^-} (-x + 5) = 5, \lim\limits_{x \to 0^+} f(x) = \lim\limits_{x \to 0^+} (x^2 + 1) = 1$,即

$$\lim_{x \to 0^-} f(x) \neq \lim_{x \to 0^+} f(x)$$

所以 $f(x)$ 在 $x = 0$ 处不连续.

　　如果函数 $f(x)$ 在开区间 $(a, b)$ 内每一点连续,则称 $f(x)$ 是区间 $(a, b)$ 内的**连续函数**. 如果在 $(a, b)$ 内连续,且在 $x = a$ 处**右连续**,在 $x = b$ 处**左连续**,则称 $f(x)$ 是闭区间 $[a, b]$ 上的连续函数.

　　连续函数的图形是一条连续不断的曲线.

## 1.4.2　函数的间断点及其类型

　　若函数 $f(x)$ 在点 $x_0$ 连续,必须同时满足下列三个条件:

(1) $f(x)$ 在点 $x_0$ 处有定义；

(2) $\lim\limits_{x \to x_0} f(x)$ 存在；

(3) $\lim\limits_{x \to x_0} f(x) = f(x_0)$.

如果上述条件中有一个不满足,则 $f(x)$ 在点 $x_0$ 处不连续,此时称 $x_0$ 是函数 $f(x)$ 的**间断点**.

**定义 3(间断点的分类)** 设 $x_0$ 是函数 $f(x)$ 的一个间断点,如果当 $x \to x_0$ 时,$f(x)$ 的左右极限都存在,则称 $x_0$ 为 $f(x)$ 的**第一类间断点**；否则,称 $x_0$ 为 $f(x)$ 的**第二类间断点**.

对第一类间断点的分类：

(1) 左右极限均存在但不相等时,称 $x_0$ 为 $f(x)$ 的**跳跃间断点**；

(2) 左右极限均存在且相等(或极限存在)但极限值不等于 $x_0$ 处的函数值时,称 $x_0$ 为 $f(x)$ 的**可去间断点**.

对第二类间断点的分类：若 $\lim\limits_{x \to x_0} f(x) = \infty$,称 $x_0$ 为 $f(x)$ 的**无穷间断点**.

**例 3** 讨论 $y = \dfrac{1}{(x-2)^2}$ 在点 $x = 2$ 处的连续性.

**解** 因为 $\lim\limits_{x \to 2} \dfrac{1}{(x-2)^2} = \infty$,则 $x = 2$ 为函数的第二类间断点,且为无穷间断点.

**例 4** 设 $f(x) = \begin{cases} 2 + x, & x < 0 \\ 4, & x = 0, \\ \mathrm{e}^x + 1, & x > 0 \end{cases}$ 讨论 $f(x)$ 在 $x = 0$ 处的连续性.

**解** 因为 $f(0) = 4$,则有：
$$\lim\limits_{x \to 0^-} f(x) = \lim\limits_{x \to 0^-} (2 + x) = 2$$
$$\lim\limits_{x \to 0^+} f(x) = \lim\limits_{x \to 0^+} (\mathrm{e}^x + 1) = 2$$
即
$$\lim\limits_{x \to 0^-} f(x) = \lim\limits_{x \to 0^+} f(x) \neq f(0)$$
所以 $f(x)$ 在 $x = 0$ 处不连续,$x = 0$ 为 $f(x)$ 的第一类间断点,且为可去间断点.

**例 5** 已知函数 $f(x) = \begin{cases} x^2 + 1, & x < 0 \\ 2x + b, & x \geqslant 0 \end{cases}$ 在点 $x = 0$ 处连续,求 $b$ 的值.

**解** 因为 $f(x)$ 在点 $x = 0$ 处连续,所以 $\lim\limits_{x \to 0^-} f(x) = \lim\limits_{x \to 0^+} f(x)$

又 $\lim\limits_{x \to 0^-} f(x) = \lim\limits_{x \to 0^-} (x^2 + 1) = 1$,$\lim\limits_{x \to 0^+} f(x) = \lim\limits_{x \to 0^+} (2x + b) = b$,所以 $b = 1$.

## 1.4.3 初等函数的连续性

**定理 2(连续函数的四则运算)** 设 $f(x)$、$g(x)$ 均在 $x_0$ 处连续,则 $f(x) \pm g(x)$；$f(x) \cdot g(x)$；$\dfrac{f(x)}{g(x)}(g(x_0) \neq 0)$ 都在点 $x_0$ 连续.

这个定理说明有限个连续函数的和、差、积、商(分母不为零)也是连续函数.

**定理 3(复合函数的连续性)** 设函数 $u = \varphi(x)$ 在点 $x_0$ 处连续,且 $u_0 = \varphi(x_0)$,又函数 $y = f(u)$ 在对应的 $u_0$ 点处连续,则复合函数 $y = f[\varphi(x)]$ 在点 $x_0$ 处连续,且
$$\lim\limits_{x \to x_0} f[\varphi(x)] = f[\varphi(x_0)] = f\left[\lim\limits_{x \to x_0} \varphi(x)\right]$$

在此定理的条件下,求复合函数的极限时,函数符号 $f$ 与极限符号 $\lim\limits_{x \to x_0}$ 可以交换次序,给我们求极限带来很大方便.

**例 6** 求 $\lim\limits_{x \to +\infty} \arccos(\sqrt{x^2 + x} - x)$.

**解** $\lim\limits_{x \to +\infty} \arccos(\sqrt{x^2 + x} - x)$

$$= \arccos\left[\lim_{x \to +\infty}(\sqrt{x^2 + x} - x)\right]$$

$$= \arccos\left[\lim_{x \to +\infty} \frac{(\sqrt{x^2 + x} - x)(\sqrt{x^2 + x} + x)}{\sqrt{x^2 + x} + x}\right]$$

$$= \arccos\left(\lim_{x \to +\infty} \frac{x}{\sqrt{x^2 + x} + x}\right)$$

$$= \arccos\left(\lim_{x \to +\infty} \frac{1}{\sqrt{1 + \dfrac{1}{x}} + 1}\right)$$

$$= \arccos\frac{1}{2} = \frac{\pi}{3}.$$

**定理 4** 一切初等函数在其定义域内都是连续的.

利用函数的连续性求极限,即如果 $f(x)$ 在 $x_0$ 处连续,那么求 $f(x)$ 在 $x \to x_0$ 的极限时,只要求 $f(x)$ 在点 $x_0$ 的函数值就行了.

**例 7** 求 $\lim\limits_{x \to \frac{\pi}{2}} \ln\sin x$.

**解** 因为 $\ln\sin x$ 是初等函数,且点 $x = \dfrac{\pi}{2}$ 是函数 $\ln\sin x$ 的一个定义区间 $(0, \pi)$ 内的点,所以

$$\lim_{x \to \frac{\pi}{2}} \ln\sin x = \ln\sin\frac{\pi}{2} = 0$$

**注意**:初等函数的定义域区间就是它的连续区间.

**例 8** 求函数 $f(x) = \dfrac{x^3 + 3x^2 - x - 3}{x^2 + x - 6}$ 的连续区间.

**解** 因为 $f(x) = \dfrac{x^3 + 3x^2 - x - 3}{x^2 + x - 6}$ 是初等函数,而要使 $f(x)$ 有意义,必须

$$x^2 + x - 6 \neq 0$$

即 $$x \neq -3 \text{ 且 } x \neq 2$$

所以函数 $f(x)$ 的连续区间为:$(-\infty, -3) \bigcup (-3, 2) \bigcup (2, +\infty)$.

## 1.4.4 闭区间上连续函数的性质

**性质 1(最大、最小值定理)** 闭区间上的连续函数必有最大值和最小值.

**注意**:对于开区间上的连续函数及闭区间上的间断函数,结论不一定成立.

**性质 2(介值定理)** 如果函数 $f(x)$ 在闭区间 $[a, b]$ 上连续,且 $f(a) \neq f(b)$,$\mu$ 为介于 $f(a)$ 与 $f(b)$ 之间的任一实数,则至少有一点 $\xi \in (a, b)$,使得 $f(\xi) = \mu$.

性质 2 的几何意义是:连续曲线弧 $y = f(x)$ 与水平直线 $y = \mu$ 至少相交于一点(如图 1-8 所示).

**性质 3(根的存在性定理)**　如果函数 $f(x)$ 在闭区间 $[a,b]$ 上连续,且 $f(a) \cdot f(b) < 0$,则至少有一点 $\xi \in (a,b)$,使得 $f(\xi) = 0$.

性质 3 的几何意义是:如果连续曲线弧 $y = f(x)$ 的两端点位于 $x$ 轴的不同侧,那么这段曲线弧与 $x$ 轴至少有一个交点(如图 1-9 所示).

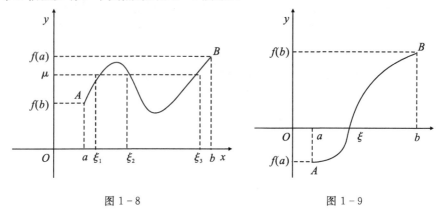

图 1-8　　　　　　　　　　　　　图 1-9

**例 9**　证明方程 $\sin x - x + 1 = 0$ 在 0 与 $\pi$ 之间有实根.

**证**　设 $f(x) = \sin x - x + 1$,因为 $f(x)$ 在 $(-\infty, +\infty)$ 内连续,所以,$f(x)$ 在 $[0,\pi]$ 上也连续,而

$$f(0) = 1 > 0, f(\pi) = -\pi + 1 < 0$$

所以,由性质 3 知,至少有一个 $\xi \in (0,\pi)$,使得 $f(\xi) = 0$,即方程 $\sin x - x + 1 = 0$ 在 0 与 $\pi$ 之间有一个实根.

# 同步练习 1.4

1.下列函数在 $x = 0$ 是否连续?为什么?

(1) $f(x) = \begin{cases} 1 + \cos x, & x < 0 \\ x + 2, & x \geqslant 0; \end{cases}$

(2) $f(x) = \begin{cases} x^2 - 1, & -7 \leqslant x \leqslant 0 \\ x + 1, & x > 0. \end{cases}$

2.下列函数在支出的点处间断,说明这些间断点属于哪一类.

(1) $y = \dfrac{x^2 - 1}{x^2 - 3x + 2}$, $x = 1, x = 2$; 　　　(2) $y = \begin{cases} x - 1, & x \leqslant 1 \\ 3 - x, & x > 1 \end{cases}$ $x = 1$.

3.求下列函数的极限.

(1) $\lim\limits_{x \to 0} \sqrt{x^2 + 3x + 8}$; 　　　　　　(2) $\lim\limits_{x \to \frac{\pi}{2}} (\sin x)^4$;

(3) $\lim\limits_{x \to 0} \ln \dfrac{\sin x}{x}$; 　　　　　　　(4) $\lim\limits_{x \to +\infty} x[\ln(x + a) - \ln x]$.

4.设 $f(x) = \begin{cases} 1 + e^x, & x < 0 \\ x + 2a, & x \geqslant 0 \end{cases}$ 问常数 $a$ 为何值时,函数 $f(x)$ 在 $(-\infty, +\infty)$ 内连续.

5.证明方程 $x - 2\sin x = 1$ 至少有一个正根小于 3.

# 1.5　应用案例

**椅子能在不平的地面上放稳吗?**

把椅子往不平的地面上一放,通常只有三只脚着地,放不稳,然而只要稍挪动几次,就可以四脚着地放稳了.下面用数学语言证明.

**模型准备**

仔细分析本问题的实质,发现本问题与椅子腿、地面及椅子腿和地面是否接触有关.如果把椅子腿看成平面上的点,并引入椅子腿和地面距离的函数关系就可以将问题与平面几何和连续函数联系起来,从而可以用几何知识和连续函数知识来进行数学建模.

**模型假设**

(1) 椅子的四条腿一样长,椅子脚与地面接触可以视为一个点,四脚连线是正方形(对椅子的假设);

(2) 地面高度是连续变化的,沿任何方向都不出现间断.(对地面的假设);

(3) 椅子放在地面上至少有三只脚同时着地(对椅子和地面之间关系的假设).

根据上述假设做本问题的模型构成:

**模型分析**

用变量表示椅子的位置,引入平面图形及坐标系如图 $1-10$.图中 $A$、$B$、$C$、$D$ 为椅子的四只脚,坐标系原点选为椅子中心,坐标轴选为椅子的四只脚的对角线.于是由假设 2,椅子的移动位置可以由正方形沿坐标原点旋转的角度 $\theta$ 来唯一表示,而且椅子脚与地面的垂直距离就成为 $\theta$ 的函数.注意到正方形的中心对称性,可以用椅子的相对两个脚与地面的距离之和来表示这对应两个脚与地面的距离关系,这样,用一个函数就可以描述椅子两个脚是否着地情况.

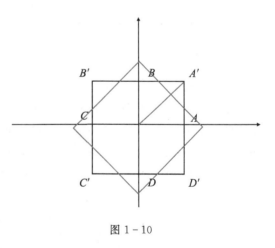

图 $1-10$

本题引入两个函数即可以描述椅子四个脚是否着地情况.记函数 $f(\theta)$ 为椅脚 $A$ 和 $C$ 与地面的垂直距离之和.函数 $g(\theta)$ 为椅脚 $B$ 和 $D$ 与地面的垂直距离之和.则显然有 $f(\theta) \geqslant 0$、$g(\theta) \geqslant 0$,且它们都是 $\theta$ 的连续函数(假设 2).由假设 3,对任意的 $\theta$,有 $f(\theta)$、$g(\theta)$ 至少有一个为 0,不妨设当 $\theta = 0$ 时 $f(0) > 0$、$g(0) = 0$,故问题可以归为证明如下数学命题:

**模型建立**

已知 $f(\theta)$、$g(\theta)$ 都是 $\theta$ 的非负连续函数,对任意的 $\theta$,有 $f(\theta) \times g(\theta) = 0$,且 $f(0) > 0$、$g(0) = 0$,则有存在 $\theta_0$,使 $f(\theta_0) = g(\theta_0) = 0$.

**模型求解**

**证明**:将椅子旋转 $90°$,对角线 $AC$ 与 $BD$ 互换,由 $f(0) > 0$、$g(0) = 0$ 变为 $f\left(\dfrac{\pi}{2}\right) = 0$、

$g\left(\dfrac{\pi}{2}\right)>0$，构造函数 $h(\theta)=f(\theta)-g(\theta)$，则有 $h(0)>0$ 和 $h\left(\dfrac{\pi}{2}\right)<0$ 且 $h(\theta)=f(\theta)-g(\theta)$

也是连续函数，显然，它在闭区间 $\left[0,\dfrac{\pi}{2}\right]$ 上连续。由连续函数的零点定理，必存在一个 $\theta_0\in$

$\left(0,\dfrac{\pi}{2}\right)$，使 $h(\theta_0)=0$，即存在 $\theta_0\in\left(0,\dfrac{\pi}{2}\right)$，使 $f(\theta_0)=g(\theta_0)$. 由于对任意的 $\theta$，有 $f(\theta)g(\theta)=$

$0$，特别有 $f(\theta_0)g(\theta_0)=0$，于是有 $f(\theta_0)g(\theta_0)$ 至少有一个为 $0$，从而有 $f(\theta_0)=g(\theta_0)=0$.

# 1.6　数学实验

## 1.6.1　Matlab 简介

　　Matlab 软件的名字是由 Matrix（矩阵）和 Laboratory（实验室）两个单词的前三个字母组合而成。它是美国 MathWorks 公司出品的商业数学软件，用于算法开发、数据可视化、数据分析以及数值计算的高级技术计算语言和交互式环境。它将数值分析、矩阵计算、科学数据可视化以及非线性动态系统的建模和仿真等诸多强大功能集成在一个易于使用的视窗环境中，为科学研究、工程设计以及必须进行有效数值计算的众多科学领域提供了一种全面的解决方案，并在很大程度上摆脱了传统非交互式程序设计语言（如 C、Fortran）的编辑模式，代表了当今国际科学计算软件的先进水平。

## 1.6.2　Matlab 的桌面平台

### 1. Matlab 的启动和退出

　　使用 Matlab 安装盘，根据需要选择并按照提示进行安装后，最常用的方法就是双击系统桌面上的 Matlab 图标；也可以在开始菜单的程序选项中选择 Matlab 快捷方式；还可以在 Matlab 的安装路径的 bin 子菜单目录中双击可执行文件 Matlab.exe。

　　初次启动 Matlab 后，进入 Matlab 默认设置的桌面平台，如图 1-11 所示。

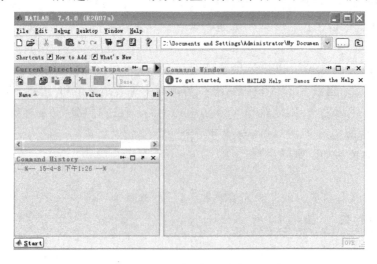

图 1-11

退出 Matlab 系统的方式有两种：

(1) 在文件菜单(File)中选择"Exit"或"Quit"；

(2) 用鼠标单击窗口右上角的关闭图标"×"。

**2. Matlab 的桌面平台**

打开 Matlab，出现系统默认的操作桌面，如图 1-10 所示。它包括四个窗口，分别是：工作间窗口(Workspace Browser)、命令窗口(Command Windows)、命令历史窗口(Command History)和当前目录窗口(Current Directory)。

(1) 工作间窗口是 Matlab 的重要组成部分，这里将显示目前内存中所有变量的变量名、数字结构、字节数以及类型，不同的变量类型分别对应不同的变量名图标。此外窗口的上方还有一行快捷键按钮，分别表示建立新变量、打开已保存的数据文件、保存工作空间的所有数据、打印、删除数据等功能。

(2) 命令窗口位于图 1-10 的桌面左侧位置，是各窗口中最大的。其中">>"为运算提示符，表示 Matlab 正处于准备状态。当在提示符后输入一段运算式并按回车键后，Matlab 将给出计算结果，然后再次进入准备状态。如果不希望结果被显示，只要在语句后加一个分号(；)即可，此时尽管结果没有显示，但它依然被赋值，并且 Matlab 在工作空间中为之分配了内存。

(3) 命令历史窗口在默认设置下，会保留自安装起所有命令的历史记录，并标明使用时间，这就大大方便了用户的查询及调用，只须双击某一行命令，即在命令窗口中执行此行命令。

(4) 当前目录窗口中可以显示或改变当前目录，还可以显示当前目录下的文件并提供搜索功能。

## 1.6.3　Matlab 的常用命令和操作技巧

**1. 常用命令**

在使用 Matlab 时，常用的命令如表 1-1。

**表 1-1　通用命令表**

| 命令 | 命令说明 | 命令 | 命令说明 |
|------|----------|------|----------|
| Cd | 显示或改变工作目录 | hold | 图形保持开关 |
| dir | 显示目录下文件 | disp | 显示变量或文字内容 |
| type | 显示文件内容 | path | 显示搜索目录 |
| clear | 清理内存变量 | save | 保存内存变量到指定文件 |
| clf | 清除图形窗口 | load | 加载指定文件的变量 |
| pack | 收集内存碎片,扩大内存空间 | diary | 日志文件命令 |
| clc | 清除工作窗 | quit | 退出 Matlab |
| echo | 工作窗信息显示开关 | ! | 调用 DOS 命令 |

**2. 操作技巧**

掌握一些常用的输入技巧，可以在输入命令的过程中起到事半功倍的效果，表 1-2 列出了可能用到的技巧。

**表 1 - 2　命令行中的键盘按键**

| 键盘按键 | 说明 | 键盘按键 | 说明 |
|:---:|:---:|:---:|:---:|
| ↑ | Ctrl＋p,调用上一行 | home | Ctrl＋a,光标置于当前行开头 |
| ↓ | Ctrl＋n,调用下一行 | end | Ctrl＋e,光标置于当前行末尾 |
| ← | Ctrl＋b,光标左移一个字符 | esc | Ctrl＋u,清除当前行输入 |
| → | Ctrl＋f,光标右移一个字符 | del | Ctrl＋d,删除光标处的字符 |
| Crtl＋← | Ctrl＋l,光标左移一个单词 | backspace | Ctrl＋h,删除光标前的字符 |
| Crtl＋→ | Ctrl＋r,光标左移一个单词 | Alt＋backspace | 恢复上一次删除 |

**3. 标点**

在 Matlab 语言中,一些标点符号也被赋予了特殊意义或代表一定的运算,如表 1 - 3 所示。

**表 1 - 3　Matlab 语言的标点**

| 标点 | 定义 | 标点 | 定义 |
|:---:|:---:|:---:|:---:|
| : | 冒号,具有多种应用功能 | . | 小数点,小数点及访问符等 |
| ; | 分号,区分行及取消运行显示等 | … | 续行符 |
| , | 逗号,区分列及函数参数分隔符等 | ％ | 百分号,注释标记 |
| （　） | 括号指定运算过程中先后次序等 | ！ | 惊叹号,调用操作系统运算 |
| ［　］ | 方括号,矩阵定义的标志等 | ＝ | 等号,赋值标记 |
| ｛　｝ | 大括号,用于构成单元数组等 | ′ | 单引号,字符串的标识符等 |

## 1.6.4　用 Matlab 求极限

MATLAB 中提供的求函数极限的命令为 limit,该命令在使用前要先用 syms 做相关符号变量的说明.

**1. 创建符号变量命令:syms**

syms x y z

功能:创建多个符号变量 x,y,z.

**2. 极限运算命令:limit**

limit(f,x,a)　　功能:计算 $\lim\limits_{x \to a} f(x)$;

limit(f,x,inf)　　功能:计算 $\lim\limits_{x \to \infty} f(x)$;

limit(f,x,a,′right′)　　功能:计算右侧极限 $\lim\limits_{x \to a^+} f(x)$;

limit(f,x,a,′left′)　　功能:计算左侧极限 $\lim\limits_{x \to a^-} f(x)$.

**例 1**　计算极限 $\lim\limits_{x \to 3} \dfrac{x+5}{x^2-9}$.

**解**　Matlab 命令为

syms x;

y = (x + 5)/(x^2 − 9);

limit(y,x,3)

ans = inf.

**例 2**　计算极限 $\lim\limits_{x\to 0}\dfrac{1-\cos x}{x^2}$.

**解**　Matlab 命令为

syms x;

y = (1 − cos(x))/(x^2);

limit(y,x,0)

ans = 1/2.

**例 3**　计算极限 $\lim\limits_{x\to\infty}\left(1+\dfrac{3}{x}\right)^x$.

**解**　Matlab 命令为

syms x;

y = (1 + 3/x)^x;

limit(y,x,inf)

ans = exp(3).

# 同 步 练 习 1.6

求下列表达式的极限.

(1) $\lim\limits_{x\to 0}\dfrac{\sqrt{1+x^2}-1}{1-\cos x}$;

(2) $\lim\limits_{x\to +\infty}\left(1+\dfrac{a}{x}\right)^x$;

(3) $\lim\limits_{x\to\infty}\left(1+\dfrac{2}{n}\right)^n$;

(4) $\lim\limits_{x\to 0}\dfrac{\tan(ax^2)}{2x^2+3\,(\sin x)^3}$;

(5) $\lim\limits_{x\to 1^+}\left[\dfrac{1}{x\ln^2 x}-\dfrac{1}{(x-1)^2}\right]$;

(6) $\lim\limits_{x\to 0}\dfrac{\sin x}{x}$;

(7) $\lim\limits_{x\to\infty}\left(1+\dfrac{2t}{x}\right)^{3x}$;

(8) $\lim\limits_{x\to +\infty}\left(\sqrt{x-5}-\sqrt{x}\right)$.

# 单 元 测 试 1

1. 填空题.

(1) 函数 $f(x)=\dfrac{1}{\sqrt{x-3}}$ 的定义域为 _____.

(2) $f(x)=\dfrac{x^2-1}{x-1}$ 与 $g(x)=x+1$ 是 _____（填"相同"或"不相同"）的函数.

(3) 函数 $y=\mathrm{e}^{\sin x^2}$ 是由 _____ 复合而成的.

(4) 函数 $f(x)=\sqrt{x^2-3x+2}$ 的连续区间为 _____.

(5) $f(x)$ 在 $x \to x_0$ 时的左右极限都存在且相等是 $\lim\limits_{x \to x_0} f(x)$ 存在的 _____ 条件.

(6) $x = 0$ 是函数 $y = \dfrac{\sin x}{x}$ 的 _____ 间断点.

(7) 已知 $a, b$ 为常数，$\lim\limits_{x \to \infty} \dfrac{ax^2 + bx + 5}{3x + 2} = 5$，则 $a = $ _____，$b = $ _____.

(8) 当 $x \to 0$ 时，$\ln(1 + x)$ 与 $x$ 是 _____ 无穷小.

2. 选择题.

(1) 设 $y = \dfrac{x^2 - 1}{x^2 - 3x + 2}$，则 $x = 1$ 是 $f(x)$ 的（      ）.

(A) 可去间断点；   (B) 跳跃间断点；   (C) 第二类间断点；(D) 连续点.

(2) 当 $x \to +\infty$ 时，为无穷小量的函数是（      ）.

(A) $\dfrac{1}{x^2}$；              (B) $\ln(1 + x)$；              (C) $\dfrac{3x^2 + x - 1}{x^2 - 1}$；   (D) 以上都不对.

(3) $\lim\limits_{x \to \frac{\pi}{2}} \ln \sin x$（      ）.

(A) 1；                    (B) 0；                    (C) $-1$；                    (D) 以上都不对.

(4) 函数 $f(x) = \begin{cases} x - 1, & 0 < x \leqslant 1 \\ 2 - x, & 1 < x \leqslant 3 \end{cases}$，在 $x = 1$ 处不连续的原因是（      ）.

(A) 在 $x = 1$ 处无定义；                     (B) $\lim\limits_{x \to 1^-} f(x)$ 不存在；

(C) $\lim\limits_{x \to 1^+} f(x)$ 不存在；                     (D) $\lim\limits_{x \to 1} f(x)$ 不存在.

3. 求下列函数的极限.

(1) $\lim\limits_{x \to 1} \dfrac{x^2 - x + 1}{(x - 1)^2}$；                     (2) $\lim\limits_{x \to +\infty} \arccos(\sqrt{x^2 + 1} - x)$；

(3) $\lim\limits_{x \to 0} \dfrac{(1 - \cos 3x) \sin 2x}{\ln(1 + x^3)}$                     (4) $\lim\limits_{x \to \infty} \left(1 + \dfrac{6}{x}\right)^x$；

(5) $\lim\limits_{x \to \infty} \left(\dfrac{x - 1}{x + 1}\right)^x$；                     (6) $\lim\limits_{x \to 0} \dfrac{\tan(3x + x^3)}{\sin(2x - x^2)}$.

4. 讨论函数 $f(x) = \begin{cases} 3x^2, & x < -2 \\ -2x^3 - 4, & -2 \leqslant x \leqslant 1 \\ -6e^{x-1}, & x > 1 \end{cases}$ 的连续性.

# 第 2 章　　导数与微分

微分学是高等数学的重要组成部分.导数反映了函数的变化率,如物体运动速度、电流强度、人口增长率、化学反应速度、以及生物繁殖率等;而微分反映了当自变量有微小变化时,函数改变量的近似值.本章将在上一章的基础上,讲述导数与微分的概念,建立整套微分公式和法则,从而系统地解决函数的求导问题.

## 2.1　　导数的概念

### 2.1.1　引例

**引例 1**　变速直线运动的瞬时速度

设一物体作变速直线运动,$s = s(t)$ 表示位置函数,求物体在某一时刻 $t_0$ 的瞬时速度.

**解**　首先选取时刻 $t_0$ 到 $t_0 + \Delta t$ 这样一个时间间隔,在该时间段上,物体运动的路程为

$$\Delta s = s(t_0 + \Delta t) - s(t_0)$$

此时的平均速度为

$$\bar{v} = \frac{\Delta s}{\Delta t} = \frac{s(t_0 + \Delta t) - s(t_0)}{\Delta t}$$

当时间间隔 $\Delta t$ 越小,平均速度就越接近时刻 $t_0$ 时的瞬时速度 $v(t_0)$,当 $\Delta t$ 无限趋近于 0 时,平均速度无限地趋近于时刻 $t_0$ 的瞬时速度.故当 $\Delta t \to 0$ 时,平均速度的极限如果存在,就把它定义为物体在时刻 $t_0$ 处的瞬时速度.即

$$v(t_0) = \lim_{\Delta t \to 0} \bar{v} = \lim_{\Delta t \to 0} \frac{\Delta s}{\Delta t}$$

**引例 2**　平面曲线的切线斜率

**分析**:圆的切线为:与圆只有一个交点的直线.但是,对于一般曲线而言,就不能把与曲线只有一个交点的直线定义为曲线的切线.例如,对于抛物线 $y = x^2$,在坐标原点 $O$ 处,$x$ 轴、$y$ 轴都与曲线相交且只有交点 $O$.显然,$x$ 轴是曲线的切线,而 $y$ 轴不是它的切线.下面,先给出一般曲线切线的定义.

如图 2-1,设曲线 $y = f(x)$ 上有定点 $M_0(x_0, y_0)$ 和动点 $M(x_0 + \Delta x, y_0 + \Delta y)$,做割线 $M_0 M$,当动点 $M$ 沿着曲线趋向于定点 $M_0$ 时,割线 $M_0 M$ 的极限位置 $M_0 T$ 就定义为曲线在点 $M_0$ 处的切线,过 $M_0$ 且与切线垂直的直线叫做曲线在点 $M_0$ 处的**法线**.

割线 $M_0 M$ 的斜率为

$$\tan\varphi = \frac{\Delta y}{\Delta x}$$

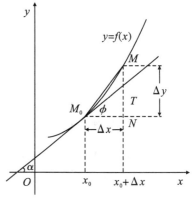

图 2-1

其中 $\varphi$ 为割线的 $M_0M$ 的倾斜角. 如果当 $\Delta x \to 0$ 时, 点 $M$ 沿着曲线无限趋于点 $M_0$, 上式的极限存在, 即

$$\tan\alpha = \lim_{\Delta x \to 0}\tan\varphi = \lim_{\Delta x \to 0}\frac{\Delta y}{\Delta x}$$

那么, 该极限就是曲线在点 $M_0$ 处的切线 $M_0T$ 的斜率, 其中 $\alpha$ 是切线 $M_0T$ 的倾斜角.

### 2.1.2　导数的概念

**1. 导数的概念**

回顾以上两个引例, 虽然背景各不相同, 但从数学结构上看, 却具有完全相同的形式. 在自然科学和工程技术领域内, 还有许多的量, 如化学反应速度、电流强度等都具有这种形式的极限. 数学上, 把这种形式的极限定义为函数的导数.

**定义 1**　设函数 $y = f(x)$ 在点 $x_0$ 的某个邻域内有定义, 当自变量 $x$ 在点 $x_0$ 处得增量 $\Delta x$ 时, 函数 $f(x)$ 有相应的增量 $\Delta y = f(x_0 + \Delta x) - f(x)$. 如果当 $\Delta x \to 0$, 极限

$$\lim_{\Delta x \to 0}\frac{\Delta y}{\Delta x} = \lim_{\Delta x \to 0}\frac{f(x_0 + \Delta x) - f(x_0)}{\Delta x}$$

存在, 则称 $f(x)$ 在点 $x_0$ 处可导, 并称其极限值为函数 $y = f(x)$ 在点 $x_0$ 处的导数, 记作 $f'(x_0)$, 也可记为 $y'(x_0)$, 或 $\dfrac{\mathrm{d}y}{\mathrm{d}x}\bigg|_{x=x_0}$, $\dfrac{\mathrm{d}f(x)}{\mathrm{d}x}\bigg|_{x=x_0}$, 即

$$f'(x_0) = \lim_{\Delta x \to 0}\frac{f(x_0 + \Delta x) - f(x_0)}{\Delta x}$$

如果此极限不存在, 则称函数 $y = f(x)$ 在点 $x_0$ 处不可导.

**注意**: 导数的定义式也可写成

$$f'(x_0) = \lim_{x \to x_0}\frac{f(x) - f(x_0)}{x - x_0}$$

利用导数的概念, 前面两个引例可以重述为:

(1) 变速直线运动在时刻 $t_0$ 处的瞬时速度, 就是位置函数 $s = s(t)$ 在 $t_0$ 处对时间 $t$ 的导数, 即

$$v(t_0) = \frac{\mathrm{d}s}{\mathrm{d}t}\bigg|_{t=t_0}$$

(2) 平面曲线的切线斜率是曲线纵坐标 $y$ 在该点处对横坐标 $x$ 的导数, 即

$$K = \tan\alpha = \frac{\mathrm{d}y}{\mathrm{d}x}\bigg|_{x=x_0}$$

**2. 左、右导数的概念**

函数 $y = f(x)$ 在 $x_0$ 处的导数是比值 $\dfrac{\Delta y}{\Delta x}$ 当 $\Delta x \to 0$ 时的极限, 而极限有左、右之分, 故把下面两个极限

$$\lim_{\Delta x \to 0^-}\frac{\Delta y}{\Delta x} = \lim_{\Delta x \to 0^-}\frac{f(x_0 + \Delta x) - f(x_0)}{\Delta x} = \lim_{x \to x_0^-}\frac{f(x) - f(x_0)}{x - x_0}$$

$$\lim_{\Delta x \to 0^+} \frac{\Delta y}{\Delta x} = \lim_{\Delta x \to 0^+} \frac{f(x_0 + \Delta x) - f(x_0)}{\Delta x} = \lim_{x \to x_0^+} \frac{f(x) - f(x_0)}{x - x_0}$$

分别叫做函数 $y = f(x)$ 在点 $x_0$ 处的**左导数**和**右导数**,分别记为 $f'_-(x_0)$ 和 $f'_+(x_0)$.

　　根据极限与左、右极限的关系,有下列定理

　　**定理 1**　函数 $y = f(x)$ 在点 $x_0$ 处可导的充要条件是函数 $y = f(x)$ 在点 $x_0$ 处的左、右导数存在且相等.

### 2.1.3　导数的几何意义

　　函数 $y = f(x)$ 在点 $x_0$ 处的导数就是曲线 $y = f(x)$ 在点 $M(x_0, f(x_0))$ 处的切线的斜率. 即

$$K = \tan\alpha = f'(x_0)$$

故曲线 $y = f(x)$ 在点 $M(x_0, f(x_0))$ 处的切线方程为

$$y - y_0 = f'(x_0)(x - x_0)$$

法线方程为

$$y - y_0 = -\frac{1}{f'(x_0)}(x - x_0)$$

### 2.1.4　可导与连续

　　**例 1**　讨论函数 $y = |x| = \begin{cases} x, & x \geqslant 0 \\ -x, & x < 0 \end{cases}$ 在 $x = 0$ 处的连续性与可导性.

　　**解**　因为

$$\Delta y = f(0 + \Delta x) - f(0) = |\Delta x|$$

所以

$$\lim_{\Delta x \to 0} \Delta y = \lim_{\Delta x \to 0} |\Delta x| = 0$$

故 $y = |x| = \begin{cases} x, & x \geqslant 0 \\ -x, & x < 0 \end{cases}$ 在 $x = 0$ 处连续.

又因为

$$f'_-(0) = \lim_{\Delta x \to 0^-} \frac{\Delta y}{\Delta x} = \lim_{\Delta x \to 0^-} \frac{|\Delta x|}{\Delta x} = -1$$

$$f'_+(0) = \lim_{\Delta x \to 0^+} \frac{\Delta y}{\Delta x} = \lim_{\Delta x \to 0^+} \frac{|\Delta x|}{\Delta x} = 1$$

左、右导数不相等,故函数在该点不可导.

　　**定理 2**　如果函数 $y = f(x)$ 在点 $x$ 处可导,那么函数 $f(x)$ 在点 $x$ 处一定连续.但函数 $y = f(x)$ 在 $x$ 处连续未必在 $x$ 处可导.

## 同步练习 2.1

1.根据导数的定义,求函数 $y = 2x^2 + 1$ 在给定点 $x_0 = -1$ 处的导数值.

2.利用幂函数的求导公式,求下列各函数的导数:

(1)$y = \dfrac{1}{\sqrt{x}}$; (2)$y = x^3$;

(3)$y = x^{\frac{5}{2}}$; (4)$y = \sqrt{x}$.

3.求曲线 $y = x^3$ 在点$(2,8)$处的切线方程和法线方程.

4.$a,b$ 取何值时,函数 $f(x) = \begin{cases} x^2, & x \leqslant 1 \\ ax + b, & x > 1 \end{cases}$ 在 $x = 1$ 处连续且可导.

## 2.2 导数的运算

利用定义求函数的导数往往比较困难,有时甚至不可行.本节课我们将学习求导的一般法则和常用函数的求导公式,使求导的运算变得更为简单易行.

### 2.2.1 导数的四则运算法则

**定理 1** 如果函数 $u = u(x), v = v(x)$ 都在点 $x$ 处可导,则函数 $u(x) \pm v(x)$、$u(x)v(x)$、$\dfrac{u(x)}{v(x)}(v(x) \neq 0)$ 也在点 $x$ 处可导,且有

(1)$[u(x) \pm v(x)]' = u'(x) \pm v'(x)$;

(2)$[u(x)v(x)]' = u'(x)v(x) + u(x)v'(x)$;

(3)$\left[\dfrac{u(x)}{v(x)}\right]' = \dfrac{u'(x)v(x) - u(x)v'(x)}{v^2(x)}$ $(v(x) \neq 0)$.

**注意**:法则(1)、(2)可以推广到有限个函数的情形,即
$$[u(x) \pm v(x) \pm w(x)]' = u'(x) \pm v'(x) \pm w'(x)$$
$$[u(x)v(x)w(x)]' = u'(x)v(x)w(x) + u(x)v'(x)w(x) + u(x)v(x)w'(x)$$
其中 $u(x), v(x), w(x)$ 都在点 $x$ 处可导.

**例 1** 求函数 $y = x^3 - \dfrac{1}{x} + \cos x$ 的导数.

**解** $y' = \left[x^3 - \dfrac{1}{x} + \cos x\right]' = (x^3)' - \left(\dfrac{1}{x}\right)' + (\cos x)' = 3x^2 + \dfrac{1}{x^2} - \sin x$

**例 2** 求函数 $y = \tan x$ 的导数

**解** $y' = \left(\dfrac{\sin x}{\cos x}\right)' = \dfrac{\cos^2 x + \sin^2 x}{\cos^2 x} = \dfrac{1}{\cos^2 x} = \sec^2 x$

即
$$(\tan x)' = \sec^2 x$$
同理,可得
$$(\cot x)' = -\csc^2 x$$
$$(\sec x)' = \sec x \tan x$$
$$(\csc x)' = -\csc x \cot x$$

### 2.2.2 反函数的求导法则

**定理 2** 如果单调函数 $x = g(y)$ 在点 $y$ 处可导,且 $g'(y) \neq 0$,则其反函数 $y = f(x)$ 在对应点 $x$ 处可导,则有

$$f'(x) = \frac{1}{g'(x)}$$

或者

$$\frac{\mathrm{d}y}{\mathrm{d}x} = \frac{1}{\dfrac{\mathrm{d}x}{\mathrm{d}y}}$$

**例 3**　求函数 $y = \arcsin x(-1 < x < 1)$ 的导数.

**解**　当 $-1 < x < 1$ 时,$y = \arcsin x(-1 < x < 1)$ 的反函数是

$$x = \sin y \quad \left(-\frac{\pi}{2} < y < \frac{\pi}{2}\right).$$

而

$$x' = (\sin y)' = \cos y = \sqrt{1 - \sin^2 y} = \sqrt{1 - x^2}$$

所以

$$y' = \frac{1}{x'} = \frac{1}{\sqrt{1 - x^2}} \quad (-1 < x < 1)$$

即

$$(\arcsin x)' = \frac{1}{\sqrt{1 - x^2}} \quad (-1 < x < 1)$$

同理可证

$$(\arccos x)' = -\frac{1}{\sqrt{1 - x^2}} \quad (-1 < x < 1)$$

$$(\arctan x)' = \frac{1}{1 + x^2} \quad (-\infty < x < +\infty)$$

$$(\operatorname{arccot} x)' = -\frac{1}{1 + x^2} \quad (-\infty < x < +\infty)$$

## 2.2.3　复合函数的求导法则

**定理 3(复合函数的求导法则)**　设函数 $u = \varphi(x)$ 在点 $x$ 处可导,函数 $y = f(u)$ 在相应的 $u$ 处可导,则复合函数 $y = f(\varphi(x))$ 在点 $x$ 处也可导,且有

$$\frac{\mathrm{d}y}{\mathrm{d}x} = \frac{\mathrm{d}y}{\mathrm{d}u}\frac{\mathrm{d}u}{\mathrm{d}x} \quad \text{或 } y' = f'(u)\varphi'(x)$$

**注意**:该法则可以推广到多个中间变量的情形,例如:$y = f(u),u = \varphi(v),v = \psi(x)$,则由它们复合的函数 $y = f\{\varphi(\psi(x))\}$ 的导数

$$\frac{\mathrm{d}y}{\mathrm{d}x} = \frac{\mathrm{d}y}{\mathrm{d}u}\frac{\mathrm{d}u}{\mathrm{d}v}\frac{\mathrm{d}v}{\mathrm{d}x}$$

**例 4**　求下列函数的导数.

(1)$y = \sin 2x$;　　　　　　　　　　(2)$y = \sqrt{3x^2 + 1}$.

**解**　(1)设 $y = \sin(u),u = 2x$,则

$$y' = f'(u) \cdot \varphi'(x) = (\sin u)' \cdot (2x)' = 2\cos u = 2\cos 2x$$

(2)设 $y = \sqrt{u},u = 3x^2 + 1$,则

$$y' = f'(u) \cdot \varphi'(x) = (\sqrt{u})' \cdot (3x^2 + 1)' = \frac{1}{2\sqrt{u}} \cdot 6x = \frac{3x}{\sqrt{3x^2 + 1}}$$

**例 5** 求函数 $y = (x - 1)\sqrt{x^2 - 1}$ 的导数.

**解**
$$\begin{aligned}
y' &= (x-1)'\sqrt{x^2-1} + (x-1)(\sqrt{x^2-1})' \\
&= \sqrt{x^2-1} + (x-1) \cdot \frac{1}{2\sqrt{x^2-1}}(x^2-1)' \\
&= \sqrt{x^2-1} + (x-1) \cdot \frac{2x}{2\sqrt{x^2-1}} = \frac{2x^2-x-1}{\sqrt{x^2-1}}
\end{aligned}$$

## 2.2.4 基本初等函数的导数公式

(1) $c' = 0$;    (2) $(x^n)' = nx^{n-1}$;

(3) $(a^x)' = a^x \ln a$;    (4) $(e^x)' = e^x$;

(5) $(\log_a x)' = \frac{1}{x \ln a}$;    (6) $(\ln x)' = \frac{1}{x}$;

(7) $(\sin x)' = \cos x$;    (8) $(\cos x)' = -\sin x$;

(9) $(\tan x)' = \sec^2 x$;    (10) $(\cot x)' = -\csc^2 x$;

(11) $(\sec x)' = \sec x \tan x$;    (12) $(\csc x)' = -\csc x \cot x$;

(13) $(\arcsin x)' = \frac{1}{\sqrt{1-x^2}}$;    (14) $(\arccos x)' = -\frac{1}{\sqrt{1-x^2}}$;

(15) $(\arctan x)' = \frac{1}{1+x^2}$;    (16) $(\operatorname{arccot} x)' = -\frac{1}{1+x^2}$.

大家应熟记上述求导公式,在此基础上再进行函数的导数计算.

## 2.2.5 高阶导数

如果函数 $y = f(x)$ 的导数 $y' = f'(x)$ 仍然是可导函数,则把导数 $y' = f'(x)$ 的导数叫做函数 $y = f(x)$ 的**二阶导数**,记作

$$y'', f''(x) \text{ 或} \frac{\mathrm{d}^2 y}{\mathrm{d}x^2}$$

即

$$y'' = (y')', f''(x) = [f'(x)]' \text{ 或} \frac{\mathrm{d}^2 y}{\mathrm{d}x^2} = \frac{\mathrm{d}}{\mathrm{d}x}\left(\frac{\mathrm{d}y}{\mathrm{d}x}\right)$$

相应地把 $y' = f'(x)$ 叫做函数 $y = f(x)$ 的一阶导数.类似地,函数 $y = f(x)$ 的二阶导数的导数叫做函数 $y = f(x)$ 的三阶导数,记作 $y''', f'''(x)$ 或 $\frac{\mathrm{d}^3 y}{\mathrm{d}x^3}$.依次类推,函数 $y = f(x)$ 的 $n-1$ 阶导数的导数叫做函数 $y = f(x)$ 的 $n$ **阶导数**,记作 $y^{(n)}, f^{(n)}(x)$ 或 $\frac{\mathrm{d}^n y}{\mathrm{d}x^n}$.

二阶及二阶以上的导数统称为**高阶导数**.

**例 6** 求下列函数的二阶导数.

(1) $y = ax + b(a \neq 0)$;    (2) $y = \cos^2 \frac{x}{2}$.

**解** (1) 因为 $y = ax + b$,

所以

$$y' = (ax + b)' = a$$
$$y'' = a' = 0$$

(2) 因为 $y = \cos^2 \dfrac{x}{2}$,

所以

$$y' = 2\cos \frac{x}{2} \left( \cos \frac{x}{2} \right)' = 2\cos \frac{x}{2} \left( -\sin \frac{x}{2} \right) \left( \frac{x}{2} \right)' = -\frac{1}{2}\sin x$$

$$y'' = (-\frac{1}{2}\sin x)' = -\frac{1}{2}\cos x$$

**例 7** 求函数 $y = \sin x$ 的 $n$ 阶导数.

**解** 因为 $y = \sin x$,

所以

$$y' = \cos x = \sin \left( x + \frac{\pi}{2} \right)$$

$$y'' = \cos \left( \frac{\pi}{2} + x \right) = \sin \left[ \frac{\pi}{2} + \left( \frac{\pi}{2} + x \right) \right] = \sin \left( 2 \cdot \frac{\pi}{2} + x \right)$$

$$y''' = \cos \left( 2 \cdot \frac{\pi}{2} + x \right) = \sin \left[ \frac{\pi}{2} + \left( 2 \cdot \frac{\pi}{2} + x \right) \right] = \sin \left( 3 \cdot \frac{\pi}{2} + x \right)$$

$$\vdots$$

$$y^{(n)} = \sin \left( n \cdot \frac{\pi}{2} + x \right)$$

同理可证 $\cos x^{(n)} = \cos \left( n \cdot \frac{\pi}{2} + x \right)$.

**例 8** 设一物体作直线运动,其规律为 $s = kt + b (k,b$ 为常数),求物体运动的加速度.

**解** 物体运动的速度为

$$v = s'(t) = (kt + b)' = k$$

加速度为

$$a = v'(t) = k' = 0$$

所以,该物体做匀速直线运动,其速度是常量 $k$,加速度为 0.

# 同步练习 2.2

1.求下列函数的导数.

(1) $y = \ln(1 - x^2)$;

(2) $y = \cot \dfrac{x}{3}$;

(3) $y = -\dfrac{1}{2}\cos^2 x$;

(4) $y = \dfrac{\sin x}{x + 1}$;

(5) $y = \sec^3(\ln x)$;

(6) $y = \dfrac{x^2}{\sqrt{1 + x^2}}$.

2.求下列函数的导数.

(1) $y = e^{2x} + x^{2e}$;

(2) $y = e^{-\frac{1}{x}}$;

(3) $y = e^{\tan\frac{1}{x}}$；　　　　　　　　　　　　　　(4) $y = e^{x\ln x}$；

(5) $y = e^{2x}\ln 2x$.

3. 求下列函数的二阶导数.

(1) $y = x^3 + 2x^2 + 3x + 4$；　　　　　　　　(2) $y = \ln x$.

4. 设物体作直线运动,其运动方程为 $s = t^3 + 2t^2 - t + 1$,求该物体在任一时刻的速度和加速度.

# 2.3　隐函数及参数方程确定的函数求导

## 2.3.1　隐函数的求导法则

如果自变量 $x$ 与因变量 $y$ 之间的关系,可以用 $y = f(x)$ 表示,如 $y = x + 3$, $y = e^x + 1$ 等,这种形式的函数称为**显函数**;如果函数 $y$ 与自变量 $x$ 的函数关系是由一个含 $x$ 和 $y$ 的方程 $f(x, y) = 0$ 所确定的,即 $y$ 与 $x$ 的关系隐含在方程 $f(x, y) = 0$ 中,我们通常称之为**隐函数**.

隐函数怎样求导呢?一种方法是将隐函数**显化**:从方程 $f(x, y) = 0$ 中解出 $y$,写成显函数的形式 $y = f(x)$ 再求导.另外一种方法是:**利用复合函数的求导法则**,将方程的两边同时对 $x$ 求导,并注意到变量 $y$ 是 $x$ 的函数,得到一个含有 $y'$ 的方程式,然后从中解出 $y'$ 即可.

**例 1**　求由方程 $e^y = x + y$ 确定的函数的导数 $y'$.

**解**　方程两边对 $x$ 求导,得

$$e^y \cdot y' = 1 + y'$$

所以

$$y' = \frac{1}{e^y - 1}$$

**例 2**　求曲线 $x^2 + 4y^2 = 8$ 在点 $(2, -1)$ 处的切线方程.

**解**　方程两边同时对 $x$ 求导,得

$$2x + 8yy' = 0$$

所以　　　　　　　　　　　　$y' = -\dfrac{x}{4y}$　　$(y \neq 0)$

故　　　　　　　　　　　　$y'\Big|_{\substack{x=2\\y=-1}} = \dfrac{1}{2}$

于是,切线方程为

$$y - (-1) = \frac{1}{2}(x - 2)$$

即　　　　　　　　　　　　$x - 2y - 4 = 0$

## 2.3.2　对数求导法则

形如 $y = u(x)^{v(x)}$, $(u(x) > 0)$ 的函数称为幂指函数。对幂指函数以及由若干个因子通过乘、除、乘方所构成的较复杂的函数求导时,是先对函数两边取对数,然后等式两边用隐函数求导法分别对 $x$ 求导数,再解出 $y'$,这种方法称为**对数求导法**.

**例 3**　求函数 $y = \sqrt[3]{\dfrac{(x+1)^2}{(x-1)(x+5)}}$ 的导数.

**解**　对等式两边取自然对数,得

$$\ln y = \frac{1}{3}\big[2\ln(x+1) - \ln(x-1) - \ln(x+5)\big]$$

上式两边同时对 $x$ 求导,得

$$\frac{1}{y} \cdot y' = \frac{1}{3}\Big[\frac{2}{x+1} - \frac{1}{x-1} - \frac{1}{x+5}\Big]$$

所以

$$y' = \frac{1}{3}\Big(\frac{2}{x+1} - \frac{1}{x-1} - \frac{1}{x+5}\Big)\sqrt[3]{\frac{(x+1)^2}{(x-1)(x+5)}}$$

**例 4**　求 $y = x^{\sin x}\ (x > 0)$ 的导数.

**解**　等式两边同时取对数,得

$$\ln y = \sin x \ln x$$

两边对 $x$ 求导,得

$$\frac{y'}{y} = \cos x \ln x + \frac{\sin x}{x}$$

所以

$$y' = \Big[\cos x \ln x + \frac{\sin x}{x}\Big]y = \Big[\cos x \ln x + \frac{\sin x}{x}\Big]x^{\sin x}$$

### 2.3.3　由参数方程所确定的函数求导法

一般情况下参数方程

$$\begin{cases} x = \varphi(t) \\ y = f(t) \end{cases}$$

确定了 $y$ 是 $x$ 的函数. 则由复合函数和反函数的求导公式可推出,上面参数方程所确定的函数 $y$ 对 $x$ 的导数公式为:

$$\frac{\mathrm{d}y}{\mathrm{d}x} = \frac{\dfrac{\mathrm{d}y}{\mathrm{d}t}}{\dfrac{\mathrm{d}x}{\mathrm{d}t}} = \frac{y'_t}{x'_t} = \frac{f'(t)}{\varphi'(t)}$$

**例 5**　已知椭圆的参数方程为 $\begin{cases} x = a\cos\theta \\ y = b\sin\theta \end{cases}(a > 0, \theta\ 为参数)$,求 $\dfrac{\mathrm{d}y}{\mathrm{d}x}$.

**解**　由公式得

$$\frac{\mathrm{d}y}{\mathrm{d}x} = \frac{\dfrac{\mathrm{d}y}{\mathrm{d}\theta}}{\dfrac{\mathrm{d}x}{\mathrm{d}\theta}} = \frac{b\cos\theta}{-a\sin\theta} = -\frac{b}{a}\cot\theta$$

## 同步练习 2.3

1. 求下列隐函数的导数.

(1) $x^2 - y^2 = 36$;　　　　　　　　　　(2) $x\cos y = \sin x$.

2.用对数求导法求下列函数的导数.

$(1) y = \dfrac{\sqrt{x+2}\,(3-x)^4}{(x+5)^5}$;　　　　　　$(2) x^y = y^x$.

3.求下列参数方程确定的函数的导数.

$(1) \begin{cases} x = 1 - t^2 \\ y = t - t^3 \end{cases}$;　　　　　　$(2) \begin{cases} x = \sin t \\ y = t \end{cases}$.

## 2.4　微分

### 2.4.1　微分的定义

**引例**　一块正方形金属薄片,受热膨胀,其边长由 $x_0$ 变到 $x_0 + \Delta x$,此薄片的面积增加了多少?

**解**　设正方形的面积为 $S$,面积增加量为 $\Delta S$,则

$$\Delta S = (x_0 + \Delta x)^2 - x_0^2 = 2x_0 \Delta x + (\Delta x)^2$$

$\Delta S$ 由两部分组成.第一部分 $2x_0 \Delta x$ 是 $\Delta x$ 线性函数.当 $\Delta x \to 0$ 时,它是 $\Delta x$ 的同阶无穷小;而第二部分 $(\Delta x)^2$,当 $\Delta x \to 0$ 时,是比 $\Delta x$ 的高阶无穷小,即

$$\lim_{\Delta x \to 0} \frac{2x_0 \Delta x}{\Delta x} = 2x_0, \lim_{\Delta x \to 0} \frac{(\Delta x)^2}{\Delta x} = 0$$

因此,对 $\Delta S$ 来说,当 $|\Delta x|$ 很小时,$(\Delta x)^2$ 可以忽略不计,而 $2x_0 \Delta x$ 可以作为其较好的近似值(图 2-2).即

$$\Delta S \approx 2x_0 \Delta x$$

因为 $S'(x_0) \approx 2x_0$,

所以　　　　　　　　　　　$$\Delta S \approx S'(x_0) \Delta x$$

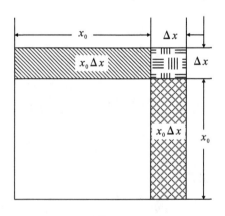

图 2-2

抛开该问题的实际背景,从数量关系上看,当一个函数 $y = f(x)$ 在 $x_0$ 处可导时,在 $x_0$ 处有增量 $\Delta x$,相应的函数增量可以表示成两部分,一部分是自变量增量的线性部分,系数是该点的导数;另一部分是比自变量增量高阶的无穷小.故当自变量增量的绝对值很小时,**函数的增量可用该点的导数与自变量增量之积近似代替**,即

$$\Delta y \approx f'(x)\Delta x$$

为此,我们引入微分的概念.

**定义 1**　设函数 $y = f(x)$ 在 $x$ 的某邻域有定义,$x + \Delta x$ 在这个邻域内,如果函数的增量

$$\Delta y = f(x + \Delta x) - f(x)$$

可表示为

$$\Delta y = A\Delta x + o(\Delta x)$$

其中 $A$ 是常数且不依于 $\Delta x$ 的,$o(\Delta x)$ 是比 $\Delta x$ 高阶的无穷小,那么,称函数 $y = f(x)$ 在 $x$ 处可微,把 $A\Delta x$ 叫做函数 $y = f(x)$ 在点 $x$ 处的微分,记为 $\mathrm{d}y$,即 $\mathrm{d}y = A\Delta x$.

一般地,设函数 $y = f(x)$ 在 $x$ 点处可导,则

$$\Delta y = f'(x)\Delta x + \alpha\Delta x$$

由微分的定义知,函数一定在 $x$ 处可微,则

$$\mathrm{d}y = f'(x)\Delta x$$

当 $y = x$ 时,$\mathrm{d}x = x'\Delta x = \Delta x$,即自变量的微分 $\mathrm{d}x$ 就是自变量的增量 $\Delta x$,所以函数的微分记作,$\mathrm{d}y = f'(x)\mathrm{d}x$.

这表明,函数 $y$ 的微分 $\mathrm{d}y$ 与自变量 $x$ 的微分 $\mathrm{d}x$ 之商等于该函数的导数,因此,导数又叫**微商**.

**定理**　函数 $y = f(x)$ 在点 $x$ 处可微的充要条件,是函数 $y = f(x)$ 在点 $x$ 处可导.即一元函数的可导与可微是等价的.

**例 1**　设 $y = \ln(x+1)$,求 $\mathrm{d}y$.

**解**　因为

$$y' = [\ln(x+1)]' = \frac{1}{x+1}$$

所以

$$\mathrm{d}y = \frac{1}{x+1}\mathrm{d}x$$

**例 2**　求函数 $y = \tan 2x$ 的微分.

**解**　$\mathrm{d}y = [\tan 2x]'\mathrm{d}x = 2\sec^2 2x\mathrm{d}x$.

## 2.4.2　微分的几何意义

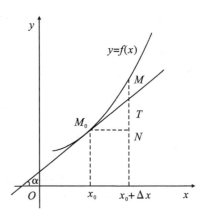

图 2-3

在直角坐标系中,函数 $y = f(x)$ 的图形是一条曲线,如图 2-3 所示,曲线上有一个定点 $M_0(x_0, y_0)$,给自变量 $x$ 一个微小增量 $\Delta x$ 时,得到另一点 $M(x_0 + \Delta x, y_0 + \Delta y)$,过点 $M_0$ 做曲线的切线 $M_0 T$,它的倾斜角为 $\alpha$,则

$NT = M_0 N \times \tan\alpha = f'(x_0)\Delta x$

即 $\mathrm{d}y = NT$.

由此可知,微分 $\mathrm{d}y = f'(x)\Delta x$ 就是当 $x$ 有改变量 $\Delta x$ 时,曲线 $y = f(x)$ 在点 $M_0(x_0, y_0)$ 处的切线上纵坐标的改变量.

### 2.4.3 微分的的运算法则

1. 微分的基本公式

(1)$d(c) = 0$;

(2)$d(x^n) = nx^{n-1}dx$

(3)$d(a^x) = a^x \ln a dx$;

(4)$d(e^x) = e^x dx$

(5)$d(\log_a x) = \dfrac{1}{x \ln a}dx$;

(6)$d(\ln x) = \dfrac{1}{x}dx$

(7)$d(\sin x) = \cos x dx$;

(8)$d(\cos x) = -\sin x dx$

(9)$d(\tan x) = \sec^2 x dx$;

(10)$d(\cot x) = -\csc^2 x dx$

(11)$d(\sec x) = \sec x \tan x dx$;

(12)$d(\csc x) = -\csc x \cot x dx$

(13)$d(\arcsin x) = \dfrac{1}{\sqrt{1-x^2}}dx$;

(14)$d(\arccos x) = -\dfrac{1}{\sqrt{1-x^2}}dx$

(15)$d(\arctan x) = \dfrac{1}{1+x^2}dx$;

(16)$d(\text{arccot} x) = -\dfrac{1}{1+x^2}dx$.

2. 函数和、差、积、商的微分运算法则

(1)$d[u(x) \pm v(x)] = du(x) \pm dv(x)$;

(2)$d[u(x)v(x)] = d[u(x)]v(x) + u(x)d[v(x)]$;

(3)$d\left[\dfrac{u(x)}{v(x)}\right] = \dfrac{d[u(x)]v(x) - u(x)d[v(x)]}{v^2(x)}$ $(v(x) \neq 0)$.

3. 一阶微分形式的不变性

设 $y = f(u), u = \varphi(x)$,则复合函数 $y = f(\varphi(x))$ 的微分为

$$dy = f'(u)\varphi'(x)dx$$

由于 $du = \varphi'(x)dx$,所以复合函数 $y = f(\varphi(x))$ 的微分公式为也可以写成

$$dy = f'(u)du$$

这就是说,无论 $u$ 是自变量还是中间变量,$y = f(u)$ 的微分总可以写成 $dy = f'(u)du$ 的形式.这一性质称为**微分形式的不变性**,利用这一性质求复合函数的微分十分方便.

**例 3** 求函数 $y = e^{(ax+b)}$ 的微分.

**解** $dy = de^{(ax+b)} = e^{(ax+b)}d(ax+b) = ae^{(ax+b)}dx$.

### 2.4.4 微分在近似计算中的应用

如果函数 $y = f(x)$ 在点 $x_0$ 处的导数 $f'(x_0) \neq 0$,且 $|\Delta x|$ 很小时,函数微分可作为函数增量的近似值,即

$$\Delta y \approx dy = f'(x_0)\Delta x \qquad (2-1)$$

用 $\Delta y = f(x_0 + \Delta x) - f(x_0)$ 代入上式,可得

$$f(x_0 + \Delta x) \approx f(x_0) + f'(x_0)\Delta x \qquad (2-2)$$

利用(2-1)式,可以求出函数增量 $\Delta y$ 的近似值;利用(2-2)式可以求出函数 $y = f(x)$ 在 $x_0$ 附近某点 $x_0 + \Delta x$ 处的函数值的近似值.

令 $x = x_0 + \Delta x, \Delta x = x - x_0$,上式变形为

$$f(x) \approx f(x_0) + f'(x_0)(x - x_0) \qquad (2-3)$$

将 $x_0 = 0$ 代入上式得:

$$f(x) \approx f(0) + f'(0)x \qquad (2-4)$$

利用(2-4)式,可以得到工程上常用的近似公式(当$|x|$很小时).

(1) $\sqrt[n]{1+x} \approx 1 + \dfrac{1}{n}x$;

(2)$\sin x \approx x$($x$用弧度作单位);

(3)$\tan x \approx x$($x$用弧度作单位);

(4)$e^x \approx 1 + x$;

(5)$\ln(1+x) \approx x$.

**例4**　一种金属圆片,半径为20cm;加热后半径增大了0.05cm,那么圆的面积增大了多少?

**解**　圆面积公式为 $S = \pi r^2$.

$\Delta r = \mathrm{d}r = 0.05, \Delta S \approx \mathrm{d}S = S'\Delta r$.

$\Delta S \approx \mathrm{d}S = S'\Delta r = 2\pi r \Delta r = 2\pi$

因此,当半径增大 0.05cm 时,圆面积增大了 $2\pi \mathrm{cm}^2$.

**例5**　计算 $e^{0.002}$ 的近似值.

**解**　设 $f(x) = e^x, x_0 = 0, \Delta x = 0.002$,
所以

$$f(x_0) = e^0 = 1, f'(x_0) = e^x \big|_{x=0} = e^0 = 1.$$

由公式 $f(x_0 + \Delta x) \approx f(x_0) + f'(x_0)\Delta x$,得

$$e^{0.002} \approx 1 + 1 \times 0.002 = 1.002$$

# 同步练习 2.4

1.将适当的函数填入下列括号内,使等式成立.

(1)d(　　) $= 5\mathrm{d}x$;

(2)d(　　)$x^2\mathrm{d}x$;

(3)d(　　) $= \sin\omega x\,\mathrm{d}x$;

(4)d(　　) $= \dfrac{1}{x-1}\mathrm{d}x$.

2.求下列函数的微分.

(1)$y = \dfrac{1}{x} + 2\sqrt{x}$;

(2)$y = x\sin 2x$;

(3)$y = [\ln(1-x)]^2$;

(4)$y = e^{-2x}\cos(3+2x)$.

3.求近似值:

(1) $\sqrt[5]{1.03}$;

(2)$\ln 1.02$.

4.如果半径为 15cm 的球半径伸长 2mm,球的体积约扩大多少.

## 2.5　应用案例

**例**　现代建筑物的外形轮廓在设计中有的是由直线构成而棱角分明,有的则为了满足工作性能和一定的美观性而采用圆滑的曲线衔接.由于曲线的存在从而给施工带来了一定

的工作难度,如使施工放样变得繁琐,使模板的加工、支撑变得复杂.

从事水利工程施工的人员都知道"溢流面"的概念,它是由几条不同的曲线组合而成,这些曲线的种类包括"幂函数曲线、圆弧曲线"等,其中圆弧曲线在测量放样中相对简单一些,但幂函数曲线在测量放样中就麻烦许多.

如图 2-4,一座浆砌石重力坝由溢流坝段和非溢流坝段组成,其中溢流坝段部分是由内砌浆砌石和外包一定厚度的混凝土组成,混凝土的平均厚度为 $b = 60\text{cm}$,(方向垂直于混凝土外表面上每一点的切线),溢流坝段顶部的混凝土曲线有一段是由幂函数曲线组成,曲线方程为 $y = 0.089x^{1.85}$,$(0 < x < 5)$.

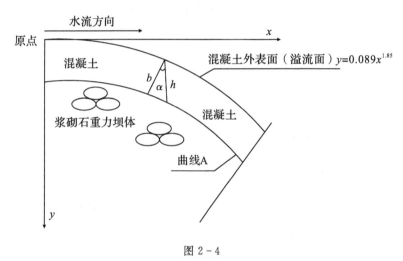

图 2-4

在这里如果只要求我们测量曲线混凝土的外表面就比较容易,但是根据一定的施工工艺关系,在实际施工中我们会先把浆砌石砌好,并按照设计要求安放一定数量的锚筋,最后再浇筑外表面 $b = 60\text{cm}$ 厚的混凝土.

问题:在砌筑浆砌石的时候就要求施工人员把最后浇筑混凝土的空间位置预留出来,即浆砌石只能砌到曲线 $A$(实际施工中曲线 $A$ 可能做成台阶形式). 如果不经过精细的计算贸然误留,留得过薄则消减了溢流面抵抗洪水冲刷的能力,过早地被破坏掉;留得过厚不仅造成不必要的浪费,而且增加施工方的经济成本.

如上图建立直角坐标系. 由于混凝土外表面是一条曲线,并且 $b = 60\text{cm}$ 厚的混凝土在方向上是垂直于混凝土外表面上每一点的切线,在业内计算中如果不先画图是不容易求出曲线 $A$ 的轨迹.

这时,我们借助图中的 $h$ 值来代替 $b$ 值计算($h$ 值是对应于每一点的 $b$ 值在铅直方向上的数值),利用导数的几何意义:曲线上每一点对应的切线斜率 $\tan\alpha$ 就是该曲线方程的一阶导数,即

$$y' = 0.16465x^{0.85} = \tan\alpha$$

最后,借助三角函数关系式可求 $h$ 值

$$h = b \cdot \sec\alpha = b \cdot \sqrt{1 + \tan^2\alpha} = b \cdot \sqrt{1 + (0.16465x^{0.85})^2}$$

因为 $h$ 值的方向是平行于铅直方向的,在施工放样中比较容易控制,经过这样的换算我们就将原本复杂的问题简单化了.

# 2.6　数学实验

## 2.6.1　导数与微分在 Matlab 中的实现

**1. 一元函数求导命令：diff**

diff(f)　　功能：求函数 $f$ 的 1 阶导数，其中 $f$ 为符号函数；

diff(f,n)　　功能：求函数 $f$ 的 $n$ 阶导数，其中 $f$ 为符号函数.

**2. 隐函数求导命令：diff**

无论是一元隐函数还是多元隐函数，在微分计算时可采用计算公式，调用两次 diff 命令即可.

**3. 由参数方程所确定的函数的求导命令：diff**

根据由参数方程所确定的函数求导公式 $\dfrac{\mathrm{d}y}{\mathrm{d}x} = \dfrac{\mathrm{d}y/\mathrm{d}t}{\mathrm{d}x/\mathrm{d}t}$ 调用程序时，连续使用两次 diff 命令即可.

**例 1**　计算函数 $y = \sin(x^2)$ 的二阶导数 $y''$.

**解**　在命令窗口输入：

```
>> syms x;
>> diff(sin(x^2))
ans = 2 * cos(x^2) * x
```

**例 2**　求函数 $y = 4x^3 + 3x$ 的二阶导数.

**解**　在命令窗口输入：

```
>> syms x;
>> y = 4 * x^3 + 3 * x;
>> diff(y,2)
ans = 24 * x
```

**例 3**　求隐函数 $x^3 + y^3 + 3xy = 0$ 的导数 $\dfrac{\mathrm{d}y}{\mathrm{d}x}$.

**解**　在命令窗口输入：

```
>> clear
>> syms x y
>> s = x^3 + y^3 + 3 * x * y;
>> dsx = diff(s,'x');
   dsy = diff(s,'y');
   - dsx/dsy
>> ans = (-3 * x^2 - 3 * y)/(3 * y^2 + 3 * x)
```

**例 4**　求由参数方程所确定的函数 $\begin{cases} y = \mathrm{e}^t \\ x = t^2 \end{cases}$ 的一阶导数.

**解**　在命令窗口输入：

```
>> syms t;;
```

```
>> y = exp(t);
>> x = t^2;
>> dy = diff(y,'t');
>> dx = diff(x,'t');
>> dy/dx
ans = 1/2 * exp(t)/t
```

## 同步练习 2.6

1. 用 Matlab 软件求函数 $y = x^2 \sin 2x$ 的一阶和二阶导数.

2. 用 Matlab 软件求 $\begin{cases} y = \sin t \\ x = \cos t \end{cases}$ 的导数 $\dfrac{\mathrm{d}y}{\mathrm{d}x}$.

3. 用 Matlab 软件求 $\mathrm{e}^x + xy = 3$ 的导数 $\dfrac{\mathrm{d}y}{\mathrm{d}x}$.

## 单元测试 2

1. 判断题.

(1) 若曲线 $y = f(x)$ 处处有切线,则函数 $y = f(x)$ 必处处可导. ( )

(2) 若函数 $y = f(x)$ 在点 $x_0$ 处可导,则 $y = f(x)$ 在点 $x_0$ 处必可微. ( )

(3) $x\mathrm{d}x = \mathrm{d}(x^2)$. ( )

(4) $\sin x\mathrm{d}x = \mathrm{d}(\cos x)$. ( )

2. 选择题.

(1) 设 $y = \sin x + \cos \dfrac{\pi}{t}$,则 $y' = ($ ).

(A) $\sin x$; (B) $\cos x$;

(C) $y = \cos x - \sin \dfrac{\pi}{6}$; (D) $y = \cos x + \sin \dfrac{\pi}{6}$.

(2) 曲线 $y = x\ln x$ 的平行于 $x - y + 1$ 的切线方程是( ).

(A) $y = x - 1$; (B) $y = -(x + 1)$;

(C) $y = x + 3\mathrm{e}^{-2}$; (D) $y = \ln x - 1$.

(3) 下列求导错误的是( ).

(A) $(x^{n-1})' = (n-1)x^{n-2}$; (B) $(\log_a x)' = \dfrac{1}{x}\log_a \mathrm{e}$;

(C) $(x^x)' = a^x\ln a$; (D) $(a^x)' = a^x\ln a$.

(4) 若等式 $\mathrm{d}($ ) $= -2x\mathrm{e}^{-x^2}\mathrm{d}x$ 成立,那么应填入的函数应是( ).

(A) $-2x\mathrm{e}^{-x^2} + c$; (B) $-\mathrm{e}^{-x^2} + c$;

(C) $\mathrm{e}^{-x^2} + c$; (D) $2x\mathrm{e}^{-x^2} + c$.

3. 填空题.

(1) 若曲线 $y = f(x)$ 在点 $x_0$ 处点可导,则该曲线在点 $M(x_0, y_0)$ 处的切线方程为

_____,曲线在该点的法线方程为_____.

(2) 设 $y = \ln 3$,则 $y' =$ _____.

(3) 设 $y = \ln(1 + x)$,则 $f''(0) =$ _____.

(4) 火车在刹车后所行距离 $s$ 是时间 $t$ 的函数 $s = 50t - 5t^2$(单位为米),则刹车开始时的速度是_____,火车经过_____秒时才能停止.

4.求下列函数的导数.

(1) $y = x\cos\dfrac{1}{x}$;

(2) $y = \sqrt{x + \sqrt{x}}$;

(3) $y = \arctan 3^x$;

(4) $y = \arcsin(6x)$;

(5) $y = (x^2 + x^5)^2$;

(6) $y = \ln(x + \sqrt{x^2 + 3})$.

5.设一物体沿直线运动,它的运动方程为 $s = t + \mathrm{e}^{-at}$,其中 $a$ 是常数,试求物体在 $t = \dfrac{1}{a}$ 时的速度和加速度.

6.求由下列方程所确定的隐函数 $y = f(x)$ 的导数.

(1) $x^3 + y^3 - 3axy = 0$;

(2) $y = 1 + x\mathrm{e}^y$.

7.求由下列参数方程所确定的隐函数的导数 $\dfrac{\mathrm{d}y}{\mathrm{d}x}$.

(1) $\begin{cases} x = t(1 - \sin t) \\ y = t\cos t \end{cases}$;

(2) $\begin{cases} x = 3\mathrm{e}^{-t} \\ y = 3\mathrm{e}^t + t \end{cases}$.

# 第3章 微分中值定理及其应用

上一章中,从分析实际问题中因变量相对于自变量的变化快慢出发,引入了导数的概念,讨论了导数的计算方法.本章中,我们将利用导数来研究函数及曲线的某些性质,并且进一步解决一些实际问题.

## 3.1 微分中值定理

中值定理是把函数在某区间上的整体性质与它在该区间上某一点的导数联系起来,这是利用微分学知识解决实际问题的理论基础,又是解决微分学自身发展的一种理论性的数学模型,因此又把它称为微分学基本定理.

下面就先介绍罗尔(Rolle)定理,然后推导出拉格朗日(Lagrange)中值定理和柯西(Cauchy)中值定理.

### 3.1.1 罗尔定理

**定理 1(罗尔(Rolle)定理)** 如果函数 $f(x)$ 满足条件:

(1) 在闭区间 $[a,b]$ 上连续;

(2) 在开区间 $(a,b)$ 内可导;

(3) $f(a) = f(b)$.

则在开区间 $(a,b)$ 内至少存在一点 $\xi$,使得 $f'(\xi) = 0$.

罗尔定理的几何意义如下:图 3-1 中,函数 $y = f(x)$ 表示了 $(a,b)$ 内一条光滑连续的曲线,且曲线两端点 $A$、$B$ 的纵坐标相等,即 $f(a) = f(b)$,那么在曲线上至少存在一点 $\xi$,使得曲线在该点处的切线平行于 $x$ 轴,即 $f'(\xi) = 0$.

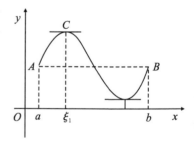

图 3-1

**例 1** 验证函数 $f(x) = \ln\sin x$ 在闭区间 $\left[\frac{\pi}{6}, \frac{5}{6}\pi\right]$ 上满足罗尔定理的条件,并求出罗尔定理中 $\xi$ 的值.

**证** 由于 $f(x) = \ln\sin x$ 是在区间 $(0,\pi)$ 上的初等函数,所以函数 $f(x)$ 在 $\left[\frac{\pi}{6}, \frac{5}{6}\pi\right]$ 上是连续的;又 $f'(x) = \frac{\cos x}{\sin x} = \cot x$,故 $f(x)$ 在 $\left[\frac{\pi}{6}, \frac{5}{6}\pi\right]$ 内可导,且 $f\left(\frac{\pi}{6}\right) = \ln\frac{1}{2}$,$f\left(\frac{5}{6}\pi\right) = \ln\frac{1}{2}$;因此函数 $f(x)$ 满足罗尔定理的条件.

令 $f'(x) = 0$,解得 $x = \frac{\pi}{2}$,$\frac{\pi}{2} \in \left(\frac{\pi}{6}, \frac{5}{6}\pi\right)$.

故取 $\xi = \frac{\pi}{2}$,则有 $f'(\xi) = 0$.

## 3.1.2 拉格朗日中值定理

**定理 2** （拉格朗日（Lagrange）中值定理）

如果函数 $f(x)$ 满足条件：

(1) 在闭区间 $[a,b]$ 上连续；

(2) 在开区间 $(a,b)$ 内可导.

则在区间 $(a,b)$ 内至少存在一点 $\xi$，使得

$$f'(\xi) = \frac{f(b)-f(a)}{b-a}$$

或

$$f(b)-f(a) = f'(\xi)(b-a)$$

拉格朗日中值定理的几何意义如下：图 3－2 中，函数 $y = f(x)$ 表示了 $(a,b)$ 内一条光滑连续的曲线，则在曲线上至少存在一点 $\xi$，使得曲线在该点处的切线斜率与直线 $AB$ 的斜率相等.

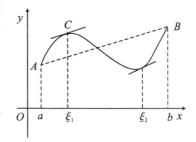

图 3－2

从图 3－2 中可以看出，在罗尔定理中，由于 $f(a) = f(b)$，弦 $AB$ 是平行于 $x$ 轴的，因此点 $C$ 处的切线实际上也平行于弦 $AB$. 由此可见，罗尔定理是拉格朗日中值定理的特殊情况.

作为拉格朗日中值定理的一个应用，我们推出在积分学中很有用的两个推论：

**推论** 1 如果函数 $f(x)$ 在 $(a,b)$ 内每一点的导数 $f'(x) = 0$，则在 $(a,b)$ 内 $f(x)$ 为一个常数.

**证** 在 $(a,b)$ 内任取两点 $x_1, x_2$，且 $x_1 < x_2$，于是 $f(x)$ 在闭区间 $[x_1, x_2]$ 上满足拉格朗日中值定理条件，因此在 $(x_1, x_2)$ 内必存在一点 $\xi$，使得

$$f(x_2) - f(x_1) = f'(\xi) \cdot (x_2 - x_1)$$

又因为在 $(a,b)$ 内恒有 $f'(x) = 0$，故 $f'(\xi) = 0$，从而

$$f(x_2) - f(x_1) = 0$$

即

$$f(x_2) = f(x_1)$$

由于 $x_1, x_2$ 是 $(a,b)$ 内的任意两点，故证，在 $(a,b)$ 内 $f(x)$ 是常函数.

**推论** 2 如果函数 $f(x)$ 和 $g(x)$ 在区间 $(a,b)$ 内的导数处处相等，即 $f'(x) = g'(x)$，则 $f(x)$ 和 $g(x)$ 在区间 $(a,b)$ 内只相差一个常数.

**证** 设 $F(x) = f(x) - g(x)$，因为 $F'(x) = f'(x) - g'(x) = 0$，$x \in (a,b)$，所以由推论 1 可得 $F(x) = C$（$C$ 为常数），即 $f(x) - g(x) = C$.

**例 2** 证明：在 $[-1,1]$ 内，$\arcsin x + \arccos x = \frac{\pi}{2}$ 恒成立.

**证** 令 $f(x) = \arcsin x + \arccos x$，则有

$$f'(x) = \frac{1}{\sqrt{1-x^2}} + \left(-\frac{1}{\sqrt{1-x^2}}\right) = 0$$

故由推论 1 知 $f(x)$ 在 $[-1,1]$ 内是一个常函数,即

$$\arcsin x + \arccos x = C \quad (C \text{ 为常数})$$

取 $x = 0$,有

$$\arcsin 0 + \arccos 0 = 0 + \frac{\pi}{2} = \frac{\pi}{2}$$

故在 $[-1,1]$ 内,有

$$\arcsin x + \arccos x = \frac{\pi}{2}$$

恒成立.

**例 3**　求证:当 $x > 0$ 时,不等式 $x > \ln(1+x)$ 成立.

**证**　设 $f(x) = x - \ln(1+x)$,因为 $f(x)$ 为初等函数,故其在 $[0, +\infty)$ 上连续. 又

$$f'(x) = 1 - \frac{1}{1+x}$$

由此可知 $f(x)$ 在 $(0, +\infty)$ 内可导,于是 $f(x)$ 在区间 $[0, x](x > 0)$ 上满足拉格朗日中值定理条件,所以至少存在一点 $\xi \in (0, x)$,使得

$$f(x) - f(0) = f'(\xi)(x - 0)$$

而

$$f'(\xi) = 1 - \frac{1}{1+\xi} = \frac{\xi}{1+\xi}$$

已知 $x > 0$,所以 $\xi > 0$,$\dfrac{\xi}{1+\xi} > 0$,从而 $f'(\xi) > 0$,且 $f(0) = 0$,于是

$$f(x) > 0$$

即

$$x > \ln(1+x).$$

### 3.1.3　柯西定理

**定理 2(柯西(Cauchy)定理)**　如果函数 $f(x)$ 与 $g(x)$ 都在闭区间 $[a, b]$ 上连续,在开区间 $(a, b)$ 内可导,且 $g'(x) \neq 0$,则在开区间 $(a, b)$ 内至少存在一点 $\xi$,使得

$$\frac{f(b) - f(a)}{g(b) - g(a)} = \frac{f'(\xi)}{g'(\xi)}.$$

**注意**:(1) 在该定理中,将 $x$ 看成参数,则可将:$Y = f(x)$,$X = g(x)(a \leqslant x \leqslant b)$ 看成一条曲线的参数方程表达式,这时,$\dfrac{f(b) - f(a)}{g(b) - g(a)}$ 就表示了连接曲线端点 $A(g(a), f(a))$,$B(g(b), f(b))$ 的直线的斜率,而 $\dfrac{f'(\xi)}{g'(\xi)}$ 则表示了该曲线上某一点 $C(g(\xi), f(\xi))$ 处的切线斜率.所以柯西定理的几何意义与拉格朗日中值定理的几何意义是类似的.

(2) 如果令 $g(x) = x$,柯西定理就变成了拉格朗日中值定理,故拉格朗日中值定理是柯西定理的特殊情形.

## 同步练习 3.1

1.验证函数 $f(x) = x\sqrt{3-x}$ 在区间 $[0,3]$ 上满足罗尔定理条件,并求出罗尔定理结论

中的 $\xi$ 值.

2.验证函数 $f(x) = \ln x$ 在区间 $[1, e]$ 满足拉格朗日中值定理条件,并求出拉格朗日中值定理中的 $\xi$ 值.

3.求证:在区间 $(-\infty, +\infty)$ 上,$\arctan x + \text{arccot} x = \dfrac{\pi}{2}$ 恒成立.

4.求证:(1)当 $x > 0$ 时,不等式 $1 + \dfrac{1}{2}x > \sqrt{1+x}$ 成立;

(2)当 $0 < x < \dfrac{\pi}{3}$ 时,不等式 $\tan x > x - \dfrac{x^3}{3}$ 成立.

# 3.2  洛必达法则

在学习极限运算法则时,我们常常会遇到一些极限,比如 $\lim\limits_{x \to 0} \dfrac{\sin 2x}{x}$ 或 $\lim\limits_{x \to +\infty} \dfrac{\ln x}{x}$,即在自变量的同一变化过程中,分子、分母同时趋于 0 或同时趋于无穷大的情形,在数学上,我们把它们统称为**未定式**.未定式的极限可能存在,也可能不存在,因此不可以直接使用极限四则运算法则.这一节我们将介绍一种比较便捷的方法 —— 洛必达法则,用它可以比较方便地解决类似极限.

## 3.2.1  "$\dfrac{0}{0}$" 型和 "$\dfrac{\infty}{\infty}$" 型的基本未定式

**定理 1(洛必达法则)**    如果函数 $f(x)$ 与 $g(x)$ 满足条件:

(1) $\lim\limits_{x \to x_0} f(x) = 0, \lim\limits_{x \to x_0} g(x) = 0$;

(2) $f(x)$ 与 $g(x)$ 在点 $x_0$ 的某个邻域内(点 $x_0$ 可除外)可导,且 $g'(x) \neq 0$;

(3) $\lim\limits_{x \to x_0} \dfrac{f'(x)}{g'(x)} = A$(或 $\infty$).

则有

$$\lim_{x \to x_0} \frac{f(x)}{g(x)} = \lim_{x \to x_0} \frac{f'(x)}{g'(x)} = A(\text{或}\infty)$$

**注意:**(1)该法则中第(1)条件改为 $\lim\limits_{x \to x_0} f(x) = \infty, \lim\limits_{x \to x_0} g(x) = \infty$,结论仍然成立;

(2)对于法则(1),把极限过程 $x \to x_0$ 改为 $x \to \infty$,该法则仍然成立;

(3)如果应用洛必达法则后,仍得到未定式 "$\dfrac{0}{0}$" 型或 "$\dfrac{\infty}{\infty}$" 型,当其满足定理条件时,可重复使用该法则.

**例 1**    求 $\lim\limits_{x \to 2} \dfrac{x^4 - 16}{x - 2}$.

**解**    这是 "$\dfrac{0}{0}$" 型未定式,因此

$$\lim_{x \to 2} \frac{x^4 - 16}{x - 2} = \lim_{x \to 2} \frac{4x^3}{1} = 32$$

**例 2**    求 $\lim\limits_{x \to 0} \dfrac{1 - \cos x}{x^3}$.

**解**　这是"$\dfrac{0}{0}$"型未定式,因此

$$\lim_{x\to 0}\frac{1-\cos x}{x^3}=\lim_{x\to 0}\frac{\sin x}{3x^2}=\lim_{x\to 0}\frac{\cos x}{6x}=\infty$$

**注**　该题中使用一次洛必达法则后仍是"$\dfrac{0}{0}$"型,故重复使用洛必达法则.

**例3**　求 $\lim\limits_{x\to +\infty}\dfrac{\pi-\arctan x}{\dfrac{1}{x}}$.

**解**　这是由"$\dfrac{0}{0}$"型转化为"$\dfrac{\infty}{\infty}$"型未定式,用两次洛必达法则,有:

$$\lim_{x\to +\infty}\frac{\pi-\arctan x}{\dfrac{1}{x}}=\lim_{x\to +\infty}\frac{-\dfrac{1}{1+x^2}}{-\dfrac{1}{x^2}}=\lim_{x\to +\infty}\frac{x^2}{1+x^2}=\lim_{x\to +\infty}\frac{2x}{2x}=1$$

**例4**　求 $\lim\limits_{x\to 0^+}\dfrac{\ln\cot x}{\ln x}$.

**解**　当 $x\to 0^+$ 时,有 $\ln\cot x\to\infty$ 和 $\ln x\to\infty$,这是"$\dfrac{\infty}{\infty}$"型未定式,因此

$$\lim_{x\to 0^+}\frac{\ln\cot x}{\ln x}=\lim_{x\to 0^+}\frac{\tan x\cdot(-\csc^2 x)}{\dfrac{1}{x}}$$

$$=-\lim_{x\to 0^+}\frac{x}{\sin x\cdot\cos x}=-\lim_{x\to 0^+}\frac{2x}{\sin 2x}=-1$$

## 3.2.2　其他未定式

除了求"$\dfrac{0}{0}$"型或"$\dfrac{\infty}{\infty}$"型基本未定式的极限外,洛必达法则还可以用来求"$0\cdot\infty$"、"$\infty-\infty$"、"$0^0$"、"$\infty^0$"、"$1^\infty$"型等其他未定式的极限,但需先将它们划为基本未定式"$\dfrac{0}{0}$"型或"$\dfrac{\infty}{\infty}$"型,再使用洛必达法则计算.

**例5**　求 $\lim\limits_{x\to 0^+}x\ln x$.

**解**　此题是"$0\cdot\infty$"型,将它转化为"$\dfrac{\infty}{\infty}$"型来计算.

$$\lim_{x\to 0^+}x\ln x=\lim_{x\to 0^+}\frac{\ln x}{\dfrac{1}{x}}=\lim_{x\to 0^+}\frac{\dfrac{1}{x}}{-\dfrac{1}{x^2}}=\lim_{x\to 0^+}(-x)=0$$

**例6**　求 $\lim\limits_{x\to \frac{\pi}{2}}(\sec x-\tan x)$.

**解**　这是"$\infty-\infty$"型未定式,经通分转化为"$\dfrac{0}{0}$"型后,再用洛必达法则,于是有

$$\lim_{x\to \frac{\pi}{2}}(\sec x-\tan x)=\lim_{x\to \frac{\pi}{2}}\left(\frac{1}{\cos x}-\frac{\sin x}{\cos x}\right)=\lim_{x\to \frac{\pi}{2}}\frac{1-\sin x}{\cos x}=\lim_{x\to \frac{\pi}{2}}\frac{-\cos x}{-\sin x}=0$$

**例 7**　求 $\lim\limits_{x\to+\infty} x^{\frac{1}{x}}$.

**解**　这是"$\infty^0$"型未定式,于是

$$\lim_{x\to+\infty} x^{\frac{1}{x}} = \lim_{x\to+\infty} \mathrm{e}^{\frac{1}{x}\cdot\ln x} = \mathrm{e}^{\lim\limits_{x\to+\infty}\frac{1}{x}\cdot\ln x}$$

又

$$\lim_{x\to+\infty} \frac{1}{x}\cdot\ln x = \lim_{x\to+\infty} \frac{\ln x}{x} = \lim_{x\to+\infty} \frac{1}{x} = 0$$

所以

$$\lim_{x\to+\infty} x^{\frac{1}{x}} = \mathrm{e}^0 = 1$$

最后,还须说明,洛必达法则有时会失效,但所求极限却不一定不存在.例如,

$$\lim_{x\to\infty} \frac{x+\sin x}{x} = \lim_{x\to\infty} \frac{1+\cos x}{1}$$

此时,不满足洛必达法则条件(3),所以不能使用该法则.但是

$$\lim_{x\to\infty} \frac{x+\sin x}{x} = \lim_{x\to\infty} \left(1+\frac{\sin x}{x}\right) = 1$$

## 同步练习 3.2

1.用洛必达法则求下列极限.

(1) $\lim\limits_{x\to0} \dfrac{\sin 6x}{2x}$;

(2) $\lim\limits_{x\to0} \dfrac{x+\sin x}{x^2}$;

(3) $\lim\limits_{x\to0} \dfrac{\mathrm{e}^x - \mathrm{e}^{-x} - 2x}{x - \sin x}$;

(4) $\lim\limits_{x\to0^+} x^2\ln x$; (5) $\lim\limits_{x\to0^+} x^x$.

## 3.3　函数的单调性与极值

### 3.3.1　函数的单调性

在这一小节中,我们将讨论如何利用导数来确定函数的单调性.如果函数 $y = f(x)$ 在区间 $[a,b]$ 上单调增加(单调减少),那么它的图形是一条沿 $x$ 轴正向上升(下降)的曲线,这时,观察图 3-3 和 3-4 发现,曲线上各点处的切线的倾角都是锐角(都是钝角),其斜率 $k = \tan\alpha > 0 (k = \tan\alpha < 0)$.即 $y' = f'(x) > 0 (y' = f'(x) < 0)$.由此可见,函数的单调性与导数的符号有着密切的联系.

那么反过来,能不能用导数的符号来判断函数的单调性呢?回答是肯定的.

**定理 1**　设函数 $f(x)$ 在闭区间 $[a,b]$ 上连续,在开区间 $(a,b)$ 内可导,则有:

(1) 如果在 $(a,b)$ 内,$f'(x) > 0$,那么函数 $f(x)$ 在闭区间 $[a,b]$ 上严格单调增加;

(2) 如果在 $(a,b)$ 内,$f'(x) < 0$,那么函数 $f(x)$ 在闭区间 $[a,b]$ 上严格单调减少.

**证明**　设 $x_1, x_2$ 为闭区间 $[a,b]$ 上任意两点,且 $x_1 < x_2$.因为 $f(x)$ 在闭区间 $[a,b]$ 上连续,在开区间 $(a,b)$ 内可导,故其在闭区间 $[x_1, x_2]$ 上连续,在开区间 $(x_1, x_2)$ 内可导,满足拉格朗日中值定理条件,因此有

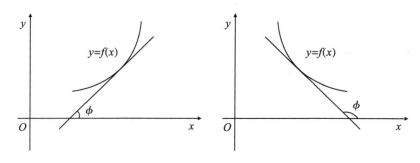

图 3－3  图 3－4

$$f(x_2) - f(x_1) = f'(\xi) \cdot (x_2 - x_1) \quad (x_1 < \xi < x_2)$$

又 $x_2 - x_1 > 0$,故当(1) 如果 $f'(x) > 0$,则 $f'(\xi) > 0$,从而 $f(x_2) - f(x_1) > 0$,故证 $f(x)$ 在闭区间 $[a,b]$ 上严格单调增加;(2) 如果 $f'(x) < 0$,则 $f'(\xi) < 0$,从而 $f(x_2) - f(x_1) < 0$,故证 $f(x)$ 在闭区间 $[a,b]$ 上严格单调减少.

**注** (1) 该定理中的连续区间可改为开区间或半闭半开区间,结论也相应成立;

(2) 如果函数 $f(x)$ 在区间 $(a,b)$ 内的个别点的导数等于0,在其余点的导数同号,则不影响函数在该区间内的单调性. 如:$y = x^3$,在 $x = 0$ 处的导数等于0,而在其余点的导数都大于零,故它在 $(-\infty, +\infty)$ 内单调递增.

(3) 有的函数在整个定义域上并不具有单调性,但在其各个子区间上却具有单调性. 如:$y = x^2$,在区间 $(-\infty, 0)$ 内单调递减,在区间 $(0, +\infty)$ 内单调递增,并且分界点 $x = 0$ 处有 $f'(0) = 0$(通常把导数为零的点称为驻点).

因此,要求函数的单调区间,一般分三步:① 求一阶导数 $f'(x)$;② 求分界点:使一阶导数 $f'(x) = 0$ 的驻点和一阶导数不存在的点;③ 用上述定理判断各子区间上的单调性.

**例 1** 求函数 $y = x^3 - 3x$ 的单调区间.

**解** 此函数的定义域为 $(-\infty, +\infty)$,由

$$f'(x) = 3x^2 - 3 = 3(x-1)(x+1)$$

令 $f'(x) = 0$,得 $x_1 = -1, x_2 = 1$,它们把定义域分成三个子区间,确定 $f(x)$ 在每个区间上的单调性如表 3－1 所示.

表 3－1

| $x$ | $(-\infty, -1)$ | $-1$ | $(-1,1)$ | $1$ | $(1, +\infty)$ |
|---|---|---|---|---|---|
| $f'(x)$ | $+$ | $0$ | $-$ | $0$ | $+$ |
| $f(x)$ | ↗ | | ↘ | | ↗ |

从表中可得,$f(x)$ 在区间 $(-\infty, -1)$ 和 $(1, +\infty)$ 内单调递增,在区间 $(-1,1)$ 内单调递减.

**例 2** 证明当 $x > 0$ 时,$\dfrac{x}{1+x} < \ln(1+x)$.

**证** 设 $f(x) = \dfrac{x}{1+x} - \ln(1+x)$,显然函数在 $[0, +\infty)$ 上连续.

又因为

$$f'(x) = -\frac{x}{(1+x)^2} < 0$$

所以函数 $f(x)$ 在 $[0,+\infty)$ 内是单调递减的,故

$$f(x) < f(0) = 0$$

移项即得

$$\frac{x}{1+x} < \ln(1+x)$$

### 3.3.2　函数的极值

**定义 1**　设函数 $f(x)$ 在点 $x_0$ 的某一邻域内有定义,如果对于该邻域内任一点 $x(x \neq x_0)$,恒有(1)$f(x) < f(x_0)$,则称 $f(x_0)$ 为函数 $f(x)$ 的一个极大值,并称 $x_0$ 为极大值点. (2)$f(x) > f(x_0)$,则称 $f(x_0)$ 为函数 $f(x)$ 的一个极小值,并称 $x_0$ 为极小值点.

函数的极大值与极小值统称为函数的**极值**,极大值点与极小值点统称为**极值点**.

**注**　(1)函数的极值是一个局部概念,是相对于极值点 $x_0$ 的某一邻域而言,而最值是一个整体概念,是针对整个区间而言;

(2)函数的极值只能在区间内部取得,而最值不仅可以在区间内部取得,还可以在区间的端点处取得;

(3)函数在一个区间内可能有多个极值,并且极大值不一定大于极小值,如图 3-5 中极小值 $f(x_4)$ 就大于极大值 $f(x_1)$,而最值如果存在,则有且只有一个.

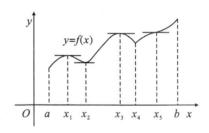

图 3-5

从该图中可以看出,可导函数在极值点的切线一定是水平方向的;但是有水平切线的点却不一定是极值点,如图中的 $x_5$ 点. 于是有下面定理.

**定理 2(极值存在的必要条件)**　如果函数 $f(x)$ 在 $x_0$ 处可导,且在 $x_0$ 处取得极值,则 $f'(x_0) = 0$.

由定理 2 可知,可导函数的极值点一定是驻点,反之,驻点却不定是函数的极值点,如图 3-5 中 $x_5$ 点. 对于连续函数而言,导数不存在的点也有可能取得极值,如图 3-5 中 $x_4$ 点,即导数为 0 的驻点和导数不存在的点都是函数可能的极值点,下面具体给出判断极值的两个充分条件.

**定理 3(极值判别法 Ⅰ)**　设函数 $f(x)$ 在点 $x_0$ 的某一邻域内连续且可导($x_0$ 点可以不可导),当 $x$ 由左到右经过 $x_0$ 点时,若有

(1)$f'(x)$ 由正变负,那么 $x_0$ 点是极大值点;

(2)$f'(x)$ 由负变正,那么 $x_0$ 点是极小值点;

(3)$f'(x)$ 不变号,那么 $x_0$ 点不是极值点.

从定理 3 可知,求函数极值的一般步骤如下:

(1)求函数的定义域,并求导数 $f'(x)$;

(2)求出 $f(x)$ 的全部驻点和导数不存在的点;

(3)用这些点将定义域划分为若干个子区间,列表考察各子区间内导数 $f'(x)$ 的符号,用定理 3 确定该点是否为极值点.

**例 3**　求函数 $f(x) = xe^x$ 的极值.

**解**　此函数的定义域为 $(-\infty, +\infty)$,

因为
$$f'(x) = e^x + xe^x = e^x(1+x)$$
所以令 $f'(x) = 0$，得 $x = -1$.

用 $x = -1$ 将定义域分成两个子区间，如表 3-2 所示.

表 3-2

| $x$ | $(-\infty, -1)$ | $-1$ | $(-1, +\infty)$ |
|---|---|---|---|
| $f'(x)$ | $-$ | $0$ | $+$ |
| $f(x)$ | ↘ | 极小值 $-e^{-1}$ | ↗ |

由此可得，极小值为 $f(-1) = -e^{-1}$.

**例4** 求函数 $f(x) = (x-1)x^{\frac{2}{3}}$ 的极值，并讨论它的单调区间.

**解** 函数的定义域 $D$ 为 $(-\infty, +\infty)$，

又
$$f'(x) = x^{\frac{2}{3}} + \frac{2}{3}x^{-\frac{1}{3}}(x-1) = \frac{5x-2}{3x^{\frac{1}{3}}}$$

令 $f'(x) = 0$，解的驻点 $x_1 = \frac{2}{5}$；又当 $x_2 = 0$ 时，$f'(x)$ 不存在.

用点 $x_1 = \frac{2}{5}$，$x_2 = 0$ 将定义域划分为三个小区间，如表 3-3 所示.

表 3-3

| $x$ | $(-\infty, 0)$ | $0$ | $\left(0, \frac{2}{5}\right)$ | $\frac{2}{5}$ | $\left(\frac{2}{5}, +\infty\right)$ |
|---|---|---|---|---|---|
| $f'(x)$ | $+$ | 不存在 | $-$ | $0$ | $+$ |
| $f(x)$ | ↗ | 极大值 | ↘ | 极小值 | ↗ |

由此可得，函数在 $(-\infty, 0)$ 和 $\left(\frac{2}{5}, +\infty\right)$ 内单调增加；在 $\left(0, \frac{2}{5}\right)$ 内单调减少. 极大值 $f(0) = 0$，极小值 $f\left(\frac{2}{5}\right) = -\frac{3}{5}\sqrt[3]{\frac{4}{25}}$.

**定理4(极值判别法 Ⅱ)** 设函数 $f(x)$ 在点 $x_0$ 处具有二阶导数，且 $f'(x_0) = 0$，$f''(x_0) \neq 0$，则有

(1) 若 $f''(x_0) < 0$，则函数 $f(x)$ 在点 $x_0$ 处取得极大值；

(2) 若 $f''(x_0) > 0$，则函数 $f(x)$ 在点 $x_0$ 处取得极小值.

**例5** 求函数 $f(x) = x^4 - 2x^2 + 3$ 的极值.

**解** 因为 $f'(x) = 4x^3 - 4x = 4x(x-1)(x+1)$

所以令 $f'(x) = 0$，得 $x_1 = -1, x_2 = 0, x_3 = 1$.

由于 $f''(x) = 12x^2 - 4$，所以有 $f''(-1) = 8 > 0, f''(0) = -4 < 0, f''(1) = 8 > 0$.

由定理可得，极大值为 $f(0) = 3$，极小值为 $f(1) = f(-1) = 2$.

### 3.3.3　函数的最值

在工农业生产和经济管理等活动中,经常会遇到:在一定的条件下,如何才能做到"用料最省"、"成本最低"、"利润最大"、"耗时最少" 等问题,这类问题在数学上都可以归结为求函数的最大值、最小值问题.

由闭区间上连续函数的性质可知,闭区间 $[a,b]$ 上的连续函数 $f(x)$ 一定有最大值和最小值. 由极值和最值间的关系不难看出,函数在闭区间 $[a,b]$ 上的最大值和最小值只能在开区间 $(a,b)$ 内的极值点或区间的端点处取得. 因此,闭区间 $[a,b]$ 上函数的最大值和最小值可按如下方法求得:

(1) 求出函数 $f(x)$ 在 $(a,b)$ 内的所有可能极值点(驻点或不可导点);

(2) 求出所有可能极值点的函数值以及端点的函数值 $f(a)$ 和 $f(b)$;

(3) 比较求出的所有函数值的大小,其中最大的就是函数 $f(x)$ 在闭区间 $[a,b]$ 上的最大值,最小的就是函数 $f(x)$ 在闭区间 $[a,b]$ 上的最小值.

**例 6**　求函数 $y = 2x^3 - 6x^2 - 18x - 7, x \in [1,4]$ 的最大值和最小值.

**解**　(1) 求驻点和不可导的点.
$$y' = 6(x-3)(x+1)$$
令 $y' = 0$ 得驻点 $x = 3, x = -1$(舍);

(2) 求驻点与区间端点上的函数值:
$$y(3) = -61, y(1) = -29, y(4) = -47$$

(3) 比较各值的大小,得该函数的最大值为 $-29$,最小值为 $-61$.

如果函数 $f(x)$ 在 $(a,b)$ 内只有一个极值,则这个唯一的极大(小) 值就是函数 $f(x)$ 的最大(小) 值,遇到这样的情况,就可以直接得到最大(小) 值. 依次结论,在解决实际应用题中,如果依题意可以判断在定义域内一定有最大值或最小值,而函数在所考虑的区间内只有一个可能的极值点,则这个点就是所要求的最大(小) 值点.

**例 7**　某车间靠墙壁要盖一间长方形小屋,现有存砖只够砌 20m 长的墙壁,问应围成怎样的长方形才能使这间小屋面积最大?

**解**　如图设小屋墙壁的尺寸分别为 $x, y$(单位:m).

设小屋的面积为 $S$,有

$S = x(20 - 2x) = 20x - 2x^2, x \in (0,20)$

$S'(x) = 20 - 4x$

令 $S'(x) = 0$,得 $x = 5$.

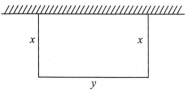

图 3 - 6

在定义域内只有一个驻点,那么该点就取得面积的最大值,此时 $y = 20 - 2x = 10$,所以当 $x = 5, y = 10$ 时,小屋的面积最大.

## 同步练习 3.3

1.求下列函数的单调区间.

(1) $f(x) = 2 + x - x^2$；

(2) $f(x) = xe^x$.

2. 求下列函数的极值.

(1) $f(x) = x^3 - 6x^2 + 9x$;　　　　　　(2) $f(x) = 3 - 2(x+1)^{\frac{1}{3}}$.

3. 求下列函数的最大值和最小值.

(1) $y = \dfrac{x}{1+x^2}, x \in [0, 2]$;　　　　(2) $y = 2x^3 + 3x^2 - 12x, x \in [-3, 4]$.

4. 铁路上 $A$、$B$ 两点间距离为 100 千米,工厂 $C$ 距 $A$ 处的距离为 20 千米,$AC$ 垂直于 $AB$,今要在 $AB$ 线上选定一点 $D$ 向工厂修筑一条公路,已知铁路与公路每千米货运费之比为 3：5,问 $D$ 选在何处,才能使从 $B$ 到 $C$ 的运费最少?

## 3.4　函数图形的描绘

### 3.4.1　曲线的凹向与拐点

前面我们学习了函数的单调性,下面我们看看这样一个简单的例子,如:$y = x^2$ 和 $y = \sqrt{x}$ 在第一象限内都是单调递增的,但是大家发现它们递增曲线的弯曲方向是不一样的,那么如何更准确的描述函数曲线的变化方式呢,我们这节课就来讨论一下函数曲线的弯曲方向.

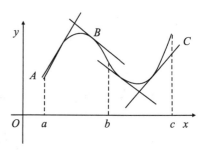

图 3 - 7

**定义 1**　如果在区间 $(a,b)$ 内,曲线始终位于其上各点的切线的上方,则称曲线在区间 $(a,b)$ 内是上凹的;如果曲线始终位于其上每一点的切线的下方,则称曲线在这个区间内是下凹的.

**定理 1**　设函数 $f(x)$ 在开区间 $(a,b)$ 内具有二阶导数

(1) 若在 $(a,b)$ 内,恒有 $f''(x) > 0$,则曲线 $y = f(x)$ 在 $(a,b)$ 是上凹的;

(2) 若在 $(a,b)$ 内,恒有 $f''(x) < 0$,则曲线 $y = f(x)$ 在 $(a,b)$ 是下凹的.

**例 1**　判断曲线 $y = \ln x$ 的凹向.

**解**　函数 $y = \ln x$ 的定义域为 $(0, +\infty)$,且

$$y' = \frac{1}{x} \quad y'' = -\frac{1}{x^2}$$

因此,在定义域内恒有 $y'' < 0$,故曲线 $y = \ln x$ 在 $(0, +\infty)$ 内是下凹的.

**例 2**　求曲线 $y = x^3 - 3x^2$ 的凹凸区间与拐点.

**解**　函数的定义域为 $(-\infty, +\infty)$,又

$$y' = 3x^2 - 6x, y'' = 6(x-1)$$

令 $y'' = 0$,得 $x = 1$.列表考查 $y''$ 的符号,如表 3 - 4 所示.

表 3 - 4

| $x$ | $(-\infty, 1)$ | 1 | $(1, +\infty)$ |
| --- | --- | --- | --- |
| $f''(x)$ | $-$ | 0 | $+$ |
| $f(x)$ | 下凹 | | 上凹 |

由上表看出,曲线的下凹区间是$(-\infty,1)$,上凹区间是$(1,+\infty)$.

从上面例 2 中可以看到在点$(1,-2)$处曲线的凹向发生了变化,从下凹变成了上凹,我们称连续曲线上,上凹与下凹的分界点为曲线的**拐点**.

**注意**:拐点是连续曲线凹向的分界点,那么在拐点两侧$f''(x)$必然异号.因此在拐点处必有$f''(x)=0$或$f''(x)$不存在.也就是说,二阶导数为 0 的点或二阶导数不存在的点都可能是曲线的拐点.

**例 3**　求曲线$y=2+(x-4)^{\frac{1}{3}}$的凹向区间与拐点.

**解**　函数的定义域为$(-\infty,+\infty)$

$$y'=\frac{1}{3}(x-4)^{-\frac{2}{3}},y''=-\frac{2}{9}(x-4)^{-\frac{5}{3}}=-\frac{2}{9}\cdot\frac{1}{\sqrt[3]{(x-4)^5}}$$

当$x=4$时,$y''$不存在.

列表 3-5 讨论如下:

表 3-5

| $x$ | $(-\infty,4)$ | 4 | $(4,+\infty)$ |
|---|---|---|---|
| $f''(x)$ | $+$ | 不存在 | $-$ |
| $f(x)$ | 上凹 | 拐点$(4,2)$ | 下凹 |

故曲线在$(-\infty,4)$内是上凹的,在$(4,+\infty)$内是下凹的,拐点为$(4,2)$.

## 3.4.2　曲线的渐近线

前面我们讨论了函数曲线的单调性、凹向、极值点以及拐点,这些性质都反映了函数在有限闭区间$[a,b]$上的性质,那么当$x$在无穷区间上取值时,在无穷远处函数又具有什么样的性质呢?这节课我们就讨论一下曲线的渐近线.

**定义 2**　若曲线上的动点沿着曲线无限远移时,该点与某条定直线的距离趋近于 0,则称这条定直线为**曲线的渐近线**.

并非所有的曲线都有渐近线。下面,我们分三种情况来研究曲线的渐近线.

(1)**水平渐近线**:如果曲线$y=f(x)$满足$\lim\limits_{x\to\infty}f(x)=A$,则称直线$y=A$为曲线$f(x)$的水平渐近线.

(2)**铅直渐近线**:如果曲线$y=f(x)$在点$x_0$处间断,且$\lim\limits_{x\to x_0}f(x)=\infty$,则称直线$x=x_0$为曲线$f(x)$的铅直渐近线.

(3)**斜渐近线**:如果曲线$f(x)$满足:

① $\lim\limits_{x\to\infty}\dfrac{f(x)}{x}=k$,

② $\lim\limits_{x\to\infty}[f(x)-kx]=b$,

则称直线$y=kx+b$为曲线$f(x)$的斜渐近线.

**例 4**　求$y=\dfrac{1}{x^2-5x+4}$的渐近线.

**解**　因为$\lim\limits_{x\to\infty}\dfrac{1}{x^2-5x+4}=0$,所以曲线有水平渐近线$y=0$.

又因为 $x_1 = 1, x_2 = 4$ 是间断点,且 $\lim\limits_{x \to 1} \dfrac{1}{x^2 - 5x + 4} = \infty$, $\lim\limits_{x \to 4} \dfrac{1}{x^2 - 5x + 4} = \infty$,所以曲线有两条铅直渐近线 $x_1 = 1$ 和 $x_2 = 4$.

**例 5** 求曲线 $y = \dfrac{x^4}{(1+x)^3}$ 的渐近线.

**解** 因为 $\lim\limits_{x \to \infty} \dfrac{x^4}{(1+x)^3} = \infty$,所以无水平渐近线.

又因为曲线在 $x = -1$ 处间断,且 $\lim\limits_{x \to -1} \dfrac{x^4}{(1+x)^3} = \infty$,所以曲线有铅直渐近线 $x = -1$.

令 $f(x) = \dfrac{x^4}{(1+x)^3}$,由于 $k = \lim\limits_{x \to \infty} \dfrac{f(x)}{x} = \lim\limits_{x \to \infty} \dfrac{x^3}{(1+x)^3} = 1$

$$b = \lim\limits_{x \to \infty} [f(x) - kx] = \lim\limits_{x \to \infty} \left[ \dfrac{x^4}{(1+x)^3} - x \right] = \lim\limits_{x \to \infty} \dfrac{-x - 3x^2 - 3x^3}{1 + 3x + 3x^2 + x^3} = -3$$

故曲线的斜渐近线为 $y = x - 3$.

### 3.4.3 函数图形的描绘

在实际应用中,我们通常要更直观地得到函数图像,那么下面我们就综合之前函数的单调性、极值、凹向、拐点与渐进线的知识,画出函数的图像.

通常按以下几个步骤来作图:

(1) 确定函数的定义域和值域;

(2) 确定曲线与坐标轴的交点;

(3) 判断函数的奇偶性和周期性;

(4) 确定函数的单调区间并求出极值;

(5) 确定曲线的凹向区间和拐点;

(6) 确定曲线的渐近线.

**例 6** 描绘函数 $y = \dfrac{4(x+1)}{x^2} - 2$ 的图像.

**解** (1) 函数的定义域为 $(-\infty, 0) \bigcup (0, +\infty)$.

(2) 令 $y = 0$,即 $\dfrac{4(x+1) - 2x^2}{x^2} = 0$,化简得 $2x^2 - 4x - 4 = 0$,解之得 $x = 1 \pm \sqrt{3}$,即曲线与 $x$ 轴交于 $(1 - \sqrt{3}, 0)$ 和 $(1 + \sqrt{3}, 0)$ 两点.

(3) 无奇偶性、周期性.

(4) $y' = \dfrac{4x^2 - 8x(x+1)}{x^4} = \dfrac{-4x^2 - 8x}{x^4} = -\dfrac{4(x+2)}{x^3}$

令 $y' = 0$,解得驻点 $x = -2$.

(5) $y'' = -\dfrac{4x^3 - 12x^2(x+2)}{x^6} = \dfrac{8x^3 + 24x^2}{x^6} = \dfrac{8(x+3)}{x^4}$

令 $y'' = 0$,得 $x = -3$.

(6) 因为 $\lim\limits_{x \to \infty} \left( \dfrac{4(x+1)}{x^2} - 2 \right) = -2$,所以直线 $y = -2$ 为水平渐近线,

又 $\lim\limits_{x \to 0} \left( \dfrac{4(x+1)}{x^2} - 2 \right) = \infty$,所以直线 $x = 0$ 为铅直渐近线.

列表 3-6 讨论如下：

表 3-6

| $x$ | $(-\infty,-3)$ | $-3$ | $(-3,-2)$ | $-2$ | $(-2,0)$ | $0$ | $(0,+\infty)$ |
|---|---|---|---|---|---|---|---|
| $f'(x)$ | $-$ | $-$ | $-$ | $0$ | $+$ | 不存在 | $-$ |
| $f''(x)$ | $-$ | $0$ | $+$ | $+$ | $+$ | 不存在 | $+$ |
| $f(x)$ | $\cap\searrow$ | 拐点 $\left(-3,-2\dfrac{8}{9}\right)$ | $\cup\searrow$ | 极小 $f(-2)=-3$ | $\cup\nearrow$ | 不存在 | $\cup\searrow$ |

根据上述特征，描绘出函数图像，见图 3-8.

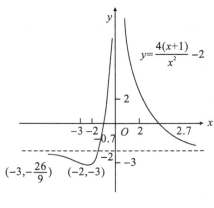

图 3-8

# 同步练习 3.4

1.求下列函数的凹向区间和拐点.

(1)$y = x^3 - 6x^2 + 9x$;　　　　　　　(2)$y = x + x^{\frac{5}{3}}$.

2.曲线 $y = ax^3 + bx^2$ 以点 $(1,3)$ 为拐点，试求 $a$、$b$ 的值.

3.求下列曲线的渐近线.

(1)$y = e^{-(x-1)^2}$;　　　　　　　(2)$y = \dfrac{2}{(x+3)^2}$;

(3)$y = \dfrac{(x-1)^3}{2(x+1)^2}$;　　　　　　　(4)$y = \dfrac{1}{x^2 - 4x + 5}$.

4.描绘下列函数的图像.

(1)$y = \dfrac{e^x}{1+x}$;　　　　　　　(2)$y = x^3 - 3x^2 - 2$.

# 3.5　应用案例

**例 1**　建筑工地上要把截面直径为 $d$ 的圆木加工成矩形木料用作水平横梁，应怎样加工才能使横梁的承载能力最大？

**解** 由材料力学可知,矩形截面横梁承受弯曲的能力与横梁的抗弯截面系数 $\omega = \frac{1}{6}bh^2$ 成正比,其中 $b$ 为矩形截面的底宽,$h$ 为梁高.这样,问题变为怎样选择横梁矩形截面的尺寸,才能使横梁的抗弯截面系数 $\omega$ 最大.

如图 3-9 所示,设底宽为 $x$,梁高为 $h = \sqrt{d^2 - x^2}$,则 $\omega = \frac{1}{6}x(\sqrt{d^2 - x^2})^2 = \frac{1}{6}(d^2x - x^3)$,

$$\omega' = \frac{1}{6}(d^2 - 3x^2),\text{令 } \omega' = 0,\text{得驻点}$$

$$x_1 = \frac{\sqrt{3}d}{3}, x_1 \in (0, d)$$

由题意知 $\omega$ 的最大值一定存在,而定义区间 $(0, d)$ 内只有一个驻点 $x_1$,那么 $x_1$ 就是 $\omega$ 的最大值点.$x = \frac{\sqrt{3}d}{3}$ 时,

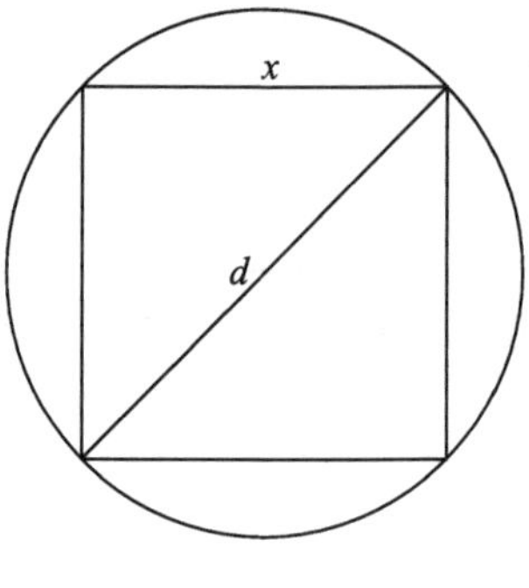

$$h = \sqrt{d^2 - x^2} = \frac{\sqrt{6}}{3}d$$

图 3-9

所以,当横梁的截面的底宽为 $\frac{\sqrt{3}d}{3}$,梁高为 $\frac{\sqrt{6}}{3}d$,时横梁的承载能力最大.

**例 2** 下面简述微分关系法绘制剪力图和弯矩图.

(1)荷载集度、剪力和弯矩之间的微分关系

如图 3-10,简支梁上作用有任意分布的荷载 $q(x)$,设 $q(x)$ 以向上为正.取 $A$ 为坐标原点,$x$ 轴以向右为正.现取分布荷载作用下的一微段 $\mathrm{d}x$ 来研究.

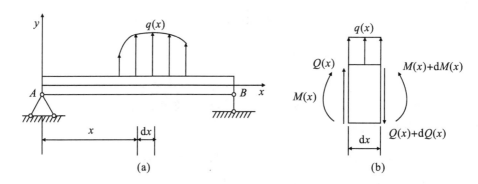

图 3-10 任意分布荷载作用下简支梁受力

由于微段的长度 $\mathrm{d}x$ 非常小,因此,在微段上作用的分布荷载 $q(x)$ 可以认为是均匀分布的.微段左侧横截面上的剪力是 $Q(x)$、弯矩是 $M(x)$;微段右侧截面上的剪力是 $Q(x) + \mathrm{d}Q(x)$、弯矩是 $M(x) + \mathrm{d}M(x)$,并设它们都为正值.考虑微段的平衡,由

$$\Sigma Y = 0$$

$$Q(x) + q(x)\mathrm{d}x - [Q(x) + \mathrm{d}Q(x)] = 0$$

得

$$\frac{\mathrm{d}Q(x)}{\mathrm{d}x} = q(x) \tag{a}$$

**结论 1**：梁上任意一横载面上的剪力对 $x$ 的一阶导数等于作用在该截面处的分布荷载集度. 这一微分关系的几何意义是：剪力图上某点切线的斜率等于相应截面处的分布荷载集度.

再由 $\Sigma M = 0$，

$$-M(x) - Q(x)\mathrm{d}x - q(x)\mathrm{d}x\,\frac{\mathrm{d}x}{2} + [M(x) + \mathrm{d}M(x)] = 0$$

上式中，$C$ 点为右侧横截面的形心，经过整理，并略去二阶微量 $q(x)\,\dfrac{(\mathrm{d}x)^2}{2}$ 后，得

$$\frac{\mathrm{d}M(x)}{\mathrm{d}x} = Q(x) \tag{b}$$

**结论 2**：梁上任一横截面上的弯矩对 $x$ 的一阶导数等于该截面上的剪力. 这一微分关系的几何意义是：弯矩图上某点切线的斜率等于相应截面上的剪力.

将式两边求导，可得

$$\frac{\mathrm{d}^2 M(x)}{\mathrm{d}x^2} = q(x) \tag{c}$$

**结论 3**：梁上任一横截面上的弯矩对 $x$ 的二阶导数等于该截面处的分布荷载集度. 这一微分关系的几何意义是：弯矩图上某点的曲率等于相应截面处的荷载集度，即由分布荷载集度的正负可以确定弯矩图的凹凸方向.

（2）用微分关系法绘制剪力图和弯矩图

利用弯矩、剪力与荷载集度之间的微分关系及其几何意义，可以总结出下列一些规律，用来校核或绘制梁的剪力图和弯矩图.

① 在无荷载梁段，即 $q(x) = 0$ 时，由式（a）可知，$Q(x)$ 是常数，即剪力图是一条平行于 $x$ 轴的直线；又由式（c）可知该段弯矩图上各点切线的斜率为常数，因此，弯矩图是一条斜直线.

② 均匀荷载梁段，即 $q(x)$ 为常数时，由式（a）可知，剪力图上各点切线的斜率为常数，即 $Q(x)$ 是 $x$ 的一次函数，剪力图是一条斜直线；又由式（c）可知，该段弯矩图上各点切线的斜率为 $x$ 的一次函数，因此 $M(x)$ 是 $x$ 的二次函数，即弯矩图为二次抛物线. 这时可能出现两种情况，如图 3 - 11 所示.

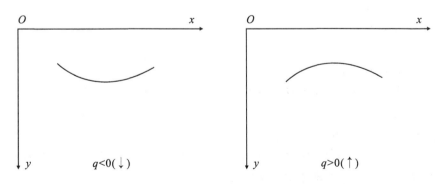

图 3 - 11　均布荷载作用下弯矩图形状

③ 弯矩的极值.

由

$$\frac{\mathrm{d}M(x)}{\mathrm{d}x} = Q(x) = 0$$

可知,在 $Q(x)=0$ 的截面处,$M(x)$ 具有极值.即剪力等于零的截面上,弯矩具有极值;反之,弯矩具有极值的截载面上,剪力一定等于 $0$.

将以上内容总结如表 3-7 所示.

**表 3-7　直梁内力图的形状特征**

| 外力情况 | $q$(向下) | 无荷载段 | 集中力 $P$ 作用处 | 集中力偶 $m$ 作用处 |
|---|---|---|---|---|
| 剪力图上的特征 | (向下斜直线) | 水平线 | 突变,突变值为 $P$ | 不变 |
| 弯矩图上的特征 | (下凸抛物线) | 斜直线 | 有尖角 | 有突变,突变值为 $m$ |
| 最大弯矩可能的截面位置 | 剪力为零的截面 | | 剪力突变的截面 | 弯矩突变的某一侧 |

利用上述荷载、剪力和弯矩之间的微分关系及规律,可更便捷地绘制梁的剪力图和弯矩图,其步骤如下:

a. 分段,即根据梁上外力及支撑等情况将梁分成若干段;

b. 根据各段梁上的荷载情况,判断其剪力图和弯矩图的大致形状;

c. 利用计算内力的简便方法,直接求出若干控制截面上的 $Q$ 值和 $M$ 值;

d. 逐段直接绘出梁的 $Q$ 图和 $M$ 图.

# 3.6　数学实验

Matlab 不但具有很强的计算功能,还提供了强大的绘图功能,尤其在实际问题的处理给用户很大的帮助.下面结合例题,体验一下在导数应用中,Matlab 发挥的巨大作用.

在 Matlab 中,提供了 fzero 函数,来实现求函数的零点.其调用格式为:

- fzero(f,n):表示求函数 $f$ 在 $x=n$ 附近的零点.

**例 1**　求函数 $f(x)=x^3-2x+5$ 在 $x=2$ 附近的零点,并画出函数图像.

**解**　在命令窗口输入:

$\gg$ f $= @(x)x.\,\hat{}\,3 - 2*x - 5;$

$\gg$ z $=$ fzero(f,2);

$\gg$ x $= 0:0.1:4;$

$\gg$ f $= @(x)x.\,\hat{}\,3 - 2*x - 5;$

$\gg$ plot(x,f(x),′b′,z,f(z),′rp′)　% 用蓝色线画出函数图像,并用红色五边形标记零点

$\gg$ z $= 2.0946$

由 Matlab 运行结果可知,$f(x)=x^3-2x+5$ 在 $x=2$ 附近的零点为 $2.0946$.

Matlab 提供了 fminbnd 函数来帮助求解函数的极小值,其调用格式为:

fminbnd(f,a,b):表示在 $[a,b]$ 内求函数 $f$ 的最小值.

**注**:如果要求函数 $f$ 的极大值,可以通过求 $-f$ 的极小值来实现.

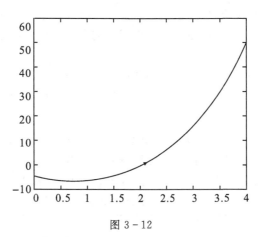

图 3 - 12

**例 2**　求函数 $f(x) = x^3 - 6x^2 + 9x$ 在 $[2,5]$ 的极小值点.

**解**　在命令窗口输入：

&gt;&gt; clear ％ 清空之前定义的变量

&gt;&gt; syms x;

&gt;&gt; f = @(x)x.^3 - 6 * x^2 + 9 * x;

&gt;&gt; z = fminbnd(f, 2, 5);

&gt;&gt; x = 2:0.1:5;

&gt;&gt; f = @(x)x.^3 - 6 * x^2 + 9 * x;

&gt;&gt; z = 3.0000

由运行结果可知，$x = 3$ 是函数 $f(x) = x^3 - 6x^2 + 9x$ 在 $[2,5]$ 的极小值点.

Matlab 提供了 fminsearch 函数，求解函数的最小值. 同理，若要求最大值，可通过求 $-f$ 的最小值来实现.

**例 3**　到了苹果成熟的季节，何时采摘树上的苹果，会直接影响到果农的收入. 如果本周采摘，每棵树可采摘约 10 千克苹果，此时批发商的收购价格为 3 元／千克，如果每推迟一周，则每棵树的产量会增加 1 千克，但批发商的收购价格会减少 0.2 元／千克. 八周后，苹果会因熟透而开始腐烂. 问果农应在第几周采摘苹果收入最高？

**解**　假设第 $x$ 周采摘是，每棵树的收入为 $y$ 元，则有：

$$y = (10 + x)(3 - 0.2x)$$
$$= 30 + x - 0.2x^2$$

在命令窗口输入：

&gt;&gt; clear ％ 清除之前的变量名及赋值

&gt;&gt; y = @(x) - 30 - x + 0.2 * x^2;

&gt;&gt; [fval, x] = fminsearch(y, 1); ％ 选择以 x = 1 为初始点，在周围寻找最小值

&gt;&gt; fval = 2.5000

&gt;&gt; x = -31.2500

因为 $y(2) = 31.2$ 元，$y(3) = 31.2$ 元，所以在第 2 周或是第 3 周采摘果农获得的收入最高，每棵树的收入为 31.2 元.

在以上几个例题中，我们不但求解了函数的极值等问题，还相应的画出了函数的曲线，

下面就简要介绍下二维曲线的绘制. 绘制二维曲线通常使用 plot 命令, 调用格式如下:

plot(x,y): 表示 $x,y$ 均为实数向量, 且为同维向量, 则此命令先描出 $(x(i),y(i))$, 然后用直线依次相连.

plot(y): 若 $y$ 为实数向量, $y$ 的维数为 $m$, 则此命令就等价于 plot(x,y), 其中 $x = 1:m$.

plot(x1,y1,x2,y2,…): 其中 $xi,yi$ 成对出现, 则此命令将分别按顺序取两数据 $xi$ 与 $yi$ 进行画图.

plot(x1,y1,LineSpec1,x2,y2,LineSpec2,…): 表示按顺序画出三个参数定义的线条, 其中, 参数 LineSpeci 指明了线条的类型, 标记符号和画线用的颜色, 而且在 plot 命令中可以混合使用两个参数或三个参数的形式. 其中点线颜色形状参数如表 3-8:

表 3-8　　点线颜色形状参数表

| 符号 | 颜色 | 符号 | 点形状 | 符号 | 线形状 |
|---|---|---|---|---|---|
| y | 黄色 | · | 点 | —————— | 虚线 |
| m | 洋红色 | ○ | 圆圈 | —— | 实线 |
| c | 青色 | × | 叉号 | : | 点线 |
| r | 红色 | + | 加号 | —. | 点划线 |
| g | 绿色 | * | 星号 | | |
| b | 蓝色 | s | 正方形 | | |
| w | 白色 | d | 菱形 | | |
| k | 黑色 | P | 正五角星 | | |
| | | h | 正六角星 | | |
| | | < | 向左三角形 | | |
| | | > | 向右三角形 | | |
| | | v | 向下三角形 | | |
| | | ^ | 向上三角形 | | |

# 同步练习 3.6

1. 用 Matlab 软件求函数 $f(x) = x^3 - 6x^2 + 8x - 1$ 的极值点, 并画出图像.

# 单元测试 3

1. 填空题.

(1) 函数 $f(x) = 2x^2 - x + 1$ 在 $[-1,2]$ 上满足拉格朗日中值定理, 则 $\xi = $ _____.

(2) 函数 $f(x) = x + \dfrac{1}{x}$ 的单调递增区间为 _____.

(3) 曲线 $f(x) = x^3 - 2x + 2$ 的下凹区间是 _____.

(4) 函数 $f(x) = x^4 - 8x^2 + 2$ 在 $[-1,3]$ 上的最大值为 _____, 最小值为 _____.

2.选择题.

(1)下列命题正确的是(　　).

A.驻点一定是极值点；　　　　　　　　　B.驻点不是极值点；

C.驻点不一定是极值点；　　　　　　　　D.驻点是使得函数值为 0 的点.

(2)函数 $f(x) = x\sqrt{3-x}$ 在区间 $[0,3]$ 上满足罗尔定理条件,则定理确定的 $\xi =($　　).

A.1；　　　　　　B.2；　　　　　　C. $-1$；　　　　　　D. $-2$.

(3)若点 $(1,4)$ 为曲线 $y = ax^3 + bx^2$ 的拐点,则常数 $a,b$ 的值为(　　).

A. $a = -6, b = 2$；　　　　　　　　　B. $a = -2, b = 6$；

C. $a = 6, b = -2$；　　　　　　　　　D. $a = 2, b = -6$.

(4)函数 $f(x) = \dfrac{x}{1+x^2}$ 在(　　).

A. $(-\infty, +\infty)$ 内单调增加；　　　　B. $(-\infty, +\infty)$ 内单调减少

C. $[-1,1]$ 上单调增加；　　　　　　　D. $[-1,1]$ 上单调减少.

(5)曲线 $f(x) = \dfrac{\sin x}{(1-x)\ln x}$(　　).

A.仅有水平渐近线；　　　　　　　　　B.仅有铅直渐近线；

C.无水平渐近线；　　　　　　　　　　D.有水平和铅直渐近线.

3.求下列极限.

(1) $\lim\limits_{x \to +\infty} \dfrac{\ln^2 x}{x}$；　　　　　　　　(2) $\lim\limits_{x \to 0} \dfrac{e^x - e^{-x}}{\sin x}$；

(3) $\lim\limits_{x \to 1^-} \ln x \ln(1-x)$；　　　　　(4) $\lim\limits_{x \to 0}\left(\dfrac{1}{\sin x} - \dfrac{1}{x}\right)$；

(5) $\lim\limits_{x \to 0^+} x^{\sin x}$；　　　　　　　　(6) $\lim\limits_{x \to \frac{\pi}{2}}(\sec x - \tan x)$.

4.求下列函数的极值.

(1) $y = x - \ln(1+x)$；　　　　　　　(2) $y = \sqrt{1-x} + x$.

5.求下列曲线的凹向区间及拐点.

(1) $y = x^4 - 6x^3 + 12x^2 - 10$；　　　(2) $y = x^2 \ln x$.

6.要造一个容积为 $V$ 的圆柱形容器(无盖),求当底圆半径和高分别为多少时所用材料最省.

# 第4章 不定积分

## 4.1 不定积分的概念及性质

我们在微分学中已经知道:若已知运动方程 $s = s(t)$,则物体在 $t$ 时刻的速度为 $v = s'(t)$;反之,若已知 $v = s'(t)$,怎样找出它的运动方程 $s = s(t)$?显然,这是微分学的逆问题,即不定积分问题,正如数的乘法与除法一样,不定积分是微分的逆运算.

### 4.1.1 原函数的概念

**定义 1** 已知 $f(x)$ 在区间 $I$ 上有定义,若存在可导函数 $F(x)$ 使得对任意 $x \in I$,都有 $F'(x) = f(x)$ 或 $\mathrm{d}F(x) = f(x)\mathrm{d}x$,则称 $F(x)$ 为 $f(x)$ 在区间 $I$ 上的一个原函数.

如:$(x^2)' = 2x$,故 $x^2$ 是 $2x$ 的一个在 $(-\infty, +\infty)$ 内的原函数.

现在有两个问题:

① 原函数存在性:连续函数必有原函数.(证明见下节)

② 一个函数如果有原函数,原函数是否唯一?若不唯一,则数目是多少,它们之间又有什么关系?

例如:因为 $(\sin x)' = \cos x$;$(\sin x + 2)' = \cos x$;$(\sin x + C)' = \cos x$,所以 $\sin x$、$\sin x + 2$、$\sin x + C$ 都是 $\cos x$ 的原函数,它们之间相差一个常数,因此有下面的结论.

**定理 1** 若 $F(x)$ 是 $f(x)$ 在区间 $I$ 上的原函数,则一切形如 $F(x) + C$ 的函数也是 $f(x)$ 的原函数.

### 4.1.2 不定积分的概念

**定义 2** 若 $F(x)$ 是 $f(x)$ 在区间 $I$ 上的一个原函数,则称 $f(x)$ 的全体原函数 $F(x) + C$ 为 $f(x)$ 在区间 $I$ 上的不定积分.记为

$$\int f(x)\mathrm{d}x = F(x) + C,$$

其中 $F'(x) = f(x)$,上式中的"$\int$"为积分号,$f(x)$ 为被积函数,$f(x)\mathrm{d}x$ 为被积表达式,$x$ 为积分变量.

**例 1** 求 $\int \dfrac{1}{1+x^2}\mathrm{d}x$.

**解** $\because (\arctan x)' = \dfrac{1}{1+x^2}, \therefore \int \dfrac{1}{1+x^2}\mathrm{d}x = \arctan x + C.$

**例 2** 求 $\int x^3 \mathrm{d}x$.

**解**　$\because \left(\dfrac{x^4}{4}\right)' = x^3$，$\therefore \displaystyle\int x^3 \mathrm{d}x = \dfrac{x^4}{4} + C.$

### 4.1.3　不定积分的性质

若 $F(x)$ 是 $f(x)$ 的一个原函数，则称 $y = F(x)$ 的图像为 $f(x)$ 的一条积分曲线．于是，函数 $f(x)$ 的不定积分在几何上表示 $f(x)$ 的某一条积分曲线沿纵轴方向平移所得一切积分曲线组成的曲线族．显然，若在每一条积分曲线上横坐标相同的点处作切线，则这些切线都是互相平行的（如图 $4-1$）．

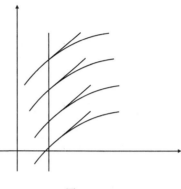

图 $4-1$

由积分定义知，积分运算与微分运算之间有如下的互逆关系：

(1)$\left(\displaystyle\int f(x)\mathrm{d}x\right)' = f(x)$ 或 $\mathrm{d}\displaystyle\int f(x)\mathrm{d}x = f(x)\mathrm{d}x.$

(2)$\displaystyle\int F'(x)\mathrm{d}x = F(x) + C$ 或 $\displaystyle\int \mathrm{d}F(x) = F(x) + C.$

例如：$\left(\displaystyle\int \sin x\mathrm{d}x\right)' = \sin x$；$\left(\displaystyle\int \mathrm{e}^x\mathrm{d}x\right)' = \mathrm{e}^x$；$\displaystyle\int \mathrm{d}\sin x = \sin x + C$；$\displaystyle\int \mathrm{d}\mathrm{e}^x = \mathrm{e}^x + C.$

因此，"求不定积分"和"求导数"或"求微分"互为逆运算．为了简便，不定积分也简称为积分，求不定积分的运算和方法分别称为积分运算和积分法．

**1. 基本积分公式（一定要牢记，这是我们求不定积分的基础）**

(1)$\displaystyle\int k\mathrm{d}x = kx + C$；

(2)$\displaystyle\int x^\mu \mathrm{d}x = \dfrac{x^{\mu+1}}{1+\mu} + C$；

(3)$\displaystyle\int \dfrac{1}{x}\mathrm{d}x = \ln|x| + C$；

(4)$\displaystyle\int \dfrac{1}{1+x^2}\mathrm{d}x = \arctan x + C$；

(5)$\displaystyle\int \dfrac{\mathrm{d}x}{\sqrt{1-x^2}}\mathrm{d}x = \arcsin x + C$；

(6)$\displaystyle\int \cos x\mathrm{d}x = \sin x + C$；

(7)$\displaystyle\int \sin x\mathrm{d}x = -\cos x + C$；

(8)$\displaystyle\int \sec^2 x\mathrm{d}x = \displaystyle\int \dfrac{1}{\cos^2 x}\mathrm{d}x = \tan x + C$；

(9)$\displaystyle\int \csc^2 x\mathrm{d}x = \displaystyle\int \dfrac{1}{\sin^2 x}\mathrm{d}x = -\cot x + C$；

(10)$\displaystyle\int \sec x\tan x\mathrm{d}x = \sec x + C$；

(11)$\displaystyle\int \csc x\tan x\mathrm{d}x = -\csc x + C$；

(12)$\displaystyle\int \mathrm{e}^x\mathrm{d}x = \mathrm{e}^x + C$；

(13)$\displaystyle\int a^x \mathrm{d}x = \dfrac{a^x}{\ln a} + C.$

**2. 不定积分的性质**

(1)$\displaystyle\int (f(x) \pm g(x))\mathrm{d}x = \displaystyle\int f(x)\mathrm{d}x \pm \displaystyle\int g(x)\mathrm{d}x$；

(2)$\displaystyle\int kf(x)\mathrm{d}x = k\displaystyle\int f(x)\mathrm{d}x$　（$k$ 为常数）．

结合起来有

$$\int [k_1 f_1(x) \pm k_2 f_2(x)]\mathrm{d}x = k_1\int f_1(x)\mathrm{d}x \pm k_2\int f_2(x)\mathrm{d}x.$$

利用这些性质与 15 个基本公式便可计算出一部分不定积分,所用的方法为直接积分法.

**例 3** 求 $\int (1+\sqrt{x})^4 dx$.

**解**
$$\int (1+\sqrt{x})^4 dx = \int (1+4\sqrt{x}+6x+4x\sqrt{x}+x^2) dx$$
$$= \int dx + 4\int x^{\frac{1}{2}} dx + 6\int x dx + 4\int x^{\frac{3}{2}} dx + \int x^2 dx$$
$$= x + \frac{8}{3}x^{\frac{3}{2}} + 3x^2 + \frac{8}{5}x^{\frac{5}{2}} + \frac{1}{3}x^3 + C$$

**例 4** 求 $\int \dfrac{xe^x + x^3 + 3}{x} dx$.

**解**
$$\int \frac{xe^x + x^3 + 3}{x} dx = \int e^x dx + \int x^2 dx + 3\int \frac{dx}{x} = e^x + \frac{x^3}{3} + 3\ln|x| + C$$

**例 5** 设 $\int f(x) dx = x\ln x + C$,则 $f(x) = ($ $)$.

**解** $f(x) = (x\ln x + C)' = \ln x + 1$.

**例 6** 求过点 $(1,2)$,且切线斜率为 $3x^2$ 的曲线方程.

**解** 由于
$$\int 3x^2 dx = x^3 + C$$

故得积分曲线族 $\qquad\qquad y = x^3 + C$

又曲线过点 $(1,2)$,得 $\qquad\qquad C = 1$

因此,所求曲线方程为 $\qquad\qquad y = x^3 + 1$

# 同步练习 4.1

1.填空题.

(1) 设 $x^5$ 是函数 $f(x)$ 的一个原函数,则 $f(x) =$ _____.

(2) 设 $F(x)$ 是 $f(x)$ 的一个原函数,则 $\int f(x) dx =$ _____.

(3) 若 $\int f(x) dx = \arctan x + c$,则 $f(x) =$ _____.

(4) 设 $F(x)$ 是 $\sqrt{1-2x}$ 的一个原函数,则 $dF(x) =$ _____.

(5) 若 $\int f(x) dx = e^{-2x} + C$,则 $f'(x) =$ _____.

2.求下列各函数的一个原函数.

(1) $f(x) = 0$;  (2) $f(x) = C$;

(3) $f(x) = x^3$;  (4) $f(x) = 3^x$;

(5) $f(x) = e^{-x}$;  (6) $f(x) = 3x^2 - x$;

(7) $f(x) = \sin x$;  (8) $f(x) = \cos x$.

3.求下列不定积分.

(1) $\int 2 dx$;  (2) $\int 2x dx$;  (3) $\int x^2 dx$;  (4) $\int 2^x dx$.

# 4.2　不定积分的换元积分法

## 4.2.1　换元积分法

### 1. 第一换元积分法（凑微分法）

**引例**　求 $\int \cos 2x \, dx$.

**分析**　因为被积函数 $\cos 2x$ 是一个复合函数, 基本积分公式中没有这样的公式, 所以不能直接应用公式。

**解**　$\int \cos x \, dx = \sin x + C$

$\int \cos 2x \, dx = \dfrac{1}{2} \int \cos 2x \, d(2x)$

$\underline{\underline{\text{令 } 2x = u}}$
$\dfrac{1}{2} \int \cos u \, du = \dfrac{1}{2} \sin u + C$

$\underline{\underline{\text{回代 } u = 2x}}$
$\dfrac{1}{2} \sin 2x + C$

直接验证得知, 计算方法正确.

引例的解法特点是引入新变量 $u = 2x$, 从而将原积分化为积分变量为 $u$ 的一个简单积分, 再用积分基本公式求解.

现在的问题是, 在公式 $\int \cos x \, dx = \sin x + C$ 中, 将 $x$ 换成了 $u = \varphi(x)$, 对应得到公式 $\int \cos u \, du = \sin u + C$ 是否还成立? 回答是肯定的. 我们有下述定理：

**定理 1**　如果 $\int f(u) \, du = F(u) + C$, 且 $u = \varphi(x)$ 连续可导, 则

$$\int f[\varphi(x)] \varphi'(x) \, dx = F[\varphi(x)] + C$$

这个定理非常重要, 它表明：在基本积分公式中, 自变量 $x$ 换成任一可微函数 $u = \varphi(x)$ 后公式仍成立. 这就扩大了基本积分公式的使用范围. 因此, 我们就可以大胆的用引例中的方法. 引例中的方法一般可化为下列程序：

$$\int f(x) \, dx = \int f[\varphi(x)] \varphi'(x) \, dx \underline{\underline{\text{凑微分}}} \int f[\varphi(x)] \, d\varphi(x)$$

$$\underline{\underline{\text{令 } \varphi(x) = u}} \int f(u) \, du = F(u) + C \underline{\underline{\text{凑微分}}} F[\varphi(x)] + C$$

这种先"凑"微分, 再作变量代换的方法, 叫做第一换元积分法, 也称凑微分法。

**例 1**　求 $\int (ax + b)^{10} \, dx$.

**解**　原式 $= \dfrac{1}{a} \int (ax + b)^{10} \, d(ax + b) = \dfrac{1}{11a} (ax + b)^{11} + C$.

**例 2** 求 $\int \cos^2 x \sin x \mathrm{d}x$.

**解** 原式 $= -\int \cos^2 x \mathrm{d}\cos x = -\dfrac{1}{3}\cos^3 x + C$.

**例 3** 求 $\int \dfrac{\mathrm{d}x}{x\,\sqrt{1-\ln^2 x}}\mathrm{d}x$.

**解** 原式 $= \int \dfrac{\mathrm{d}x}{x\,\sqrt{1-\ln^2 x}} = \int \dfrac{1}{\sqrt{1-\ln^2 x}}\left(\dfrac{\mathrm{d}x}{x}\right) = \int \dfrac{1}{\sqrt{1-\ln^2 x}}(\ln x) = \arcsin(\ln x) + C$.

凑微分法运用时的难点在于原题并未指明应该把哪一部分凑成 $\mathrm{d}\varphi(x)$,这需要解题经验.在解题熟练后,不用写出代换式,直接凑微分,求出积分结果.下面给出几种常见的凑微分形式:

$(1) \displaystyle\int f(ax + b)\mathrm{d}x = \dfrac{1}{a}\int f(ax + b)\mathrm{d}(ax + b)$;

$(2) \displaystyle\int f(ax^n + b)x^{n-1}\mathrm{d}x = \dfrac{1}{na}\int f(ax^n + b)\mathrm{d}(ax^n + b)$;

$(3) \displaystyle\int f(\ln x)\cdot\dfrac{\mathrm{d}x}{x} = \int f(\ln x)\mathrm{d}(\ln x)$;

$(4) \displaystyle\int f\left(\dfrac{1}{x}\right)\cdot\dfrac{\mathrm{d}x}{x^2} = -\int f\left(\dfrac{1}{x}\right)\mathrm{d}\left(\dfrac{1}{x}\right)$;

$(5) \displaystyle\int f(\mathrm{e}^x)\mathrm{e}^x\mathrm{d}x = \int f(\mathrm{e}^x)\mathrm{d}(\mathrm{e}^x)$;

$(6) \displaystyle\int f(\sin x)\cos x\mathrm{d}x = \int f(\sin x)\mathrm{d}(\sin x)$;

$(7) \displaystyle\int f(\cos x)\sin x\mathrm{d}x = -\int f(\cos x)\mathrm{d}(\cos x)$;

$(8) \displaystyle\int f(\tan x)\sec^2 x\mathrm{d}x = \int f(\tan x)\mathrm{d}(\tan x)$;

$(9) \displaystyle\int f(\cot x)\csc^2 x\mathrm{d}x = -\int f(\cot x)\mathrm{d}(\cot x)$;

$(10) \displaystyle\int f(\arcsin x)\dfrac{\mathrm{d}x}{\sqrt{1-x^2}} = \int f(\arcsin x)\mathrm{d}(\arcsin x)$;

$(11) \displaystyle\int f(\arctan x)\dfrac{\mathrm{d}x}{1+x^2} = \int f(\arctan x)\mathrm{d}(\arctan x)$.

**例 4** 求 $\int \dfrac{1}{a^2 + x^2}\mathrm{d}x$.

**解** $\displaystyle\int \dfrac{1}{a^2 + x^2}\mathrm{d}x = \int \dfrac{1}{a^2\left[1+\left(\dfrac{x}{a}\right)^2\right]}\mathrm{d}x = \dfrac{1}{a}\int \dfrac{1}{1+\left(\dfrac{x}{a}\right)^2}\mathrm{d}\left(\dfrac{x}{a}\right) = \dfrac{1}{a}\arctan\dfrac{x}{a} + C$.

**例 5** 求 $\int \dfrac{1}{\sqrt{a^2 - x^2}}\mathrm{d}x$ （$a$ 为常数,$a > 0$）.

**解** $\displaystyle\int \dfrac{1}{\sqrt{a^2 - x^2}}\mathrm{d}x = \int \dfrac{1}{a\sqrt{1-\left(\dfrac{x}{a}\right)^2}}\mathrm{d}x = \int \dfrac{1}{\sqrt{1-\left(\dfrac{x}{a}\right)^2}}\mathrm{d}\left(\dfrac{x}{a}\right) = \arcsin\dfrac{x}{a} + C$.

**例 6**　求 $\int \dfrac{1}{x^2-a^2}\mathrm{d}x$.

**解**
$$\int \frac{1}{x^2-a^2}\mathrm{d}x = \int \frac{1}{(x-a)(x+a)}\mathrm{d}x = \frac{1}{2a}\int \left(\frac{1}{x-a}-\frac{1}{x+a}\right)\mathrm{d}x$$
$$= \frac{1}{2a}\left[\int \frac{1}{x-a}\mathrm{d}x - \int \frac{1}{x+a}\mathrm{d}x\right]$$
$$= \frac{1}{2a}\left[\int \frac{1}{x-a}\mathrm{d}(x-a) - \int \frac{1}{x+a}\mathrm{d}(x+a)\right]$$
$$= \frac{1}{2a}\left[\ln|x-a| - \ln|x+a|\right] + C$$
$$= \frac{1}{2a}\ln\left|\frac{x-a}{x+a}\right| + C$$

**例 7**　求 $\int \dfrac{1}{x^2}\cos\dfrac{1}{x}\mathrm{d}x$.

**解**　$\displaystyle\int \frac{1}{x^2}\cos\frac{1}{x}\mathrm{d}x = -\int \cos\frac{1}{x}\mathrm{d}\left(\frac{1}{x}\right) = -\sin\frac{1}{x} + C$.

**例 8**　求 $\int x\,(1+x^2)^{100}\mathrm{d}x$.

**解**
$$\int x\,(1+x^2)^{100}\mathrm{d}x = \frac{1}{2}\int (1+x^2)^{100}\mathrm{d}(1+x^2) = \frac{1}{202}(1+x^2)^{101} + C$$

**例 9**　求 $\int \dfrac{\sqrt{1+2\arctan x}}{1+x^2}\mathrm{d}x$.

**解**
$$\int \frac{\sqrt{1+2\arctan x}}{1+x^2}\mathrm{d}x = \frac{1}{2}\int (1+2\arctan x)^{\frac{1}{2}}\mathrm{d}(1+2\arctan x)$$
$$= \frac{1}{3}(1+2\arctan x)^{\frac{3}{2}} + C$$

**例 10**　求 $\int \dfrac{1}{x(1+3\ln x)}\mathrm{d}x$.

**解**
$$\int \frac{1}{x(1+3\ln x)}\mathrm{d}x = \int \frac{1}{1+3\ln x}\mathrm{d}\ln x$$
$$= \frac{1}{3}\int \frac{1}{1+3\ln x}\mathrm{d}(1+3\ln x)$$
$$= \frac{1}{3}\ln|1+3\ln x| + C$$

**例 11**　求 $\int \sin^4 x\cos x\,\mathrm{d}x$.

**解**　$\displaystyle\int \sin^4 x\,\mathrm{d}\sin x = \int \sin^4 x\,\mathrm{d}\sin x = \frac{1}{5}\sin^5 x + C$.

**例 12**　求 $\int \cos^2 x\,\mathrm{d}x$.

**解**
$$\int \cos^2 x\,\mathrm{d}x = \int \frac{1+\cos 2x}{2}\mathrm{d}x = \int \frac{1}{2}\mathrm{d}x + \frac{1}{2}\int \cos 2x\,\mathrm{d}x$$
$$= \frac{x}{2} + \frac{1}{4}\int \cos 2x\,\mathrm{d}(2x) = \frac{x}{2} + \frac{1}{4}\sin 2x + C$$

由以上例题可以看出,在运用换元积分法时,有时需要对被积函数做适当的代数运算或三角运算,然后再凑微分.计算时技巧性很强,无一般规律可循.因此,在练习过程中,随时归纳、总结,并且积累经验,才能灵活运用.

### 4.2.2 第二类换元法

**1. 第二换元积分法**

第一换元积分法是将积分 $\int f[\varphi(x)]\varphi'(x)\mathrm{d}x$ 中 $\varphi(x)$ 用一个新的变量 $u$ 替换,化为积分 $\int f(u)\mathrm{d}u$,从而使不定积分更容易计算.第二换元积分法是引入新的积分变量 $t$,将 $x$ 表示为 $t$ 的一个连续函数 $x = \varphi(t)$,从而简化积分计算.

**定理 2** 设 $x = \varphi(t)$ 是单调可导函数,且 $\varphi'(t) \neq 0$.如果 $f[\varphi(t)]\varphi'(t)$ 有原函数 $F(t)$,则

$$\int f(x)\mathrm{d}x = \int f[\varphi(t)]\varphi'(t)\mathrm{d}t = F(t) + C = F(\varphi^{-1}(x)) + C.$$

第二换元积分法是用一个新积分变量 $t$ 的函数 $\varphi(t)$ 代换旧积分变量 $x$,将关于积分变量 $x$ 的不定积分 $\int f(x)\mathrm{d}x$ 转化为关于积分变量 $t$ 的不定积分 $\int f[\varphi(t)]\varphi'(t)\mathrm{d}t$ 的过程.应用这种换元积分法时,要注意选择适当的变量代换 $x = \varphi(t)$,否则会使积分更加复杂.

**例 1** 求 $\int \dfrac{1}{1+\sqrt{x}}\mathrm{d}x$.

**解** 令 $x = t^2 (t > 0)$,则 $t = \sqrt{x}$,$\mathrm{d}x = 2t\mathrm{d}t$,于是

$$\int \frac{\mathrm{d}x}{1+\sqrt{x}} = \int \frac{2t\mathrm{d}t}{1+t} = 2\int \frac{t+1-1}{1+t}\mathrm{d}t = 2\int \left(1 - \frac{1}{1+t}\right)\mathrm{d}t$$

$$= 2t - 2\ln(t+1) + C = 2\sqrt{x} - 2\ln(\sqrt{x}+1) + C$$

**例 2** 求 $\int \dfrac{1}{\sqrt{x^2+a^2}}\mathrm{d}x \quad (a > 0)$.

**解** 为了去掉根号,令 $x = a\tan t$,则 $\mathrm{d}x = a\sec^2 t\mathrm{d}t$,于是

$$\int \frac{1}{\sqrt{x^2+a^2}}\mathrm{d}x = \int \frac{a\sec^2 t}{a\sec t}\mathrm{d}t = \int \sec t\mathrm{d}t = \ln|\sec t + \tan t| + C$$

为了把 $\sec t$ 和 $\tan t$ 换成 $x$ 的函数,根据 $\tan t = \dfrac{x}{a}$ 作如图

4-2 所示的辅助三角形,于是有 $\sec t = \dfrac{\sqrt{a^2+x^2}}{a}$,代入上式得

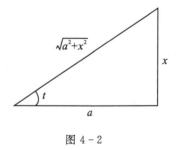

$$\int \frac{1}{\sqrt{x^2+a^2}}\mathrm{d}x = \ln\left(\frac{x}{a} + \frac{\sqrt{x^2+a^2}}{a}\right) + C_1$$

$$= \ln(x + \sqrt{x^2+a^2}) + C$$

$$(C = C_1 - \ln a)$$

图 4-2

**例 3** 求 $\int \sqrt{a^2-x^2}\mathrm{d}x \quad (a > 0)$.

**解** 作三角代换 $x = a\sin t$,则 $\mathrm{d}x = a\cos t\mathrm{d}t$,于是

$$\int \sqrt{a^2 - x^2}\,\mathrm{d}x = \int a\cos t \cdot a\cos t\,\mathrm{d}t = a^2 \int \cos^2 t\,\mathrm{d}t$$

$$= a^2 \int \frac{1+\cos 2t}{2}\mathrm{d}t = \frac{a^2}{2}\left(t + \frac{\sin 2t}{2}\right) + C$$

为了把变量还原为 $x$，根据 $\sin t = \dfrac{x}{a}$ 作如图 4-3 所示的辅助三角形，于是有

$$\cos t = \frac{\sqrt{a^2 - x^2}}{a}, \sin 2t = 2\sin t\cos t = 2 \cdot \frac{x}{a} \cdot \frac{\sqrt{a^2 - x^2}}{a},$$

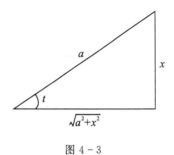

$t = \arcsin \dfrac{x}{a}$，代入上式，得

$$\int \sqrt{a^2 - x^2}\,\mathrm{d}x = \frac{a^2}{2}\arcsin\frac{x}{a} + \frac{x}{2}\sqrt{a^2 - x^2} + C$$

**例 4**　求 $\displaystyle\int \frac{1}{\sqrt{x^2 - a^2}}\mathrm{d}x$　$(a > 0)$.

图 4-3

**解**　令 $x = a\sec t$，则 $\mathrm{d}x = a\sec t\tan t\,\mathrm{d}t$，于是

$$\int \frac{1}{\sqrt{x^2 - a^2}}\mathrm{d}x = \int \frac{a\sec t\tan t}{a\tan t}\mathrm{d}t = \int \sec t\,\mathrm{d}t = \ln|\sec t + \tan t| + C$$

根据 $\sec t = \dfrac{x}{a}$ 作如图 4-4 所示的辅助三角形，于是有

$$\tan t = \frac{\sqrt{x^2 - a^2}}{a}$$，代入上式得

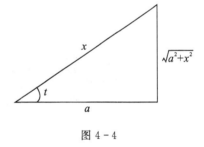

$$\int \frac{1}{\sqrt{x^2 - a^2}}\mathrm{d}x = \ln\left|\frac{x}{a} + \frac{\sqrt{x^2 - a^2}}{a}\right| + C_1$$

$$= \ln\left|x + \sqrt{x^2 - a^2}\right| + C$$

$$(C = C_1 - \ln a)$$

**例 5**　$\displaystyle\int \frac{x+1}{x^2\sqrt{x^2-1}}\mathrm{d}x$.

图 4-4

**解**　这类积分可以用三角代换去掉根号，但是用 $x = \dfrac{1}{t}$（倒代换）代换更加简便，即

$$\int \frac{x+1}{x^2\sqrt{x^2-1}}\mathrm{d}x \xupquad{x = \frac{1}{t}} \int \frac{\frac{1}{t}+1}{\frac{1}{t^2}\sqrt{\frac{1}{t^2}-1}} \cdot \left(-\frac{1}{t^2}\mathrm{d}t\right) = -\int \frac{1+t}{\sqrt{1-t^2}}\mathrm{d}t$$

$$= -\int \frac{1}{\sqrt{1-t^2}}\mathrm{d}t + \int \frac{1}{2\sqrt{1-t^2}}\mathrm{d}(1-t^2)$$

$$= -\arcsin t + \sqrt{1-t^2} + C = \frac{\sqrt{x^2-1}}{x} - \arcsin\frac{1}{x} + C$$

**注**：三角函数代换法

如果被积函数含有 $\sqrt{a^2-x^2}$，作代换 $x = a\sin t$ 或 $x = a\cos t$；如果被积函数含有 $\sqrt{x^2+a^2}$，作代换 $x = a\tan t$ 或 $x = a\cot t$；如果被积函数含有 $\sqrt{x^2-a^2}$，作代换 $x = a\sec t$ 或 $x = a\csc t$. 利用三角代换，可以把根式积分化为三角有理式积分.

# 同步练习 4.2

1. 求下列不定积分.

$(1) \int e^{5x} dx;$

$(2) \int \dfrac{dx}{2x-1};$

$(3) \int \sqrt{3x+1} \, dx;$

$(4) \int 2x e^{x^2} dx;$

$(5) \int x^2 \sqrt{x^3+1} \, dx;$

$(6) \int \dfrac{e^{\sqrt{x}}}{\sqrt{x}} dx.$

$(7) \int \dfrac{1}{x^2} \cos \dfrac{1}{x} dx;$

$(8) \int \dfrac{1}{x} \ln^2 x \, dx.$

$(9) \int e^x \sin e^x dx;$

$(10) \int \sin x e^{\cos x} dx.$

$(11) \int \dfrac{2x-1}{x^2-x+3} dx;$

$(12) \int \dfrac{1}{\sqrt{x}+\sqrt[3]{x}} dx;$

$(13) \int \dfrac{x^2}{\sqrt{4-x^2}} dx;$

$(14) \int \dfrac{\sqrt{x^2+a^2}}{x^2} dx.$

2. 分别用第一类和第二类换元法求下列不定积分.

$(1) \int \dfrac{dx}{\sqrt{1+2x}};$

$(2) \int \dfrac{dx}{\sqrt{x}(1+x)};$

$(3) \int \dfrac{x}{\sqrt{a^2+x^2}} dx (a>0);$

$(4) \int \dfrac{x}{(1+x^2)} dx.$

## 4.3　分部积分方法

### 4.3.1　分部积分法

4.2 节我们将复合函数的微分法用于求积分,得到换元积分法,大大拓展了求积分的领域.下面,我们利用两个不同类型函数乘积的微分法则,推出另一种求积分的基本方法 —— 分部积分法.

设函数 $u = u(x), v = v(x)$ 具有连续导数,由函数乘积的微分公式有

$$d(uv) = u dv + v du$$

移项得

$$u dv = d(uv) - v du$$

对上式两边积分得

$$\int u dv = uv - \int v du \tag{4-1}$$

**注意**:使用分部积分公式首先是把不定积分 $\int f(x) dx$ 的被积表达式 $f(x) dx$ 变成形如

$u(x)\mathrm{d}v(x)$ 的形式,然后套用公式. 这样,不定积分 $\int f(x)\mathrm{d}x = \int u\mathrm{d}v$ 的问题就转化为求不定积分 $\int v\mathrm{d}u$ 的问题. 如果 $\int v\mathrm{d}u$ 易于求出,那么分部积分公式就起到了化难为易的作用.

应用分部积分法的关键是恰当地选择 $u$ 和 $\mathrm{d}v$. 一般来说,选取 $u$ 和 $\mathrm{d}v$ 的原则是

(1) $v$ 易于求出;

(2) $\int v\mathrm{d}u$ 要比 $\int u\mathrm{d}v$ 容易求出.

**例 1** 求 $\int x\mathrm{e}^x\mathrm{d}x$.

**解** 设 $u = x, \mathrm{d}v = \mathrm{e}^x\mathrm{d}x = \mathrm{d}\mathrm{e}^x$,则 $\mathrm{d}u = \mathrm{d}x, v = \mathrm{e}^x$,由分部积分公式得

$$\int x\mathrm{e}^x\mathrm{d}x = \int x\mathrm{d}\mathrm{e}^x = x\mathrm{e}^x - \int \mathrm{e}^x\mathrm{d}x = x\mathrm{e}^x - \mathrm{e}^x + C = (x-1)\mathrm{e}^x + C$$

**例 2** 求 $\int x^2 \ln x\mathrm{d}x$.

**解** 设 $u = \ln x, \mathrm{d}v = x^2\mathrm{d}x = \mathrm{d}\left(\frac{1}{3}x^3\right)$,则 $\mathrm{d}u = \frac{1}{x}\mathrm{d}x, v = \frac{1}{3}x^3$,由分部积分公式得

$$\int x^2 \ln x\mathrm{d}x = \frac{1}{3}x^3\ln x - \int \frac{1}{3}x^3 \cdot \frac{1}{x}\mathrm{d}x = \frac{1}{3}x^3\ln x - \frac{1}{3}\int x^2\mathrm{d}x$$

$$= \frac{1}{3}x^3\ln x - \frac{1}{9}x^3 + C = \frac{x^3}{3}\left(\ln x - \frac{1}{3}\right) + C$$

解题熟练以后, $u$ 和 $v$ 可以省略不写,直接套用式(4-1)计算.

**例 3** 求 $\int \arccos x\mathrm{d}x$.

**解**
$$\int \arccos x\mathrm{d}x = x\arccos x + \int \frac{x}{\sqrt{1-x^2}}\mathrm{d}x$$

$$= x\arccos x - \frac{1}{2}\int \frac{1}{\sqrt{1-x^2}}\mathrm{d}(1-x^2)$$

$$= x\arccos x - \sqrt{1-x^2} + C$$

**例 4** 求 $\int x^2\cos x\mathrm{d}x$.

**解**
$$\int x^2\cos x\mathrm{d}x = \int x^2\mathrm{d}\sin x = x^2\sin x - \int \sin x\mathrm{d}x^2$$

$$= x^2\sin x - 2\int x\sin x\mathrm{d}x = x^2\sin x + 2\int x\mathrm{d}\cos x$$

$$= x^2\sin x + 2(x\cos x - \int \cos x\mathrm{d}x)$$

$$= x^2\sin x + 2(x\cos x - \sin x) + C$$

$$= x^2\sin x + 2x\cos x - 2\sin x + C$$

**例 5** 求 $\int \mathrm{e}^x\sin x\mathrm{d}x$.

**解**
$$\int \mathrm{e}^x\sin x\mathrm{d}x = \int \mathrm{e}^x\mathrm{d}(-\cos x) = -\mathrm{e}^x\cos x + \int \cos x\mathrm{d}\mathrm{e}^x$$

$$= -\mathrm{e}^x\cos x + \int \mathrm{e}^x\cos x\mathrm{d}x = -\mathrm{e}^x\cos x + \int \mathrm{e}^x\sin x\mathrm{d}x$$

$$= - e^x \cos x + e^x \sin x - \int e^x \sin x \, dx$$

等式右端出现了原不定积分,移项,除以 2,得

$$\int e^x \sin x \, dx = \frac{e^x}{2}(\sin x - \cos x) + C$$

通过上面例题可以看出,分部积分法适用于两种不同类型函数乘积的不定积分. 当被积函数是幂函数 $x^n$($n$ 为正整数) 和正(余) 弦函数的乘积,或幂函数 $x^n$($n$ 为正整数) 和指数函数 $e^{kx}$ 的乘积时,设 $u$ 为幂函数 $x^n$,则每用一次分部积分公式,幂函数 $x^n$ 的幂就降低一次. 所以,当 $n > 1$ 时,需要不断使用分部积分法才能求出不定积分. 当被积函数是幂函数、反三角函数、幂函数和对数函数的乘积时,设 $u$ 为反三角函数或对数函数.

下面给出常见的被积函数中 $u, dv$ 的选择:

(1)$\int x^n e^{kx} \, dx$,设 $u = x^n, dv = e^{kx} \, dx$;

(2)$\int x^n \sin(ax + b) \, dx$,设 $u = x^n, dv = \sin(ax + b) \, dx$;

(3)$\int x^n \cos(ax + b) \, dx$,设 $u = x^n, dv = \cos(ax + b) \, dx$;

(4)$\int x^n \ln x \, dx$,设 $u = \ln x, dv = x^n \, dx$;

(5)$\int x^n \arcsin(ax + b) \, dx$,设 $u = \arcsin(ax + b), dv = x^n \, dx$;

(6)$\int x^n \arctan(ax + b) \, dx$,设 $u = \arctan(ax + b), dv = x^n \, dx$;

(7)$\int e^{kx} \sin(ax + b) \, dx$ 和 $\int e^{kx} \cos(ax + b) \, dx, u, dv$ 随意选择.

分部积分法不仅仅局限于求两种不同类型函数乘积的不定积分,还可以用于抽象函数的不定积分、建立某些不定积分的递推公式,也可以与换元积分法结合使用.

**例 6** 设 $f(x)$ 的原函数为 $\dfrac{\sin x}{x}$,求 $\int x f'(x) \, dx$.

**解** $\int x f'(x) \, dx = \int x \, df(x) = x f(x) - \int f(x) \, dx$

因为 $\dfrac{\sin x}{x}$ 为 $f(x)$ 的原函数,所以 $f(x) = \left(\dfrac{\sin x}{x}\right)' = \dfrac{x \cos x - \sin x}{x^2}$,故

$$\int x f'(x) \, dx = \frac{x \cos x - \sin x}{x} - \frac{\sin x}{x} + C = \cos x - \frac{1}{x} 2 \sin x + C.$$

# 同步练习 4.3

1. 填空题.

(1)$\int x \sin x \, dx = $ _____.

(2)$\int \arcsin x \, dx = $ _____.

(3) 计算 $\int x^2 \ln x \mathrm{d}x$，可设 $u =$ ＿＿＿＿＿＿ ，$\mathrm{d}v =$ ＿＿＿＿＿＿ .

(4) 计算 $\int \mathrm{e}^{-x} \cos x \mathrm{d}x$，可设 $u =$ ＿＿＿＿＿＿ ，$\mathrm{d}v =$ ＿＿＿＿＿＿ .

(5) 计算 $\int x^2 \arctan x \mathrm{d}x$，可设 $u =$ ＿＿＿＿＿＿ ，$\mathrm{d}v =$ ＿＿＿＿＿＿ .

(6) 计算 $\int x \mathrm{e}^{-x} \mathrm{d}x$，可设 $u =$ ＿＿＿＿＿＿ ，$\mathrm{d}v =$ ＿＿＿＿＿＿ .

2. 求下列不定积分.

(1) $\int x^2 \cos^2 \dfrac{x}{2} \mathrm{d}x$ ；

(2) $\int \dfrac{(\ln x)^3}{x^2} \mathrm{d}x$

(3) $\int \mathrm{e}^{ax} \cos nx \, \mathrm{d}x$ ；

(4) $\int \mathrm{e}^{\sqrt[3]{x}} \mathrm{d}x$ .

# 4.4　数学实验

1. 计算下列不定积分.

(1) $\int \mathrm{e}^x \cos 2x \mathrm{d}x$

程序如下：

```
>> syms x;
>> int(exp(x) * cos(2 * x),x)
ans =
(exp(x) * (cos(2 * x) + 2 * sin(2 * x)))/5
```

(2) $\int \dfrac{1}{x^4 \sqrt{1 + x^2}} \mathrm{d}x$

程序如下：

```
>> syms x;
>> int(1/(x * 4 * sqrt(1 + x^2)))
ans =
log(x)/4 - log((x^2 + 1)^(1/2) + 1)/4
```

2. 求不定积分 $\int \left[ \sin^2 \left( \dfrac{ax}{2} \right) + \dfrac{x^3}{35} \right] \mathrm{d}x$，并取 $a = 2, b = 3$ 绘制函数图像，并说明不定积分的几何意义. 试探讨参数 $a$ 和 $b$ 对积分曲线的影响.

程序如下：

```
>> syms x a C
>> F = int((sin(a * x/2))^2 + (x^3)/35);
>> y = simple(F) + C;
>> x =- 2 * pi:0.01:2 * pi;
>> a = 2;
>> for C =- 28:28
```

```
>> y = 1/140 * (- 70 * sin(a * x) + 70 * a * x + x.^4 * a)/a + C;
>> plot(x,y);
>> hold on;
>> end;
>> grid;
>> hold off;
>> axis([- 2 * pi,2 * pi, - 8,8]);
>> xlabel('x');
>> ylabel('y');
>> title('函数 y = sin(a * x/2))^2 + (x^3)/35 的积分曲线');
>> legend('函数 y = sin(a * x/2))^2 + (x^3)/35 的积分曲线族');
```

得到图像如下：

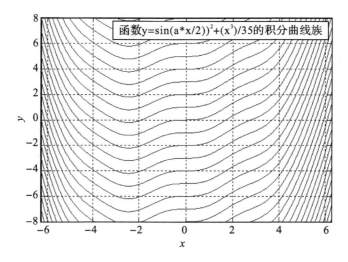

图 4-5 函数 $y = \sin(a * x/2)^2 + (x^3)/35$ 的积分曲线

由图像可知积分曲线的几何意义，并可以选取不同的参数 $a$ 和 $b$ 观察其对积分曲线的影响.

# 单元测试 4

1.填空题.

(1) 如果 $e^{-x}$ 是函数 $f(x)$ 的一个原函数，则 $\int f(x)\mathrm{d}x = $ _____ .

(2) 若 $\int f(x)\mathrm{d}x = 2\cos\dfrac{x}{2} + C$，则 $f(x) = $ _____ .

(3) 设 $f(x) = \dfrac{1}{x}$，则 $\int f'(x)\mathrm{d}x = $ _____ .

(4) $\int f(x)\mathrm{d}f(x) = $ _____ .

(5) $\int \sin x\cos x\mathrm{d}x = $ _____ .

2. 选择题.

(1) 设 $\int f(x)\mathrm{d}x = \dfrac{3}{4}\ln\sin 4x + C$, 则 $f(x) = ($　　$)$.

A. $\cot 4x$；

B. $-\cot 4x$；

C. $3\cos 4x$；

D. $3\cot 4x$.

(2) $\int \dfrac{\ln x}{x}\mathrm{d}x = ($　　$)$.

A. $\dfrac{1}{2}x\ln^2 x + C$；

B. $\dfrac{1}{2}\ln^2 x + C$；

C. $\dfrac{\ln x}{x} + C$；

D. $\dfrac{1}{x^2} - \dfrac{\ln x}{x^2} + C$.

(3) 若 $f(x)$ 为可导、可积函数, 则$($　　$)$.

A. $\left[\int f(x)\mathrm{d}x\right]' = f(x)$；

B. $\mathrm{d}\left[\int f(x)\mathrm{d}x\right] = f(x)$；

C. $\int f'(x)\mathrm{d}x = f(x)$；

D. $\int \mathrm{d}f(x) = f(x)$.

(4) 下列凑微分式中$($　　$)$是正确的.

A. $\sin 2x\mathrm{d}x = \mathrm{d}(\sin^2 x)$；

B. $\dfrac{\mathrm{d}x}{\sqrt{x}} = \mathrm{d}(\sqrt{x})$；

C. $\ln|x|\mathrm{d}x = \mathrm{d}\left(\dfrac{1}{x}\right)$；

D. $\arctan x\mathrm{d}x = \mathrm{d}\left(\dfrac{1}{1+x^2}\right)$.

(5) 若 $\int f(x)\mathrm{d}x = x^2 + C$, 则 $\int xf(1-x^2)\mathrm{d}x = ($　　$)$.

A. $2(1+x^2)^2 + C$；

B. $-2(1-x^2)^2 + C$；

C. $\dfrac{1}{2}(1+x^2)^2 + C$；

D. $-\dfrac{1}{2}(1-x^2)^2 + C$.

3. 计算题.

(1) $\int \tan^2 x\mathrm{d}x$；

(2) $\int \dfrac{1}{9-4x^2}\mathrm{d}x$；

(3) $\int \sin^2 x\mathrm{d}x$；

(4) $\int \dfrac{1}{\sqrt{x}+\sqrt[3]{x}}\mathrm{d}x$；

(5) $\int \dfrac{\sqrt{x^2-4}}{x}\mathrm{d}x$；

(6) $\int \arcsin x\mathrm{d}x$.

4. 计算题.

已知 $f(x)$ 的一个原函数为 $\dfrac{\sin x}{x}$, 求 $\int xf'(x)\mathrm{d}x$.

# 第5章　定积分及其应用

一元函数积分学中的另一个基本概念就是定积分,它是从大量的实际问题中抽象出来的,在自然科学与工程技术中有着广泛的应用.本章首先从几何问题与物理问题出发引出定积分的概念,然后讨论它的性质、计算方法.作为定积分的推广,还介绍无穷区间上的广义积分,最后讨论定积分的简单应用.

## 5.1　定积分的概念与性质

### 5.1.1　引例

**1. 曲边梯形的面积**

设 $y = f(x)$ 为区间 $[a,b]$($a < b$) 上非负且连续函数,由曲线 $y = f(x)$,直线 $x = a$, $x = b$ 以及 $x$ 轴所围成的平面图形就称为**曲边梯形**.

如图 5-1 所示.$MNN_1M_1$ 就是一个曲边梯形.其中曲线 $y = f(x)$ 称为曲边梯形的曲边,在 $x$ 轴上的线段 $M_1N_1$ 称为曲边梯形的底边.

怎样计算曲边梯形的面积呢?

由于 $f(x)$ 是区间 $[a,b]$ 上的连续函数,当 $x$ 变化不大时,$f(x)$ 变化也不大,因此如果区间 $[a,b]$ 分割成许多小区间,相应地将曲边梯形分割成许多小曲边梯形,每个小区间上对应的小曲边梯形面积近似的看成小矩形.所有的小矩形面积的和,就是整个曲边梯形面积的近似值.显然分割愈细,近似程度就愈好.

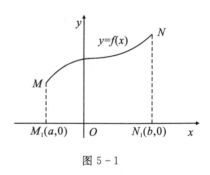

图 5-1

根据上述分析,曲边梯形的面积可按下述步骤来计算:

(1)分割　在 $[a,b]$ 内任意插入 $n-1$ 个分点,$a = x_0 < x_1 < x_1 < x_2 < \cdots < x_{x_{i-1}} < x_i < \cdots < x_n = b$ 分 $x_1$ 区间为 $n$ 个小区间,第 $i$ 个小区间可表示为 $[x_{i-1}, x_i]$,其长度记为 $\Delta x = x_i - x_{i-1}$.

再过各分点作垂直于 $x$ 轴的直线段,把整个曲边梯形分成 $n$ 个小曲边梯形(如图 5-2).其中第 $i$ 个小曲边梯形的面积记为 $\Delta A_i(i = 1,2,\cdots,n)$.

(2)近似　在每个小区间 $[x_{i-1}, x_i]$ 上任取一点 $\xi_i(x_{i-1} \leqslant \xi_i \leqslant x_i)$,以 $f(\xi_i)$ 为高,$\Delta x_i$ 为底的小矩形的面积 $f(\xi_i)\Delta x_i$,作为相应的小曲边梯形面积 $\Delta A_i$ 的近似值,即

$$\Delta A_i \approx f(\xi_i)\Delta x_i(i = 1,2,\cdots,n)$$

(3)求和　把 $n$ 个小曲边梯形面积的近似值相加,就得到所求曲边梯形面积 $A$ 的近似值,即

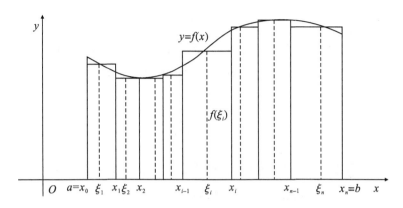

图 5 - 2

$$A = \sum_{i=1}^{n} \Delta A_i \approx \sum_{i=1}^{n} f(\xi_i) \Delta x_i$$

（4）取极限　　当分割无限细密，即每个小区间的长度 $\Delta x_i$ 都趋近于零时，和式 $\sum_{i=1}^{n} f(\xi_i) \Delta x_i$ 的极限就是 $A$ 的精确值. 若记 $\lambda = \max\limits_{1 \leqslant i \leqslant n} \{\Delta x_i\}$，则当 $\lambda \to 0$ 时，就有

$$A = \lim_{\lambda \to 0} \sum_{i=1}^{n} f(\xi_i) \Delta x_i$$

**2. 变速直线运动的路程**

设一物体作直线运动，已知速度 $v = v(t)$ 是时间 $t$ 在区间 $[a, b]$ 上的连续函数，且 $v(t) \geqslant 0$，计算在这段时间内该物体经过的路程 $S$.

由于速度 $v = v(t)$ 连续，解题思路和上例类似：

（1）分割　　分 $[a, b]$ 区间为 $n$ 个小区间. 第 $i$ 个小区间可表示为 $[t_{i-1}, t_i]$，其长度记为 $\Delta t = t_i - t_{i-1}(i = 1, 2, \cdots, n)$.

（2）近似　　在时间段 $[t_{i-1}, t_i]$ 内所经过的路程近似为　　$\Delta S_i \approx v(\tau_i) \Delta t_i, \tau_i \in [t_{i-1}, t_i]$ $(i = 1, 2, \cdots, n)$.

（3）求和　　在时间段 $[a, b]$ 内所经过的路程近似为　　$S \approx \sum_{i=1}^{n} v(\tau_i) \Delta t_i$.

（4）取极限　　记 $\lambda = \max\limits_{1 \leqslant i \leqslant n} \{\Delta t_i\}$，物体所经过的路程为

$$S = \lim_{\lambda \to 0} \sum_{i=1}^{n} v(\tau_i) \Delta t_i$$

上面两个实际问题虽然背景各不相同，但计算的思想方法和步骤是相同的，最终归结为函数在某一区间上的一种特定的和式的极限. 为了研究这类式的极限，给出下面的定义.

## 5.1.2　定积分的概念

**定义 1**　设函数 $y = f(x)$ 在闭区间 $[a, b]$ 上有定义，任取分点

$$a = x_0 < x_1 < x_2 < x_3 < \cdots < x_{i-1} < x_i < \cdots < x_n = b$$

将区间 $[a, b]$ 分成 $n$ 个小区间 $[x_{i-1}, x_i]$，其长度为 $\Delta x = x_i - x_{i-1}$　$(i = 1, 2, \cdots, n)$. 在每个小区间 $[x_{i-1}, x_i]$ 上任取一点 $\xi_i (x_{i-1} \leqslant \xi_i \leqslant x_i)$，作乘积 $f(\xi_i) \Delta x_i (i = 1, 2, \cdots, n)$ 的和式

$$\sum_{i=1}^{n} f(\xi_i)\Delta x_i \tag{5-1}$$

记 $\lambda = \max\limits_{1 \leqslant i \leqslant n}\{\Delta x_i\}$，如果不论对区间 $[a,b]$ 怎么分法，也不论在小区间 $[x_{i-1},x_i]$ 上点 $\xi_i$ 怎样取法，当 $\lambda \to 0$ 时，和式 (5-1) 的极限存在，则称此极限值为函数 $f(x)$ 在区间 $[a,b]$ 上的定积分，记作 $\int_a^b f(x)\mathrm{d}x$，即

$$\int_a^b f(x)\mathrm{d}x = \lim_{\lambda \to 0}\sum_{i=1}^{n} f(\xi_i)\Delta x_i \tag{5-2}$$

其中 $f(x)$ 叫做**被积函数**，$f(x)\mathrm{d}x$ 叫做**被积表达式**，$x$ 叫做**积分变量**，$a$ 叫做**积分下限**，$b$ 叫做**积分上限**，区间 $[a,b]$ 叫做**积分区间**，"$\int$" 叫做**积分号**.

如果定积分 $\int_a^b f(x)\mathrm{d}x$ 存在，则也称 $f(x)$ 在区间 $[a,b]$ 上**可积**.

根据定积分的定义，前面两个实际问题可以记为：

曲边梯形的面积 $\qquad\qquad A = \int_a^b f(x)\mathrm{d}x$

变速直线运动的路程 $\qquad\quad S = \int_a^b v(t)\mathrm{d}t$

**注意**：(1) 定积分 $\int_a^b f(x)\mathrm{d}x$ 是一个数值，与被积函数 $f(x)$ 及积分区间 $[a,b]$ 有关，与区间 $[a,b]$ 的分割方法和点 $\xi_i$ 的取法无关.

(2) 在定积分 $\int_a^b f(x)\mathrm{d}x$ 的定义中，总是假定 $a < b$，为了以后计算方便，对 $a > b$ 及 $a = b$ 的情况，给出以下的补充规定：

① 当 $a > b$ 时 $\qquad\qquad \int_a^b f(x)\mathrm{d}x = -\int_b^a f(x)\mathrm{d}x; \tag{5-3}$

② 当 $a = b$ 时， $\qquad\qquad \int_a^a f(x)\mathrm{d}x = 0. \tag{5-4}$

### 5.1.3　定积分的几何意义

(1) 如果函数 $f(x)$ 在 $[a,b]$ 上连续，且 $f(x) \geqslant 0$，那么定积分 $\int_a^b f(x)\mathrm{d}x$ 就表示由连续曲线 $y = f(x)$、直线 $x = a$、$x = b$ 与 $x$ 轴所围成的曲边梯形的面积.

(2) 如果 $f(x)$ 在区间 $[a,b]$ 上有 $f(x) \leqslant 0$，则 $\int_a^b f(x)\mathrm{d}x$ 表示曲边梯形的面积的相反数，即 $\int_a^b f(x)\mathrm{d}x = -A.$

(3) 如果 $f(x)$ 在 $[a,b]$ 上有正有负，则 $\int_a^b f(x)\mathrm{d}x$ 等于 $[a,b]$ 上位于 $x$ 轴上方的图形面积减去 $x$ 轴下方的图形面积. 例如对图 5-3 有 $\int_a^b f(x)\mathrm{d}x = A_1 - A_2 + A_3.$

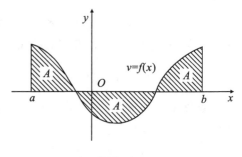

图 5-3

## 5.1.4　定积分的性质

**性质 1**　若 $f(x)$、$g(x)$ 在 $[a,b]$ 上可积,则 $f(x) \pm g(x)$ 在 $[a,b]$ 上也可积,且

$$\int_a^b [f(x) \pm g(x)] \mathrm{d}x = \int_a^b f(x) \mathrm{d}x \pm \int_a^b g(x) \mathrm{d}x$$

**性质 2**　若 $f(x)$ 在 $[a,b]$ 上可积,$k$ 是任意常数,则 $kf(x)$ 在 $[a,b]$ 上也可积,且

$$\int_a^b kf(x) \mathrm{d}x = k \int_a^b f(x) \mathrm{d}x \quad (k \text{ 为常数}).$$

**性质 3**　设 $f(x)$ 在 $[a,b]$、$[a,c]$ 及 $[c,b]$ 上都是可积的,则有

$$\int_a^b f(x) \mathrm{d}x = \int_a^c f(x) \mathrm{d}x + \int_c^b f(x) \mathrm{d}x$$

其中 $c$ 可以在 $[a,b]$ 内,也可以在 $[a,b]$ 之外.

**性质 4**　如果在 $[a,b]$ 上,恒有 $f(x) = 1$,那么 $\int_a^b \mathrm{d}x = b - a$.

**性质 5**　如果在 $[a,b]$ 上有 $f(x) \leqslant g(x)$,那么 $\int_a^b f(x) \mathrm{d}x \leqslant \int_a^b g(x) \mathrm{d}x$.

**性质 6**　如果函数 $f(x)$ 在区间 $[a,b]$ 上的最大值为 $M$,最小值为 $m$,那么

$$m(b-a) \leqslant \int_a^b f(x) \mathrm{d}x \leqslant M(b-a)$$

**性质 7**　如果函数 $f(x)$ 在区间 $[a,b]$ 上连续,那么在此区间上至少有一点 $\xi$,使得

$$\int_a^b f(x) \mathrm{d}x = f(\xi)(b-a) \quad (a \leqslant \xi \leqslant b)$$

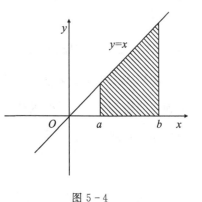

图 5 - 4

**例 1**　用定积分的几何意义计算定积分 $\int_a^b x \mathrm{d}x ((0 < a < b))$ 的值.

**解**　如图 5 - 4,因为在 $[a,b]$ 上 $f(x) > 0$,由定积分的几何意义可知,

$$\int_a^b x \mathrm{d}x = \frac{1}{2} [f(a) + f(b)](b-a) = \frac{1}{2}(b^2 - a^2)$$

# 同步练习 5.1

1.根据定积分的几何意义,判断下列定积分的符号.

(1) $\int_0^{\frac{\pi}{2}} \sin x \mathrm{d}x$;

(2) $\int_{-1}^2 x^2 \mathrm{d}x$.

2.利用定积分的几何意义,求出下列各定积分.

(1) $\int_0^2 (2x+1) \mathrm{d}x$;

(2) $\int_0^2 3 \mathrm{d}x$.

3.用定积分表示下列各图中阴影部分的面积.

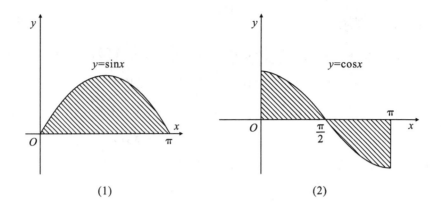

$$(1)\qquad\qquad\qquad\qquad\qquad(2)$$

# 5.2　微积分基本定理

上节课我们学习了有关定积分的概念和性质,掌握了用定义或几何意义来计算定积分,但是用定义直接计算定积分不容易,如果被积函数较复杂,其难度就更大.为此,必须寻求简便计算定积分的方法,这种方法就是本节将学习的定积分的基本公式 —— 牛顿 — 莱布尼兹公式.

## 5.2.1　变上限的定积分

**定义 1**　如果函数 $f(x)$ 在区间 $[a,b]$ 上连续,那么在区间 $[a,b]$ 上每取一点 $x$,就有一个确定的定积分 $\int_a^x f(t)\mathrm{d}t$ 的值与 $x$ 相对应,即构成一个新的函数,称为**变上限(积分)函数**,记为 $\Phi(x)$. 即

$$\Phi(x) = \int_a^x f(t)\mathrm{d}t \,(a \leqslant x \leqslant b)$$

**定理 1**　若函数 $f(x)$ 在区间 $[a,b]$ 上连续,那么变上限函数 $\Phi(x) = \int_a^x f(t)\mathrm{d}t$ 在区间 $(a,b)$ 内可导,且其导数等于被积函数,即

$$\Phi'(x) = \left[\int_a^x f(t)\mathrm{d}t\right]' = f(x)$$

定理指出,如果函数 $f(x)$ 在区间 $[a,b]$ 上连续,则变上限函数 $\Phi(x) = \int_a^x f(t)\mathrm{d}t$ 是 $f(x)$ 的一个原函数,这就解决了原函数存在问题.

**推论**　连续函数的原函数一定存在.

**例 1**　求下列函数的导数:

(1) $\dfrac{\mathrm{d}}{\mathrm{d}x}\left(\int_x^1 \sin t^2 \mathrm{d}t\right)$;　　　　　　　　　(2) $\dfrac{\mathrm{d}}{\mathrm{d}x}\left(\int_0^{\arctan x} t^2 \mathrm{d}t\right)$.

**解**　(1) $\dfrac{\mathrm{d}}{\mathrm{d}x}\left(\int_x^1 \sin t^2 \mathrm{d}t\right) = -\dfrac{\mathrm{d}}{\mathrm{d}x}\left(\int_1^x \sin t^2 \mathrm{d}t\right) = -\sin x^2$.

(2) $\dfrac{\mathrm{d}}{\mathrm{d}x}\left(\int_0^{\arctan x} t^2 \mathrm{d}t\right) = \dfrac{\mathrm{d}}{\mathrm{d}u}\left(\int_0^u t^2 \mathrm{d}t\right) \dfrac{\mathrm{d}(\arctan x)}{\mathrm{d}x} = \arctan^2 x \dfrac{1}{1+x^2}$.

## 5.2.2　牛顿－莱布尼兹公式

**定理 2**　设函数 $f(x)$ 在区间 $[a,b]$ 上连续，$F(x)$ 是 $f(x)$ 在 $[a,b]$ 上的任一原函数，即 $F'(x) = f(x)$，则有

$$\int_a^b f(x)\mathrm{d}x = F(a) - F(b)$$

上式称为牛顿－莱布尼兹公式，也称为微积分基本公式. 为了使用方便，上式还可写成下面的形式

$$\int_a^b f(x)\mathrm{d}x = [F(x)]_a^b \text{ 或 } \int_a^b f(x)\mathrm{d}x = F(x)\,|_a^b$$

**例 2**　计算 $\int_0^1 x^2\mathrm{d}x$.

**解**　$\int_0^1 x^2\mathrm{d}x = \left[\dfrac{1}{3}x^3\right]_0^1 = \dfrac{1}{3}$.

**例 3**　计算 $\int_0^\pi \cos x\mathrm{d}x$.

**解**　$\int_0^\pi \cos x\mathrm{d}x = [-\sin x]_0^\pi = \sin\pi - \sin 0 = 0$.

**例 4**　设 $f(x) = \begin{cases} x+1, & x \leqslant 1 \\ \dfrac{1}{2}x^2, & x > 1 \end{cases}$，求 $\int_0^2 f(x)\mathrm{d}x$.

**解**　$\int_0^2 f(x)\mathrm{d}x = \int_0^1 f(x)\mathrm{d}x + \int_1^2 f(x)\mathrm{d}x = \int_0^1 (x+1)\mathrm{d}x + \int_1^2 \dfrac{1}{2}x^2\mathrm{d}x = \dfrac{8}{3}$

## 同步练习 5.2

1. 计算下列定积分：

(1) $\int_{-1}^3 (x-1)\mathrm{d}x$；

(2) $\int_0^2 (x^2 - 2x)\mathrm{d}x$；

(3) $\int_{-\frac{1}{2}}^{\frac{1}{2}} \dfrac{1}{\sqrt{1-x^2}}\mathrm{d}x$.

2. 设 $f(x) = \begin{cases} x^2, & x \leqslant 1 \\ x-1, & x > 1 \end{cases}$，求 $\int_0^2 f(x)\mathrm{d}x$.

## 5.3　定积分的计算方法

在不定积分的计算中，我们学过换元积分法和分部积分法，那么对于定积分的计算，这两种方法同样适用，因此本节我们将学习定积分的的换元积分法和分部积分法.

### 5.3.1　定积分的换元法

**定理**　设函数 $f(x)$ 在区间 $[a,b]$ 上连续，作变换 $x = \varphi(t)$，$\varphi(t)$ 满足下列条件：

(1)$\varphi(\alpha) = a, \varphi(\beta) = b$;

(2)$\varphi(t)$ 在 $\alpha$ 与 $\beta$ 之间的闭区间上是单调连续函数,且当 $t$ 在 $\alpha$ 与 $\beta$ 之间变化时,$a \leqslant \varphi(t) \leqslant b$;

(3)$\varphi'(t)$ 在 $\alpha$ 与 $\beta$ 之间的闭区间上连续.

则有

$$\int_a^b f(x)\mathrm{d}x = \int_\alpha^\beta f[\varphi(t)]\varphi'(t)\mathrm{d}t$$

**注意**:定积分的换元积分法与不定积分的换元积分法不同之处在于:定积分的换元积分法换元后,积分上、下限也要作相应的变换,即换元必换限,且原上(下)限对新上(下)限.

**例 1** 计算 $\int_0^3 \dfrac{x}{\sqrt{1+x}}\mathrm{d}x$.

**解** 设 $\sqrt{1+x} = t$,则 $x = t^2 - 1, \mathrm{d}x = 2t\mathrm{d}t$.

当 $x = 0$ 时,$t = 1$;当 $x = 3$ 时,$t = 2$,所以

$$\int_0^3 \frac{x}{\sqrt{1+x}}\mathrm{d}x = 2\int_1^2 (t^2 - 1)\mathrm{d}t = \frac{8}{3}$$

**例 2** 计算 $\int_0^2 \sqrt{4-x^2}\,\mathrm{d}x$.

**解** 设 $x = 2\sin t$,则有 $\mathrm{d}x = 2\cos t\mathrm{d}t$,当 $x = 0$ 时,$t = 0$;当 $x = 2$ 时,$t = \dfrac{\pi}{2}$.

于是

$$\int_0^2 \sqrt{4-x^2}\,\mathrm{d}x = \int_0^{\frac{\pi}{2}} \sqrt{4 - (2\sin t)^2}\,2\cos t\mathrm{d}t$$

$$= 4\int_0^{\frac{\pi}{2}} \cos^2 t\mathrm{d}t = 2\int_0^{\frac{\pi}{2}} (1 + \cos 2t)\mathrm{d}t = \pi$$

## 5.3.2 定积分的分部积分法

设函数 $u = u(x), v = v(x)$ 在区间 $[a,b]$ 上都具有连续导数,则

$$[uv]' = u'v + uv'$$
$$uv' = [uv]' - u'v$$
$$\int_a^b u\mathrm{d}v = [uv]_a^b + \int_a^b v\mathrm{d}u \tag{5-5}$$

这就是定积分的分部积分公式.

**例 3** 计算 $\int_0^{\frac{\pi}{2}} x\cos x\mathrm{d}x$.

**解** $\displaystyle\int_0^{\frac{\pi}{2}} x\cos x\mathrm{d}x = \int_0^{\frac{\pi}{2}} x\mathrm{d}(\sin x) = [x\sin x]_0^{\frac{\pi}{2}} - \int_0^{\frac{\pi}{2}} \sin x\mathrm{d}x = \frac{\pi}{2} - 1$

**例 4** 计算 $\int_0^1 \arcsin x\mathrm{d}x$.

**解** $\displaystyle\int_0^1 \arcsin x\mathrm{d}x = [x\arcsin x]_0^1 - \int_0^1 x\mathrm{d}(\arcsin x) = \frac{\pi}{2} - \int_0^1 \frac{x}{\sqrt{1-x^2}}\mathrm{d}x = \frac{\pi}{2} - 1.$

# 同步练习 5.3

1.计算下列各定积分.

(1) $\int_0^4 \dfrac{1}{1+\sqrt{x}}\mathrm{d}x$；

(2) $\int_0^a \sqrt{a^2-x^2}\,\mathrm{d}x,(a>0)$；

(3) $\int_0^{\frac{\pi}{2}} \cos^5 x\sin x\mathrm{d}x$；

(4) $\int_0^4 \dfrac{x+2}{\sqrt{2x+1}}\mathrm{d}x$.

2.计算下列各定积分.

(1) $\int_0^{\pi} x\cos x\mathrm{d}x$；

(2) $\int_0^{\sqrt{3}} \arctan x\mathrm{d}x$；

(3) $\int_0^{\frac{1}{2}} arc\sin x\mathrm{d}x$；

(4) $\int_0^1 x\mathrm{e}^{-x}\mathrm{d}x$.

## 5.4　广义积分

　　前面所讨论的定积分,其积分区间 $[a,b]$ 都是有限区间,然而,对一些实际问题的研究需要把积分区间推广为无限区间,这样的积分不是通常意义下的积分(即定积分),所以称它们为反常积分.相应地,把前面所讨论的积分称为**常义积分**.为了区别于前面的积分,通常把推广了的积分称为**广义积分**.下面我们简单介绍一下无穷区间上的广义积分.

　　**定义 1**　设函数 $f(x)$ 在区间 $[a,+\infty)$ 上连续,任取 $b>a$,若极限

$$\lim_{b\to+\infty}\int_a^b f(x)\mathrm{d}x$$

存在,则称此极限为函数 $f(x)$ 在无穷区间 $[a,+\infty)$ 上的广义积分,记为 $\int_a^{+\infty} f(x)\mathrm{d}x$,即

$$\int_a^{+\infty} f(x)\mathrm{d}x = \lim_{b\to+\infty}\int_a^b f(x)\mathrm{d}x$$

　　这时也称广义积分 $\int_a^{+\infty} f(x)\mathrm{d}x$ 收敛;如果极限不存在,则称广义积分 $\int_a^{+\infty} f(x)\mathrm{d}x$ 发散.

　　**定义 2**　设函数 $f(x)$ 在区间 $(-\infty,b]$ 上连续,任取 $a<b$,若极限

$$\lim_{a\to-\infty}\int_a^b f(x)\mathrm{d}x$$

存在,则称此极限为函数 $f(x)$ 在**无穷区间** $(-\infty,b]$ 上的**广义积分**,记为 $\int_{-\infty}^b f(x)\mathrm{d}x$,即

$$\int_{-\infty}^b f(x)\mathrm{d}x = \lim_{a\to-\infty}\int_a^b f(x)\mathrm{d}x$$

　　这时也称广义积分 $\int_{-\infty}^b f(x)\mathrm{d}x$ 收敛;如果极限不存在,则称广义积分 $\int_{-\infty}^b f(x)\mathrm{d}x$ 发散.

　　同样地,可以定义 $(-\infty,+\infty)$ 上的广义积分:

$$\int_{-\infty}^{+\infty} f(x)\mathrm{d}x = \int_{-\infty}^0 f(x)\mathrm{d}x \int_0^{+\infty} f(x)\mathrm{d}x$$

$$= \lim_{a\to-\infty}\int_a^0 f(x)\mathrm{d}x + \lim_{b\to+\infty}\int_0^b f(x)\mathrm{d}x$$

上述三种广义积分统称为无穷区间上的广义积分.

**例 1**　判别广义积分 $\int_0^{+\infty} \dfrac{x}{1+x^2} \mathrm{d}x$ 的敛散性.若收敛时,求其值.

**解**　由于

$$\int_0^{+\infty} \frac{x}{1+x^2} \mathrm{d}x = \lim_{b \to +\infty} \int_0^b \frac{x}{1+x^2} \mathrm{d}x$$

$$= \lim_{b \to +\infty} \Big[\frac{1}{2}\ln(1+x^2)\Big]_0^b = \frac{1}{2}\lim_{b \to +\infty}\ln(1+b^2) = +\infty$$

所以广义积分 $\int_0^{+\infty} \dfrac{x}{1+x^2} \mathrm{d}x$ 发散.

**例 2**　讨论广义积分

$$\int_a^{+\infty} \frac{1}{x^p} \mathrm{d}x \quad (a > 0)$$

的敛散性,其中 $p$ 为任意实数.

**解**　当 $p = 1$ 时,

$$\int_a^{+\infty} \frac{1}{x^p} \mathrm{d}x = \int_a^{+\infty} \frac{1}{x} \mathrm{d}x = [\ln x]_a^{+\infty} = +\infty$$

当 $p \neq 1$ 时,

$$\int_a^{+\infty} \frac{1}{x^p} \mathrm{d}x = \Big[\frac{x^{1-p}}{1-p}\Big]_a^{+\infty} = \begin{cases} +\infty, & p < 1 \\ \dfrac{a^{1-p}}{p-1}, & p > 1 \end{cases}$$

因此,当 $p > 1$ 时,该广义积分收敛,其值为 $\dfrac{a^{1-p}}{p-1}$;当 $p \leqslant 1$ 时,该广义积分发散.

# 同步练习 5.4

1.判断下列各广义积分是否收敛?若收敛,求其值.

(1) $\int_0^{+\infty} \mathrm{e}^{-2x} \mathrm{d}x$; 　　　　　　　　 (2) $\int_{-\infty}^{+\infty} \dfrac{1}{1+x^2} \mathrm{d}x$.

# 5.5　定积分的应用

## 5.5.1　微元法

定积分是求某个不均匀分布的整体量的有力工具.实际中有不少问题需要用定积分来解决.为了理解和掌握用定积分解决实际问题的方法,简便起见,在实用中将定积分定义中的四步(分割 − 近似 − 求和 − 取极限)突出两点"细分"、"求和"而变成两步,具体作法是:

设函数 $f(x)$ 在区间 $[a, b]$ 上连续,具体问题中所求的量 $F$ 的一般步骤是:

(1) 无限细分,化整为零.

在区间 $[a, b]$ 内任取小区间 $[x, x + \mathrm{d}x]$,在此微小区间上量 $\mathrm{d}F$ 的微元为

$$\mathrm{d}F = f(x)\mathrm{d}x$$

（2）无限求和，积零为整.

把微元 $\mathrm{d}F$ 在区间 $[a,b]$ 上积分，即

$$F = \int_a^b \mathrm{d}F = \int_a^b f(x)\mathrm{d}x$$

其中 $\mathrm{d}F = f(x)\mathrm{d}x$ 称为所求量 $F$ 的**微分元素**，简称为 $F$ 的**微元**.

这种利用微分元素求定积分的方法称为**元素法**（或**微元法**）.

### 5.5.2　用定积分求平面图形的面积

**例 1**　求半径为 $r$ 的圆的面积.

**解**　建立直角坐标系，取圆心为坐标原点，如图 5-5 所示. 此时圆的方程为 $x^2 + y^2 = r^2$，根据圆的对称性，可先求圆在第 Ⅰ 象限的面积 $A_1$.

由上半圆的方程为 $y = \sqrt{r^2 - x^2}$，根据定积分的几何意义，可得

$$A_1 = \int_0^r \sqrt{r^2 - x^2}\,\mathrm{d}x$$

所以，圆的面积 $A$ 为

$$A = A_1 = 4\int_0^r \sqrt{r^2 - x^2}\,\mathrm{d}x = \pi r^2$$

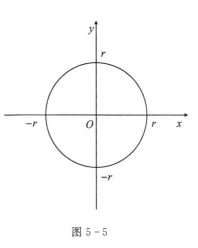

图 5-5

### 5.5.3　转动惯量

刚体动力学中转动惯量是个重要的物理量. 若质点质量为 $m$，到一轴距离为 $r$，则该质点绕轴转动的转动惯量为

$$I = mr^2$$

对于质量连续分布的物体绕轴的转动惯量不能套用以上公式，可以应用定积分解决.

**例 2**　计算长为 $l$ 质量为 $m$ 的均匀细杆绕过其中点且垂直于杆的轴的转动惯量.

**解**　建立坐标系如图 5-6 所示，任取一小区间 $[x, x + \mathrm{d}x]$，对应的小段细杆的质量为 $\frac{m}{l}\mathrm{d}x$，近似看做一个位于 $x$ 处的质点，转动惯量微元为 $\mathrm{d}I = \frac{m}{l}x^2\mathrm{d}x$

$$I = \int_{-\frac{l}{2}}^{\frac{l}{2}} \frac{m}{l}x^2\,\mathrm{d}x = \frac{m}{12}l^2$$

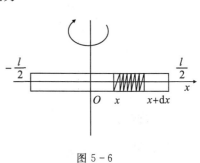

图 5-6

### 5.5.4　惯性矩

图 5-7 所示任意形状的平面图形，在坐标为 $(z, y)$ 处取微面积 $\mathrm{d}A$，则可求得下述积分

$$I_z = \int_A y^2\,\mathrm{d}A$$

$$I_y = \int_A z^2 \, dA$$

上式中 $I_z$ 为平面图形对 $z$ 轴的二次矩(惯性矩),$I_y$ 为平面图形对 $y$ 轴的二次矩(惯性矩)。由上述定义可以看出,图形对轴的惯性矩恒为正,其单位是长度单位的四次方,即 $m^4$.

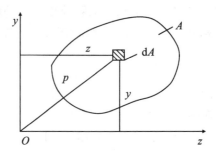

图 5 - 7

**例3**　如图5-8图所示矩形,高度为 $h$,宽度为 $b$,$z$ 轴和 $y$ 轴为图形的形心轴,且 $z$ 轴平行矩形底边。求矩形截面对形心轴 $z$、$y$ 的惯性矩。

**解**　取宽为 $b$、高为 $dy$ 且平行于 $z$ 轴的狭长矩形的微面积为

$$dA = b \, dy$$

由计算公式得矩形图形对 $z$ 轴的惯性矩为

$$I_z = \int_{-\frac{h}{2}}^{\frac{h}{2}} y^2 b \, dy = \frac{b}{12} h^3$$

同理,可得矩形图形对 $y$ 轴的惯性矩为

$$I_y = \frac{h}{12} b^3$$

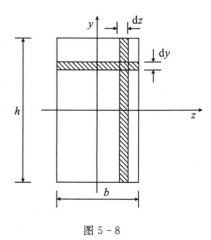

图 5 - 8

# 同步练习 5.4

1.求椭圆 $\dfrac{x^2}{a^2} + \dfrac{y^2}{b^2} = 1(a > b > 0)$ 的面积.

2.计算长为 $l$ 质量为 $m$ 的均匀细杆绕过其一端点且垂直于杆的轴的转动惯量.

# 5.6　数学实验

## 5.6.1　定积分在 Matlab 中的实现

**求定积分运算的命令:int**

int(f,a,b)　功能:对符号表达式 f 中的符号变量 x 计算从 a 到 b 的定积分.

int(f,v,a,b)　功能:对表达式 f 中指定的符号变量 v 计算从 a 到 b 的定积分.

**例1**　计算定积分 $\displaystyle\int_0^\pi x\cos x \, dx$.

**解**　Matlab 命令为

 syms x;

 f = x * cos(x);

 int(f,x,0,pi)

 ans =— 2

**例 2**　计算定积分 $\int_{-\frac{\pi}{2}}^{\frac{\pi}{2}} \cos(x)\cos(2x)\mathrm{d}x$.

**解**　Matlab 命令为

 syms x;

 f = cos(x) * cos(2x);

 int(f,x, — pi/2,pi/2)

 ans = 2/3

**例 3**　计算定积分 $\int_{0}^{a} \sqrt{a^2 - x^2}\,\mathrm{d}x$.

**解**　Matlab 命令为

 syms x a;

 f = sqrt(a^2 — x^2);

 int(f,x,0,a)

 ans = (pi * a^2)/4

**注**:对于无界函数的广义积分,只需将对应的上、下线相应的用 $inf$ 替换;对于无界函数的广义积分,其求法与普通定积分求法是相同的.

# 同步练习 5.6

用 Matlab 命令计算下列不定积分、定积分和广义积分.

1. $\int_{2}^{1} x\mathrm{d}x$;

2. $\int_{0}^{\frac{\pi}{2}} \dfrac{x+\sin x}{1+\cos x}\mathrm{d}x$;

3. $\int_{0}^{\pi} \sqrt{\sin x - \sin^3 x}\,\mathrm{d}x$;

4. $\int_{0}^{+\infty} \dfrac{1}{1+x^2}\mathrm{d}x$.

# 单元测试 5

1. 填空题.

(1) $\int_{-2}^{0} 3\mathrm{d}x = $ _____;

(2) $\int_{-1}^{1} x^3 \mathrm{d}x$ _____;

(3) $\dfrac{\mathrm{d}}{\mathrm{d}x}\int_{0}^{\pi} x\cos x\mathrm{d}x = $ _____;

(4) $\int_{-\infty}^{+\infty} \dfrac{\mathrm{d}x}{(x+1)^2 + 1} = $ _____;

(5) $\int_{1}^{2} \left(\dfrac{1}{1+x^2}\right)'\mathrm{d}x = $ _____;

(6) $\int_{-2}^{2} x^2 \mathrm{d}x = $ _____;

(7) 已知 $v(t) = t^2 + 1$,在时间间隔 $[0,4]$ 上,物体的位移 $S = $ _____;

(8) $\int_{-\frac{\pi}{2}}^{\frac{\pi}{2}} (x\cos x - 5\sin x + 2)\mathrm{d}x = $ _____.

2.选择题.

(1) 设函数 $f(x)$ 在区间 $[-a,a]$ 上连续,且为偶函数,则 $\int_{-a}^{a} f(x)\mathrm{d}x = ($　　　 $)$.

(A)0;　　　　　　　(B)$2\int_{-a}^{a} f(x)\mathrm{d}x$;　　(C)$\int_{-a}^{0} f(x)\mathrm{d}x$;　　(D)$2\int_{0}^{a} f(x)\mathrm{d}x$.

(2) $\int_{-2}^{2} |1-x| \mathrm{d}x = ($　　　 $)$.

(A)$2\int_{0}^{2} |1-x| \mathrm{d}x$;　　　　　　　(B)$\int_{-2}^{0} |1-x| \mathrm{d}x + \int_{0}^{2} |x-1| \mathrm{d}x$;

(C)$\int_{-2}^{1} |1-x| \mathrm{d}x + \int_{1}^{2} |x-1| \mathrm{d}x$;　　(D)$\int_{-2}^{1} |x-1| \mathrm{d}x + \int_{1}^{2} |1-x| \mathrm{d}x$.

(3) $\int_{a}^{b} f'(3x)\mathrm{d}x = ($　　　 $)$.

(A)$f(b) - f(a)$;　　　　　　　(B)$f(3b) - f(3a)$;

(C)$\dfrac{1}{3}[f(3b) - f(3a)]$;　　　　(D)$3[f(3b) - f(3a)]$.

(4) 若 $\int_{-\infty}^{0} \mathrm{e}^{ax}\mathrm{d}x = \dfrac{1}{2}$,则 $a = ($　　　 $)$.

(A)1;　　　　　(B)$\dfrac{1}{2}$;　　　　　(C)2;　　　　　(D)$-1$.

(5) 若 $y = f(x)$ 与 $y = g(x)$ 是 $[a,b]$ 上的两条光滑曲线的方程,则由这两条曲线及直线 $x = a, x = b$ 所围的平面图形的面积为(　　　 ).

(A)$\int_{a}^{b} [f(x) - g(x)]\mathrm{d}x$;　　　　　(B)$\int_{a}^{b} [g(x) - f(x)]\mathrm{d}x$;

(C)$\int_{a}^{b} |f(x) - g(x)| \mathrm{d}x$;　　　　(D)$|\int_{a}^{b} [f(x) - g(x)]\mathrm{d}x|$.

3.求下列各定积分.

(1) $\int_{-1}^{1} \dfrac{x}{\sqrt{5-4x}}\mathrm{d}x$;　　　　　(2) $\int_{1}^{2} \dfrac{\sqrt{x^2-1}}{x}\mathrm{d}x$;

(3) $\int_{0}^{1} \mathrm{e}^{x+\mathrm{e}^x}\mathrm{d}x$;　　　　　(4) $\int_{1}^{3} \ln x\mathrm{d}x$;

(5) $\int_{0}^{\frac{\pi}{2}} x^2\cos x\mathrm{d}x$;　　　　　(6) $\int_{\frac{1}{\mathrm{e}}}^{3} \ln x\mathrm{d}x$.

4.计算由下列各曲线所围成图形的面积.

(1)$y^2 = 2x, x - y = 4$;　　　　　(2)$y = x^2, x = y^2$.

# 第6章　　向量与空间解析几何

## 6.1　空间直角坐标系与向量的概念

### 6.1.1　空间直角坐标系

**1. 建立空间直角坐标系**

在空间取三条相互垂直且相交于一点的数轴(一般单位长度相同),其交点是这些数轴的原点,记作 $O$,这三条数轴分别叫做 $x$ 轴、$y$ 轴、$z$ 轴,统称为坐标轴.

**2. 方向的规定**

一般将 $x$ 轴和 $y$ 轴放置在水平面上,那么 $z$ 轴就垂直于水平面.$z$ 轴的正方向规定如下:从面对正 $x$ 轴看,如果 $x$ 轴的正方向以逆时针方向转90°时,正好是 $\lambda =$ 轴的正方向.那么这种放置法确定的坐标系称为右手直角坐标系(右手螺旋法则),即伸出右手,让四指与大拇指垂直,并使四指先指向 $x$ 轴,然后让四指沿握拳方向旋转90°指向 $y$ 轴,此时大拇指的方向即为 $z$ 轴正向.

**3. 对空间的划分**

两条坐标轴确定的一个平面,称为坐标平面.由 $x$ 轴和 $y$ 轴确定的平面称为 $xOy$ 平面,由 $x$ 轴和 $z$ 轴确定的平面称为 $xOz$ 平面,由 $y$ 轴和 $z$ 轴确定的平面称为 $yOz$ 平面.三个坐标平面将空间分成八个部分(如图 $6-1$(b) 所示).每个部分称为一个卦限,分别记为 Ⅰ、Ⅱ、Ⅲ、Ⅳ、Ⅴ、Ⅵ、Ⅶ、Ⅷ.

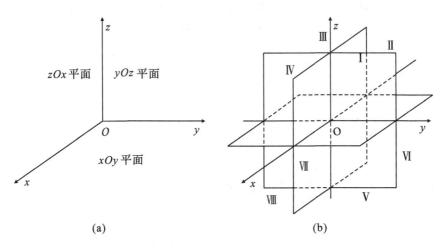

(a)　　　　　　　　　(b)

图 $6-1$　右手直角坐标系

**4. 空间上的点与有序数组的对应关系**

设 $P$ 为空间中任意一点,过 $P$ 作垂直于坐标面 $xOy$ 的直线得到垂足 $P'$,过 $P'$ 分别作与

$x$ 轴、$y$ 轴垂直且相交的直线,过 $P$ 作与 $z$ 轴垂直且相交的
直线,分别得 $x$ 轴、$y$ 轴、$z$ 轴上的三个垂足 $M$、$N$、$R$. 设 $x$,
$y,z$ 分别是 $M$、$N$、$R$ 点在数轴上的坐标. 这样空间内任一点
$P$ 就确定了唯一的一组有序的数组 $x,y,z$,用 $(x,y,z)$
表示.

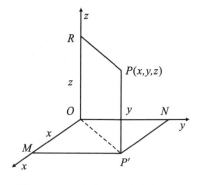

　　反之,任给出一组有序数组 $x,y,z$ 时,它们分别在 $x$
轴、$y$ 轴和 $z$ 轴上的对应点为 $M,N$ 和 $R$. 用类似的方法可以
找到一个点 $P$, 而 $x,y$ 和 $z$ 恰好是点 $P$ 的坐标. 如图
$6-2$ 所示.

图 $6-2$　　$P$ 点位置的确定方法

### 6.1.2　向量的基本概念及线性运算

**1. 向量的基本概念**

定义:向量又称矢量,是既有大小又有方向的量.

表示:有向线段(起点到终点),如 $\overrightarrow{AB}$ 或 $\boldsymbol{a}$

大小(模):$|\overrightarrow{AB}|$ 或 $\boldsymbol{a}$

零向量:$\boldsymbol{0}$(方向任意)

相等:$\boldsymbol{a} = \boldsymbol{b}$,(模相等、方向相同)

**2. 向量的线性运算**

(1) 加法:平行四边形法则或三角形法则.

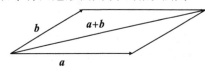

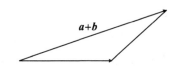

图 $6-3$　平行四边形加法法则　　　　图 $6-4$　三角形加法法则

　　(2) 向量与数的乘法:设 $\boldsymbol{a}$ 为一个非零向量,$\lambda$ 为一实数,$\lambda\boldsymbol{a}$ 称为数乘向量.

　　规定:① $|\lambda\boldsymbol{a}| = |\lambda||\boldsymbol{a}|$;② 当 $\lambda > 0$ 时,$\lambda\boldsymbol{a}$ 与 $\boldsymbol{a}$ 同向;当 $\lambda < 0$ 时,$\lambda\boldsymbol{a}$ 与 $\boldsymbol{a}$ 反向;③ 当 $\lambda = 0$
时,$\lambda\boldsymbol{a} = \overrightarrow{0}$(零向量).

　　向量的数乘满足:

　　结合律:$\mu(\lambda\boldsymbol{a}) = (\mu\lambda)\boldsymbol{a}$

　　数对向量的分配律:$\lambda(\boldsymbol{a}+\boldsymbol{b}) = \lambda\boldsymbol{a}+\lambda\boldsymbol{b}$

　　向量对数的分配律:$(\lambda+\mu)\boldsymbol{a} = \lambda\boldsymbol{a}+\mu\boldsymbol{b}$

　　交换律:$\lambda\boldsymbol{a} = \boldsymbol{a}\lambda$

　　(3) 减法:当 $\lambda\boldsymbol{a}$ 取 $\lambda = -1$ 时,$-\boldsymbol{a}$ 为 $\boldsymbol{a}$ 方向相反的
负向量.

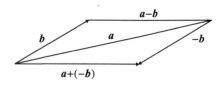

图 $6-5$　平行四边行减法法则

　　引入负向量后,规定 $\boldsymbol{a}$ 与 $\boldsymbol{b}$ 的差,即 $\boldsymbol{a}-\boldsymbol{b} = \boldsymbol{a}+(-\boldsymbol{b})$ 为两向量的减法. 向量的减法也可
按三角形法则进行,只要把 $\boldsymbol{a}$ 与 $\boldsymbol{b}$ 的起点放在一起,$\boldsymbol{a}-\boldsymbol{b}$ 即是以 $\boldsymbol{b}$ 的终点为起点,以 $\boldsymbol{a}$ 的终点
为终点的向量,如图 $6-5$ 所示.

### 6.1.3 向量的坐标表示

**1. 向径及其坐标表示**

**定义 1**：起点在坐标原点 $O$，终点为 $M$ 的向量 $\overrightarrow{OM}$ 称为点 $M$ 的向径(也称为点 $M$ 的位置向量)，记为 $r(M)$ 或 $\overrightarrow{OM}$(如图 6 - 6).

坐标表示：取空间直角坐标系 $Oxyz$，在坐标轴上分别与 $x$ 轴、$y$ 轴、$z$ 轴方向相同的单位向量称为基本单位向量，依次记作 $\boldsymbol{i}, \boldsymbol{j}, \boldsymbol{k}$.

若点 $M$ 的坐标为 $(x, y, z)$，则向量 $\overrightarrow{OA} = x\boldsymbol{i}, \overrightarrow{OB} = y\boldsymbol{i}, \overrightarrow{OC} = z\boldsymbol{i}$ 根据向量的加法法则得

$$\overrightarrow{OM} = \overrightarrow{OM'} + \overrightarrow{M'M} = (\overrightarrow{OA} + \overrightarrow{OB}) + \overrightarrow{OC} = x\boldsymbol{i} + y\boldsymbol{j} + z\boldsymbol{k}$$

还可以简记为 $\{x, y, z\}$，即 $\overrightarrow{OM} = \{x, y, z\}$.

**2. 向量 $\overrightarrow{M_1 M_2}$ 的坐标表示**

设 $M_1(x_1, y_1, z_1), M_2(x_2, y_2, z_2)$，则以 $M_1$ 为起点，$M_2$ 为终点的向量

$$\overrightarrow{M_1 M_2} = \overrightarrow{OM_2} - \overrightarrow{OM_1}$$

如图 6 - 7 所示，$O$ 为坐标原点. 又因为 $\overrightarrow{OM_2}, \overrightarrow{OM_1}$ 均为向径，所以

$$\overrightarrow{M_1 M_2} = (x_2 - x_1)\boldsymbol{i} + (y_2 - y_1)\boldsymbol{j} + (z_2 - z_1)\boldsymbol{k}$$

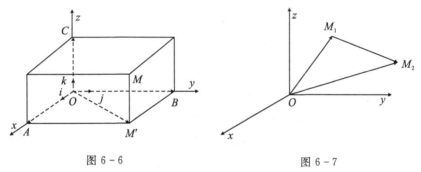

图 6 - 6　　　　　　图 6 - 7

**3. 向量的模**

设在平面直角坐标系 $Oxyz$ 中，向量 $\boldsymbol{a} = a_1\boldsymbol{i} + a_2\boldsymbol{j} + a_3\boldsymbol{k}$，它的模为：$|\boldsymbol{a}| = \sqrt{a_1{}^2 + a_2{}^2 + a_3{}^2}$.

**4. 空间两点间的距离**

空间两点 $M_1(x_1, y_1, z_1), M_2(x_2, y_2, z_2)$ 之间的距离记为 $d(M_1 M_2)$，则

$$d(M_1 M_2) = |\overrightarrow{M_1 M_2}| = \sqrt{(x_2 - x_1)^2 + (y_2 - y_1)^2 + (z_2 - z_1)^2}$$

**5. 坐标表示下的向量运算**

设 $\boldsymbol{a} = a_1\boldsymbol{i} + a_2\boldsymbol{j} + a_3\boldsymbol{k}, \boldsymbol{b} = b_1\boldsymbol{i} + b_2\boldsymbol{j} + b_3\boldsymbol{k}$，则有

(1) $\boldsymbol{a} + \boldsymbol{b} = (a_1 + b_1)\boldsymbol{i} + (a_2 + b_2)\boldsymbol{j} + (a_3 + b_3)\boldsymbol{k}$；

(2) $\lambda\boldsymbol{a} = \lambda a_1\boldsymbol{i} + \lambda a_2\boldsymbol{j} + \lambda a_3\boldsymbol{k}$；

(3) $\boldsymbol{a} - \boldsymbol{b} = (a_1 - b_1)\boldsymbol{i} + (a_2 - b_2)\boldsymbol{j} + (a_3 - b_3)\boldsymbol{k}$；

(4) $\boldsymbol{a} = \boldsymbol{b} \Leftrightarrow a_1 = b_1, a_2 = b_2, a_3 = b_3$；

(5) $\boldsymbol{a} // \boldsymbol{b} \Leftrightarrow \dfrac{a_1}{b_1} = \dfrac{a_2}{b_2} = \dfrac{a_3}{b_3}$.

# 同步练习 6.1

1.选择题.

(1) 在空间直角坐标系 $Oxyz$ 中,点 $p(3,2,-1)$ 关于 $x$ 轴的对称点的坐标为(　　).

(A)$(3,2,1)$；　　　　　　　　　　　(B)$(-3,2,1)$；

(C)$(3,-2,1)$；　　　　　　　　　　(D)$(-3,-2,1)$.

(2) 已知 $\vec{a}=\{\lambda+1,0,2\},\vec{b}=\{6,2\mu-1,2\lambda\}$ 若 $a\ /\!/\ b$,则 $\lambda$ 与 $\mu$ 的值可以是(　　).

(A)$2,\dfrac{1}{2}$；　　　　(B)$-\dfrac{1}{3},\dfrac{1}{2}$；　　　　(C)$-3,2$；　　　　(D)$2,2$.

(3) 如图 $6-8$ 所示,在平行六面体 $ABCD-A_1B_1C_1D_1$ 中,$M$ 为 $A_1C_1$ 与 $B_1D_1$ 的交点.若 $\overrightarrow{AB}=a,\overrightarrow{AD}=b,\overrightarrow{AA_1}=c$,则下列向量中与 $\overrightarrow{BM}$ 相等的向量是(　　).

(A)$-\dfrac{1}{2}\vec{a}+\dfrac{1}{2}\vec{b}+\vec{c}$；　　　　　　(B)$\dfrac{1}{2}\vec{a}+\dfrac{1}{2}\vec{b}+\vec{c}$；

(C)$-\dfrac{1}{2}\vec{a}-\dfrac{1}{2}\vec{b}+\vec{c}$；　　　　　　(D)$\dfrac{1}{2}\vec{a}-\dfrac{1}{2}\vec{b}+\vec{c}$.

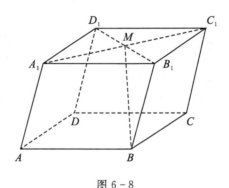

图 6-8

2.已知向量 $\vec{a}=\{1,1,0\},\vec{b}=\{-1,0,2\}$,且 $k\vec{a}+\vec{b}$ 与 $2\vec{a}-\vec{b}$ 互相垂直,则 $k$ 的值为

_____.

3.已知向量 $\vec{a}=\{4,-2,-4\},\vec{b}=\{6,-3,2\}$,则 $(\vec{a}+\vec{b})\cdot(\vec{a}-\vec{b})$ 的值为_____.

# 6.2　向量的点积与叉积

## 6.2.1　向量的点积

### 1.引例

在物理中我们知道,一质点在恒力 $\boldsymbol{F}$ 的作用下,由 $A$ 点沿直线移到 $B$ 点,若力 $\boldsymbol{F}$ 与位移向量 $\overrightarrow{AB}$ 的夹角为 $\theta$,则力 $\boldsymbol{F}$ 所作的功为

$$W=|\vec{F}|\cdot|\overrightarrow{AB}|\cdot\cos\theta$$

实际生活中,我们经常会遇到像这样的乘积.由此,我们引入两向量点积的概念.

**定义 1** 设 $a,b$ 为空间中的两个向量,且 $a$ 与 $b$ 之间的夹角为 $\theta(0 \leqslant \theta \leqslant \pi)$,则称

$$|a||b|\cos\theta$$

为向量 $a$ 与 $b$ 的点积(或数量积),记作 $a \cdot b$,读作"$a$ 点乘 $b$". 即

$$a \cdot b = |a||b|\cos\theta$$

对于任意向量 $a,b$ 及任意实数 $\lambda$,点积满足如下运算规律:

(1) 交换律:$a \cdot b = b \cdot a$;

(2) 分配律:$a \cdot (b+c) = a \cdot b + a \cdot c$;

(3) 结合律:$(\lambda a) \cdot b = \lambda(a \cdot b) = a \cdot (\lambda b)$.

**例 1** 已知基本单位向量 $i,j,k$ 是三个相互垂直的单位向量,求 $i \cdot i, j \cdot j, k \cdot k, i \cdot j,$ $j \cdot k, k \cdot i$.

**解** 由向量点积的定义得

$$i \cdot i = j \cdot j = k \cdot k = 1$$
$$i \cdot j = j \cdot k = k \cdot i = 0$$

**2. 点积的坐标表示**

设向量 $a = x_1 i + y_1 j + z_1 k, b = x_2 i + y_2 j + z_2 k$. 则

$$
\begin{aligned}
a \cdot b &= (x_1 i + y_1 j + z_1 k) \cdot (x_2 i + y_2 j + z_2 k) \\
&= x_1 x_2 (i \cdot i) + x_1 y_2 (i \cdot j) + x_1 z_2 (i \cdot k) \\
&\quad + y_1 x_2 (j \cdot i) + y_1 y_2 (j \cdot j) + y_1 z_2 (j \cdot k) \\
&\quad + z_1 x_2 (k \cdot i) + z_1 y_2 (k \cdot j) + z_1 z_2 (k \cdot k)
\end{aligned}
$$

由于

$$i \cdot i = j \cdot j = k \cdot k = 1$$
$$i \cdot j = j \cdot k = k \cdot i = 0$$

所以 $\qquad a \cdot b = x_1 x_2 + y_1 y_2 + z_1 z_2$

也就是说,在直角坐标系下,两向量的点积等于他们对应坐标乘积之和.

设非零向量 $a = \{x_1,y_1,z_1\}$,向量 $b = \{x_2,y_2,z_2\}$,则

$$|a| = \sqrt{x_1{}^2 + y_1{}^2 + z_1{}^2}, |b| = \sqrt{x_2{}^2 + y_2{}^2 + z_2{}^2}$$

$$\cos\langle a,b \rangle = \frac{a \cdot b}{|a||b|} = \frac{x_1 x_2 + y_1 y_2 + z_1 z_2}{\sqrt{x_1{}^2 + y_1{}^2 + z_1{}^2} \times \sqrt{x_1{}^2 + y_2{}^2 + z_2{}^2}}$$

那么可以得到结论:$a \perp b \Leftrightarrow x_1 x_2 + y_1 y_2 + z_1 z_2 = 0$.

**例 2** 在空间直角坐标系中,设三点 $A(5,-4,1),B(3,2,1),C(2,-5,0)$. 证明:$\triangle ABC$ 是直角三角形.

**证明** 由题意可知

$$\overrightarrow{AB} = \{-2,6,0\}, \overrightarrow{AC} = \{-3,-1,-1\}$$

则

$$\overrightarrow{AB} \cdot \overrightarrow{AC} = (-2) \times (-3) + 6 \times (-1) + 0 \times (-1) = 0$$

所以

$$\overrightarrow{AB} \perp \overrightarrow{AC}$$

即 $\triangle ABC$ 是直角三角形.

**例 3** 设向量 $a = a_1 i + a_2 j + a_3 k$ 与 $x$ 轴,$y$ 轴,$z$ 轴正向的夹角分别为 $\alpha,\beta,\gamma,0 \leqslant \alpha,\beta,$

$\gamma \leqslant \pi$,称其为向量 $\boldsymbol{a}$ 的三个方向角,并称 $\cos\alpha,\cos\beta,\cos\gamma$ 为向量 $\boldsymbol{a}$ 的方向余弦,试证 $\cos\alpha = \dfrac{a_1}{\sqrt{a_1{}^2 + a_2{}^2 + a_3{}^2}},\cos\beta = \dfrac{a_2}{\sqrt{a_1{}^2 + a_2{}^2 + a_3{}^2}},\cos\gamma = \dfrac{a_3}{\sqrt{a_1{}^2 + a_2{}^2 + a_3{}^2}}$,并且 $\cos^2\alpha + \cos^2\beta + \cos^2\gamma = 1$.

**证明:**因为单位向量 $\boldsymbol{i},\boldsymbol{j},\boldsymbol{k}$ 的坐标表达式分别为 $\boldsymbol{i} = \{1,0,0\},\boldsymbol{j} = \{0,1,0\},\boldsymbol{k} = \{0,0,1\}$,于是有

$$\cos\alpha = \frac{\boldsymbol{a} \cdot \boldsymbol{i}}{|\boldsymbol{a}||\boldsymbol{i}|} = \frac{a_1}{\sqrt{a_1{}^2 + a_2{}^2 + a_3{}^2}}$$

$$\cos\beta = \frac{\boldsymbol{a} \cdot \boldsymbol{j}}{|\boldsymbol{a}||\boldsymbol{j}|} = \frac{a_2}{\sqrt{a_1{}^2 + a_2{}^2 + a_3{}^2}}$$

$$\cos\gamma = \frac{\boldsymbol{a} \cdot \boldsymbol{k}}{|\boldsymbol{a}||\boldsymbol{k}|} = \frac{a_3}{\sqrt{a_1{}^2 + a_2{}^2 + a_3{}^2}}$$

且
$$\cos^2\alpha + \cos^2\beta + \cos^2\gamma = 1$$

### 6.2.2　向量的叉积

**1.引例**

设一杠杆的一端 $O$ 固定,力 $\boldsymbol{F}$ 作用于杠杆上的点 $P$ 处,$\boldsymbol{F}$ 与 $\overrightarrow{OP}$ 的夹角为 $\theta$,则杠杆在 $\boldsymbol{F}$ 的作用下绕 $O$ 点转动,这时,可用力矩 $\boldsymbol{M}$ 来描述.力 $\boldsymbol{F}$ 对 $O$ 的力矩 $\boldsymbol{M}$ 是个向量,$\boldsymbol{M}$ 的大小为

$$|\boldsymbol{M}| = |\overrightarrow{OP}||\boldsymbol{F}|\sin(\overrightarrow{OP},\boldsymbol{F})$$

$\boldsymbol{M}$ 的方向与 $\overrightarrow{OP}$ 及 $\boldsymbol{F}$ 都垂直,且 $\overrightarrow{OP},\boldsymbol{F},\boldsymbol{M}$ 的方向依次符合右手螺旋法则,如图 $6-9$ 所示.

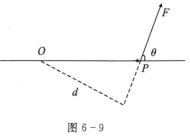

图 $6-9$

实际生活中,我们经常会遇到像这样的情况,由两个向量所决定的另一个向量.由此,我们引入两向量的叉积的概念.

**定义 2**　两个向量 $\boldsymbol{a}$ 和 $\boldsymbol{b}$ 的叉积(也称为向量积)是一个向量,记作 $\boldsymbol{a} \times \boldsymbol{b}$,并由下述规则确定:

(1) 由 $\boldsymbol{a},\boldsymbol{b}$ 所决定的向量为 $\boldsymbol{c}$,其模为 $|\boldsymbol{c}| = |\boldsymbol{a}||\boldsymbol{b}|\sin\langle\boldsymbol{a},\boldsymbol{b}\rangle$.

(2) $\boldsymbol{a} \times \boldsymbol{b}$ 的方向规定为:$\boldsymbol{a} \times \boldsymbol{b}$ 既垂直于 $\boldsymbol{a}$ 又垂直于 $\boldsymbol{b}$,并且按顺序 $\boldsymbol{a},\boldsymbol{b},\boldsymbol{a} \times \boldsymbol{b}$ 符合右手螺旋法则(如图 $6-10$).

**注:**(1) 向量 $\boldsymbol{a}$ 与向量 $\boldsymbol{b}$ 的向量积 $\boldsymbol{a} \times \boldsymbol{b}$ 是一个向量,其模 $|\boldsymbol{a} \times \boldsymbol{b}|$ 的几何意义是以 $\boldsymbol{a},\boldsymbol{b}$ 为邻边的平行四边形的面积.

(2) 对两个非零向量 $\boldsymbol{a}$ 和 $\boldsymbol{b}$,$\boldsymbol{a}$ 与 $\boldsymbol{b}$ 平行(即平行)的充要条件是它们的向量积为零向量.即

$$\boldsymbol{a} /\!/ \boldsymbol{b} \Leftrightarrow \boldsymbol{a} \times \boldsymbol{b} = 0$$

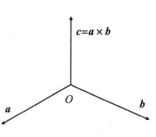

图 $6-10$　a×b 的表示

叉积的运算满足如下性质:

对任意向量 $\boldsymbol{a},\boldsymbol{b}$ 及任意实数 $\lambda$,有

(1) 反交换律:$\boldsymbol{a} \times \boldsymbol{b} = -\boldsymbol{b} \times \boldsymbol{a}$

(2) 分配律:$\boldsymbol{a} \times (\boldsymbol{b} + \boldsymbol{c}) = \boldsymbol{a} \times \boldsymbol{b} + \boldsymbol{a} \times \boldsymbol{c}$(左分配律)

$$(a+b) \times c = a \times c + b \times c (右分配律)$$

(3) 与数乘的结合律：$(\lambda a) \times b = \lambda(a \times b) = a \times (\lambda b)$

**2. 叉积的坐标表示**

**例 4**　对坐标向量 $i, j, k$，求 $i \times i, j \times j, k \times k, i \times j, j \times k, k \times i$.

**解**　由叉积的定义可知

$$i \times i = j \times j = k \times k = 0$$
$$i \times j = k, j \times k = i, k \times i = j$$

在空间直角坐标系下，

设向量 $a = x_1 i + y_1 j + z_1 k, b = x_2 i + y_2 j + z_2 k$，

由 $i \times i = j \times j = k \times k = 0, i \times j = k, j \times k = i, k \times i = j, j \times i = -k, k \times j = -i,$

$i \times k = -j.$

得 $a \times b = (x_1 i + y_1 j + z_1 k) \times (x_2 i + y_2 j + z_2 k)$

$$= x_1 x_2 (i \times i) + x_1 y_2 (i \times j) + x_1 z_2 (i \times k)$$
$$+ y_1 x_2 (j \times i) + y_1 y_2 (j \times j) + y_1 z_2 (j \times k)$$
$$+ z_1 x_2 (k \times i) + z_1 y_2 (k \times j) + z_1 z_2 (k \times k)$$
$$= (x_1 y_2 - y_1 x_2)(i \times j) + (y_1 z_2 - z_1 y_2)(j \times k) - (x_1 z_2 - z_1 x_2)(k \times i)$$
$$= (y_1 z_2 - z_1 y_2)i - (x_1 z_2 - z_1 x_2)j + (x_1 y_2 - y_1 x_2)k$$

为了便于记忆，用行列式表示，将三阶行列式按第一行展开，有

$$a \times b = \begin{vmatrix} i & j & k \\ x_1 & y_1 & z_1 \\ x_2 & y_2 & z_2 \end{vmatrix} = \begin{vmatrix} y_1 & z_1 \\ y_2 & z_2 \end{vmatrix} i - \begin{vmatrix} x_1 & z_1 \\ x_2 & z_2 \end{vmatrix} j + \begin{vmatrix} x_1 & y_1 \\ x_2 & y_2 \end{vmatrix} k$$

**例 5**　设向量 $a = \{1, -2, -1\}, b = \{2, 0, 1\}$，求 $a \times b$ 的坐标表示.

**解**　$a \times b = \begin{vmatrix} i & j & k \\ 1 & -2 & -1 \\ 2 & 0 & 1 \end{vmatrix} = \begin{vmatrix} -2 & -1 \\ 0 & 1 \end{vmatrix} i - \begin{vmatrix} 1 & -1 \\ 2 & 1 \end{vmatrix} j + \begin{vmatrix} 1 & -2 \\ 2 & 0 \end{vmatrix} k = -2i - 3j + 4k.$

因此 $a \times b$ 的坐标表示为 $\{-2, -3, 4\}$.

# 同步练习 6.2

1. 设 $|\vec{a}| = 2, |\vec{b}| = 4, [a, b] = \dfrac{\pi}{3}$，求 $\vec{a} \cdot \vec{b}$、$(2\vec{a} - \vec{b}) \cdot \vec{b}$.

2. 在空间直角坐标系中，已知 $\vec{a} = \{-1, 2, 3\}, \vec{b} = \{2, -2, 1\}$，求

(1) $\vec{a} \cdot \vec{b}$；　　　　　(2) $2\vec{a} \cdot 5\vec{b}$；　　　　(3) $|\vec{a}|$；

(4) 向量 $\vec{a}$ 与 $\vec{b}$ 向量的夹角.

3. 判断题.

(1) 满足 $\vec{a} \neq 0, \vec{b} \neq 0, \vec{a} \times \vec{b} = 0$ 的向量与平行，可能同向或反向. 　　　　　（　　）

(2) $\vec{a} \times \vec{b}$ 的大小表示 $a, b$ 两向量构成的平行四边形的面积. 　　　　　（　　）

(3) $\overrightarrow{ab} = \overrightarrow{ac}$ 即 $\overrightarrow{a} \cdot (\overrightarrow{b} - \overrightarrow{c}) = 0$，所以 $\overrightarrow{a} \perp (\overrightarrow{b} - \overrightarrow{c})$.　　　　　　　　　（　　）

4. 已知三点 $M(1,1,1),A(2,2,1)$ 和 $B(2,1,2)$，求 $\angle AMB$ 及 $\triangle AMB$ 的面积.

5. 已知空间中四点 $A(1,1,1),B(4,4,4),C(3,5,5),D(2,4,7)$ 求四边体 $ABCD$ 的面积.

# 6.3　平面与直线

## 6.3.1　平面的方程

### 1. 平面的点法式方程

若一个非零向量 $n$ 垂直于平面 $\pi$，则称向量 $n$ 为平面 $\pi$ 的一个法向量（也称为 $\pi$ 的法矢）. 若 $n$ 是平面 $\pi$ 的一个法向量，则 $\lambda n$（$\lambda$ 为任意非零实数）都是 $\pi$ 的法向量. 设平面 $\pi$ 过点 $M_0(x_0,y_0,z_0)$，$n = \{A,B,C\}$ 为其一法向量，下面推导平面 $\pi$ 的方程.

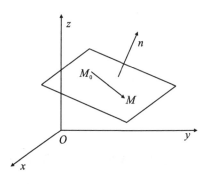

图 6 - 11

设 $M(x,y,z)$ 为平面 $\pi$ 上的任一点（如图 6 - 11），则 $\overrightarrow{M_0M}$ 在平面 $\pi$ 上，由于 $n \perp \pi$，因此 $n \perp \overrightarrow{M_0M}$. 由两向量垂直的充要条件得 $n \cdot \overrightarrow{M_0M} = 0$.

而
$$\overrightarrow{M_0M} = \{x - x_0, y - y_0, z - z_0\}, \quad n = \{A,B,C\}$$
所以
$$A(x - x_0) + B(y - y_0) + C(z - z_0) = 0$$

由于平面 $\pi$ 上任意一点 $M(x,y,z)$ 都满足该方程，而不在平面 $\pi$ 上的点都不满足该方程，因此该方程就是平面 $\pi$ 的方程.

由于方程是由定点 $M_0(x_0,y_0,z_0)$ 和法向量 $n = \{A,B,C\}$ 所确定的，因此称上式为平面 $\pi$ 的点法式方程.

**例 1**　求通过点 $M_0(1,-2,4)$ 且垂直于向量 $n = \{3,-2,1\}$ 的平面方程.

**解**　由于 $n = \{3,-2,1\}$ 为所求平面的一个法向量，$M_0(1,-2,4)$ 为平面上的已知点，所以，由平面的点法式方程可得所求平面的方程为
$$3(x-1) - 2 \cdot (y+2) + 1 \cdot (z-4) = 0$$
整理，得
$$3x - 2y + z - 11 = 0$$

### 2. 平面的一般式方程

展开平面的点法式方程，得
$$Ax + By + Cz - (Ax_0 + By_0 + Cz_0) = 0$$
设 $D = -(Ax_0 + By_0 + Cz_0)$，则
$$Ax + By + Cz + D = 0 \quad (A,B,C \text{ 不全为 } 0). \tag{6-1}$$
即任意一个平面的方程都是 $x,y,z$ 的一次方程. 反之，任意一个含有 $x,y,z$ 的一次方程

都表示一个平面.

事实上,设 $M_0(x_0,y_0,z_0)$ 是满足方程的一组解,则

$$Ax_0 + By_0 + Cz_0 + D = 0. \tag{6-2}$$

式(6-1)减去式(6-2),得

$$A(x-x_0) + B(y-y_0) + C(z-z_0) = 0$$

这是过点 $(x_0,y_0,z_0)$ 且以 $\{A,B,C\}$ 为法向量的平面方程.因此称方程(6-1)为平面的一般方程.其中 $\{A,B,C\}$ 是该平面的一个法向量.

**例 2**　求过点 $O(0,0,0),B_1(0,0,1),B_2(0,1,1)$ 的平面方程.

**解**　因为点 $O(0,0,0),B_1(0,0,1),B_2(0,1,1)$ 不在一条直线上,所以,这三点唯一确定一个平面,令所求平面方程为

$$Ax + By + Cz + D = 0$$

将三点坐标分别代入上式得 $\begin{cases} A0 + B0 + C0 + D = 0 \\ A0 + B0 + C1 + D = 0 \\ A0 + B1 + C1 + D = 0, \end{cases}$

解得 $D = 0, C = 0, B = 0$,于是得 $Ax = 0(A \neq 0)$,即 $x = 0$ 为所求平面方程.

**3.平面的截距式方程**

**例 3**　求过三点 $A(a,0,0),B(0,b,0),C(0,0,c)(a,b,c$ 不全为 0)的平面 $\pi$ 的方程.

**解**　所求平面 $\pi$ 的法向量必定同时垂直于 $\overrightarrow{AB}$ 与 $\overrightarrow{AC}$.因此可取 $\overrightarrow{AB}$ 与 $\overrightarrow{AC}$ 的叉积 $\overrightarrow{AB} \times \overrightarrow{AC}$ 为该平面的一个法向量 $\boldsymbol{n}$.即

$$\boldsymbol{n} = \overrightarrow{AB} \times \overrightarrow{AC}$$

由于

$$\overrightarrow{AB} = \{-a,b,0\}, \overrightarrow{AC} = \{-a,0,c\}$$

因此

$$\boldsymbol{n} = \overrightarrow{AB} \times \overrightarrow{AC} = \begin{vmatrix} \boldsymbol{i} & \boldsymbol{j} & \boldsymbol{k} \\ -a & b & 0 \\ -a & 0 & c \end{vmatrix} = bc\boldsymbol{i} + ac\boldsymbol{j} + ab\boldsymbol{k}$$

即

$$\boldsymbol{n} = \{bc,ac,ab\}$$

因此所求平面 $\pi$ 的方程为

$$bc(x-a) + ac(y-0) + ab(z-0) = 0$$

化简得

$$bcx + acy + abz = abc$$

由于 $a,b,c$ 不全为 0,将两边同时除以 $abc$,得到该平面的方程为

$$\frac{x}{a} + \frac{y}{b} + \frac{z}{c} = 1 \tag{6-3}$$

此题中的 $A$、$B$、$C$ 三点为平面与三个坐标轴的交点,我们把这三个点的坐标分量 $a,b,c$ 分别叫做该平面在 $x$ 轴,$y$ 轴和 $z$ 轴上的截距,式(6-3)称为平面 $\pi$ 的截距式方程.

### 6.3.2　直线的方程

**1. 直线的点向式方程**

如果一个非零向量 $s$ 与直线 $l$ 平行,则称向量 $s$ 是直线 $l$ 的方向向量.

设 $M_0(x_0,y_0,z_0)$ 是直线 $l$ 上的一个点,$s=\{m,n,p\}$ 为 $l$ 的一个方向向量,求直线 $l$ 的方程.

设 $M(x,y,z)$ 为直线 $l$ 上的任一点,由于 $\overrightarrow{M_0M}$ 在直线 $l$ 上,所以 $\overrightarrow{M_0M}\ /\!/\ s$,即 $\overrightarrow{M_0M}=\lambda s$. 而 $\overrightarrow{M_0M}$ 的坐标为 $\{x-x_0,y-y_0,z-z_0\}$,因此有

$$\begin{cases} x-x_0=\lambda m \\ y-y_0=\lambda n \\ z-z_0=\lambda p \end{cases}$$

消去 $\lambda$ 得

$$\frac{x-x_0}{m}=\frac{y-y_0}{n}=\frac{z-z_0}{p} \tag{6-4}$$

因为直线 $l$ 上任一点的坐标都满足方程(6-4),而不在直线 $l$ 上的点的坐标都不满足该方程,所以式(6-4)为直线 $l$ 的方程,其中 $(x_0,y_0,z_0)$ 是直线 $l$ 上的已知点,$\{m,n,p\}$ 为直线 $l$ 的方向向量,因此式(6-4)称为直线 $l$ 的点向式方程.

**注**　由于直线 $l$ 的方向向量 $s\neq \mathbf{0}$,所以 $m,n,p$ 不全为 $0$,但是有一个为 $0$ 时,如 $m=0$ 时,应理解为

$$\begin{cases} x-x_0=0, \\ \dfrac{y-y_0}{n}=\dfrac{z-z_0}{p} \end{cases}$$

该直线与 $yOz$ 平面平行.

当方向向量 $s=\{m,n,p\}$ 中有两个分量为 $0$,如 $m=0,n=0$,此时方程应理解为

$$\begin{cases} x-x_0=0 \\ y-y_0=0 \end{cases}$$

该直线平行于 $z$ 坐标轴.

**例 4**　设直线 $l$ 过两点 $A(-1,2,3)$ 和 $B(2,0,-1)$,求直线 $l$ 的方程.

**解**　直线 $l$ 的一个方向向量为 $\overrightarrow{AB}$,则

$$\overrightarrow{AB}=\{3,-2,-4\}$$

由直线的点向式方程可得 $l$ 的方程为

$$\frac{x+1}{3}=\frac{y-2}{-2}=\frac{z-3}{-4}$$

**2. 直线的一般式方程**

空间直线可看成是两个平面的交线,所以将两个平面方程联立起来就代表空间直线的方程.

设两个平面的方程为

$$\pi_1:A_1x+B_1y+C_1z+D_1=0$$
$$\pi_2:A_2x+B_2y+C_2z+D_2=0$$

则

$$\begin{cases} A_1 x + B_1 y + C_1 z + D_1 = 0 \\ A_2 x + B_2 y + C_2 z + D_2 = 0 \end{cases}$$

表示一条直线,其中 $A_1, B_1, C_1$ 与 $A_2, B_2, C_2$ 不成比例. 称为直线的一般式方程.

**例 5**    将直线的一般式方程

$$\begin{cases} 2x - y + 3z - 1 = 0 \\ 3x + 2y - z - 12 = 0 \end{cases}$$

化为点向式方程.

**解**    先求直线上一点 $M_0$,不妨设 $z = 0$,代入方程中得

$$\begin{cases} 2x - y - 1 = 0 \\ 3x + 2y - 12 = 0 \end{cases}$$

解之,得

$$x = 2, y = 3$$

所以 $M_0(2,3,0)$ 为直线上的一点.

再求直线的一个方向向量 $s$. 由于直线与两个平面的法向量 $n_1$、$n_2$ 都垂直,其中 $n_1 = \{2, -1, 3\}$,$n_2 = \{3, 2, -1\}$,因此可用 $n_1 \times n_2$ 作为直线的一个方向向量 $s$.

$$s = n_1 \times n_2 = \begin{vmatrix} i & j & k \\ 2 & -1 & 3 \\ 3 & 2 & -1 \end{vmatrix} = -5i + 11j + 7k$$

即

$$s = \{-5, 11, 7\}$$

于是,该直线的点向式方程为

$$\frac{x-2}{-5} = \frac{y-3}{11} = \frac{z}{7}$$

**例 6**    设平面 $\pi_1$ 的方程为 $2x - y + 2z + 1 = 0$,平面 $\pi_2$ 的方程为 $x - y + 5 = 0$,求 $\pi_1$ 与 $\pi_2$ 的夹角.

**解**    两平面的夹角即是其法向量的夹角,设 $\pi_1$ 的法向量为 $n_1$,$\pi_2$ 的法向量为 $n_2$,则

$$n_1 = \{2, -1, 2\}, n_2 = \{1, -1, 0\}$$

所以    $\cos\theta = \dfrac{n_1 \cdot n_2}{|n_1||n_2|} = \dfrac{2 \times 1 + (-1) \times (-1) + 2 \times 0}{\sqrt{2^2 + (-1)^2 + 2^2} \sqrt{1^2 + (-1)^2 + 0^2}} = \dfrac{\sqrt{2}}{2}$

即    $\theta = \arccos \dfrac{\sqrt{2}}{2} = \dfrac{\pi}{4}$    为两平面 $\pi_1$ 与 $\pi_2$ 的夹角.

**注**:两平面间的位置关系完全由其法向量决定,因此两平面平行(垂直)的充要条件是其法向量互相平行(垂直);同样两直线间的位置关系完全由其方向向量决定,因此,两直线平行(垂直)的充要条件是其方向向量互相平行(垂直).

## 6.3.3    直线与平面的位置关系

直线与它在平面上的投影之间的夹角 $\varphi\left(0 \leqslant \varphi \leqslant \dfrac{\pi}{2}\right)$,称为直线与平面的夹角(如图

6-12). 设直线 $l: \dfrac{x-x_0}{m} = \dfrac{y-y_0}{n} = \dfrac{z-z_0}{p}$,平面 $\pi: Ax+By+Cz+D=0$,则直线 $l$ 的方向向量为 $\boldsymbol{s} = \{m,n,p\}$,平面 $\pi$ 的法向量为 $\boldsymbol{n} = \{A,B,C\}$.

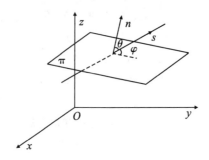

图 6-12

设直线 $l$ 与平面 $\pi$ 的法线之间的夹角为 $\theta$,则 $\varphi = \dfrac{\pi}{2} - \theta$. 所以,

$$\sin\varphi = |\cos\theta| = \frac{|\boldsymbol{s} \cdot \boldsymbol{n}|}{|\boldsymbol{s}| \cdot |\boldsymbol{n}|} = \frac{|Am+Bn+Cp|}{\sqrt{m^2+n^2+p^2} \cdot \sqrt{A^2+B^2+C^2}}$$

# 同步练习 6.3

1. 写出过点 $A(1,2,3)$,且以 $\vec{n} = \{2,2,1\}$ 为法向量的平面方程.

2. 写出过点 $A(1,0,0)$、$B(0,1,0)$、$C(0,0,1)$ 的平面方程.

3. 求过点 $(0,0,1)$,且与平面 $3x+4y+2z=1$ 平行的平面方程.

4. 将平面方程 $2x+3y-z+18=0$ 化为截距式方程,并指出其在坐标轴上的截距.

5. 过点 $M_0(1,2,3)$ 且以 $\vec{n} = \{2,2,1\}$ 为法向量的平面.

6. 过三点 $A(1,0,0)$,$B(0,1,0)$,$C(0,0,1)$ 的平面.

7. 过点 $(0,0,1)$ 且与平面 $3x+4y+2z=1$ 平行的平面.

8. 求直线 $\begin{cases} x+y+z=-1 \\ 2x-y+3z=-4 \end{cases}$ 的点向式方程.

9. 通过点 $p(2,0,-1)$,且又通过直线 $\dfrac{x+2}{2} = \dfrac{y}{-1} = \dfrac{z-2}{3}$ 的平面.

10. 通过直线 $\dfrac{x-1}{2} = \dfrac{y+2}{-3} = \dfrac{z-2}{2}$ 且与平面 $3x+2y-z-5=0$ 垂直的平面.

# 6.4    曲面与空间曲线

## 6.4.1    曲面方程的概念

**定义 1**    如果曲面 $\Sigma$ 上每一点的坐标都满足方程 $F(x,y,z)=0$,而不在曲面 $\Sigma$ 上的点的坐标都不满足这个方程,则称方程 $F(x,y,z)=0$ 为曲面 $\Sigma$ 的方程,称曲面 $\Sigma$ 为此方程的图形.

**例 1**　求球心在 $(x_0, y_0, z_0)$,半径为 $R$ 的球面方程.

**解**　设定点 $C(x_0, y_0, z_0)$,半径为 $R$,设 $M(x, y, z)$ 是球面上任一点,则

$$|\overrightarrow{MC}| = R$$

即

$$\sqrt{(x-x_0)^2 + (y-y_0)^2 + (z-z_0)^2} = R$$

两边平方,得

$$(x-x_0)^2 + (y-y_0)^2 + (z-z_0)^2 = R^2$$

显然,球面上的点的坐标都满足该方程,而不在球面上的点的坐标都不满足该方程,所以上式方程就是以 $C(x_0, y_0, z_0)$ 为球心,以 $R$ 为半径的球面方程.特别地,以坐标原点为球心,以 $R$ 半径的球面方程为

$$x^2 + y^2 + z^2 = R^2$$

## 6.4.2　母线平行于坐标轴的柱面

直线 $L$ 沿空间一条曲线 $C$ 平行移动所形成的曲面称为柱面.动直线 $L$ 称为柱面的母线,定曲线 $C$ 称为柱面的准线,如图 $6-13$ 所示.

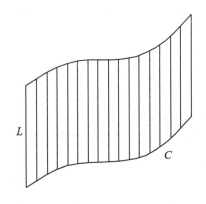

图 $6-13$　柱面

常见的柱面有:

圆柱面:$x^2 + y^2 = R^2$;　　　　　　　　椭圆柱面:$\dfrac{x^2}{a^2} + \dfrac{y^2}{b^2} = 1$;

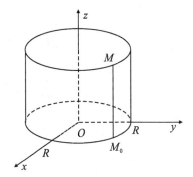

图 $6-14$　圆柱面

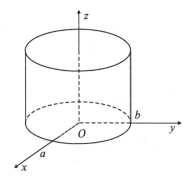

图 $6-15$　椭圆柱面

双曲柱面：$\dfrac{y^2}{b^2} - \dfrac{x^2}{a^2} = 1$；　　　　　　　　抛物面：$x^2 = 2py$.

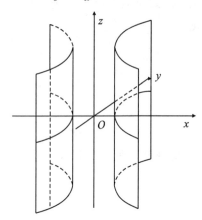

图 6-16　双曲柱面

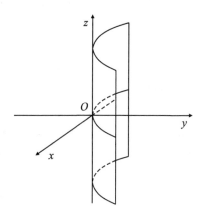

图 6-17　抛物面

注：若曲面方程为 $F(x,y) = 0$，则它表示的是母线平行于 $z$ 轴，准线为 $xOy$ 平面的一条曲线 $C$($C$ 在平面直角坐标系中的方程为 $F(x,y) = 0$) 的柱面.

如圆柱面：$x^2 + y^2 = R^2$，它就是以 $xOy$ 平面上的圆作为准线，以平行于 $z$ 轴的直线作为母线形成的柱面.

### 6.4.3　旋转曲面

一平面曲线 $C$ 绕同一平面内的一条定直线 $L$ 旋转所形成的曲面称为旋转曲面. 曲线 $C$ 称为旋转曲面的母线，定直线 $L$ 称为旋转曲面的旋转轴.

设在 $yoz$ 平面上有一条已知曲线 $C$，它在平面直角坐标系中的方程是 $F(y,z) = 0$，求此曲线 $C$ 绕 $z$ 轴旋转一周所形成的旋转曲面的方程(如图 6-18). 设 $M(x,y,z)$ 为旋转曲面上的任一点，并假定 $M$ 点是由曲线 $C$ 上的点 $M_1(0,y_1,z_1)$ 绕 $z$ 轴旋转到一定角度而得到的，因此 $z = z_1$，且点 $M$ 到 $z$ 轴的距离与 $M_1$ 到 $z$ 轴的距离相等. 而 $M$ 到 $z$ 轴的距离为 $\sqrt{x^2 + y^2}$，$M_1$ 到 $z$ 轴的距离为 $\sqrt{y_1^{\,2}} = |y_1|$，即

$$y_1 = \pm \sqrt{x^2 + y^2}$$

又因为 $M_1$ 在 $C$ 上，因而 $F(y_1,z_1) = 0$，将上式代入得

$$F(\pm \sqrt{x^2 + y^2}, z) = 0$$

即旋转曲面上任一点 $M(x,y,z)$ 的坐标满足方程

$$F(\pm \sqrt{x^2 + y^2}, z) = 0$$

旋转曲面上的点都满足方程 $F(\pm \sqrt{x^2 + y^2}, z) = 0$，而不在旋转曲面上的点都不满足该方程，故此方程是母线为 $C$，旋转轴为 $z$ 轴的旋转曲面的方程.

注：此例说明，若旋转曲面的母线 $C$ 在 $yOz$ 平面上，它在平面直角坐标系中的方程为 $F(y,z) = 0$，则要写出曲线 $C$ 绕 $z$ 轴旋转的旋转曲面的方程，只需将方程 $F(y,z) = 0$ 中的 $y$

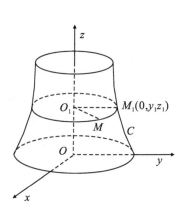

图 6-18　旋转曲面

换成 $\pm\sqrt{x^2+y^2}$ 即可.

同理,曲线 $C$ 绕 $y$ 轴旋转的旋转曲面的方程为 $F(y,\pm\sqrt{x^2+z^2})=0$,即将 $F(y,z)=0$ 中的 $z$ 换成 $\pm\sqrt{x^2+z^2}$.

**例 1**　求 $xOy$ 平面上的双曲线 $\dfrac{x^2}{9}-\dfrac{y^2}{4}=1$ 绕 $x$ 轴旋转形成的旋转曲面的方程.

**解**　由于绕 $x$ 轴旋转,只需将方程

$$\frac{x^2}{9}-\frac{y^2}{4}=1$$

中的 $y$ 换成 $\pm\sqrt{y^2+z^2}$ 即可,所以,所求的旋转曲面的方程为

$$\frac{x^2}{9}-\frac{y^2+z^2}{4}=1$$

该曲面为旋转双叶双曲面.

### 6.4.4　二次曲面

在空间直角坐标系中,若 $F(x,y,z)=0$ 是一次方程,则它的图形是一个平面,平面也称为一次曲面.若它的方程是二次方程,则它的图形称为二次曲面.

常见的二次曲面有椭球面(如图 6-19)、椭圆抛物面(如图 6-20)、单叶双曲面(如图 6-21)、双叶双曲面(如图 6-22)等,它们的形状可以通过截痕法讨论.下面我们用截痕法讨论一下椭球面的形状.

方程　　　　　　　$\dfrac{x^2}{a^2}+\dfrac{y^2}{b^2}+\dfrac{z^2}{c^2}=1$　$(a>0,b>0,c>0)$

所表示的曲面称为椭球面,$a,b,c$ 称为椭球面的半轴.

由方程 $\dfrac{x^2}{a^2}+\dfrac{y^2}{b^2}+\dfrac{z^2}{c^2}=1$　　可知　　$\dfrac{x^2}{a^2}\leqslant 1,\dfrac{y^2}{b^2}\leqslant 1,\dfrac{z^2}{c^2}\leqslant 1$

即 $|x|\leqslant a,|y|\leqslant b,|z|\leqslant c$,由此可见,曲面包含在 $x=\pm a,y=\pm b,z=\pm c$ 这 6 个平面所围成的长方体内.下面用截痕法讨论这个曲面的形状.

用 $xoy$ 坐标面 $z=0$ 和平行于 $xoy$ 坐标面的平面 $z=h(|h|\leqslant c)$ 去截曲面,其截痕为椭圆,且 $|h|$ 由 0 逐渐增大到 $c$ 时,椭圆由大变小,逐渐缩为一点.同样用 $zox$ 坐标面与平行于 $zox$ 坐标面的平面去截曲面和用 $yoz$ 坐标面与平行于 $yoz$ 坐标面的平面去截曲面,对截取的交线进行分析,方法与上述的相同.

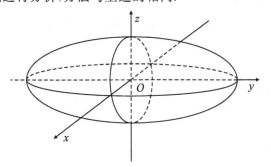

图 6-19　椭球面

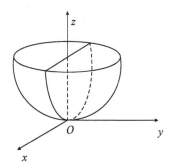

图 6-20　椭圆抛物面

综合上述讨论,知方程$\dfrac{x^2}{a^2}+\dfrac{y^2}{b^2}+\dfrac{z^2}{c^2}=1$所表示的曲面形状如图6-19所示.

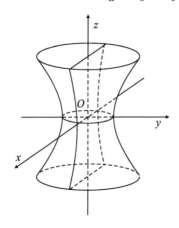

图6-21　单叶双曲面

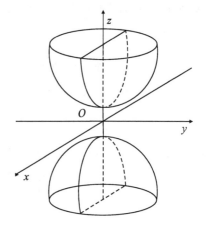

图6-22　双叶双曲面图

## 6.4.5　空间曲线及其在坐标面上的投影

### 1. 一般式方程

设曲面$\Sigma_1$的方程为$F_1(x,y,z)=0$,$\Sigma_2$的方程为$F_2(x,y,z)=0$,则交线$C$上的点必定同时满足$\Sigma_1$,$\Sigma_2$的方程.不在$C$上的点一定不能同时满足这两个方程.因此,联立方程组

$$\begin{cases}F_1(x,y,z)=0\\ F_2(x,y,z)=0\end{cases}$$

即为空间曲线$C$的方程,它称为空间曲线的一般式方程.

### 2. 参数方程

空间曲线除了可用一般式表示外,还常用参数方程表示

$$\begin{cases}x=x(t)\\ y=y(t)\qquad(\alpha\leqslant t\leqslant\beta)\\ z=z(t)\end{cases}$$

### 3. 空间曲线在坐标面上的投影

（1）投影柱面:设$\Gamma$为空间已知曲线,以$\Gamma$为准线、平行于$z$轴的直线为母线的柱面称为空间曲线$\Gamma$关于$xoy$坐标面的投影柱面.类似地,可以定义$yoz$,$xoz$坐标面的投影柱面.

（2）投影曲线:投影柱面与投影坐标平面的交线称为空间曲线在坐标平面的投影曲线.

（3）投影曲线的求法.

设空间曲线$\Gamma$:

$$\begin{cases}F_1(x,y,z)=0\\ F_2(x,y,z)=0\end{cases}\qquad(6-5)$$

消去$z$,得

$$F(x,y)=0\qquad(6-6)$$

这说明曲线$\Gamma$上所有点都在由方程(6-6)所表示的曲面上,而(6-6)是一个母线平行于$z$轴的柱面,因此柱面$F(x,y)=0$就是曲线$\Gamma$关于$xoy$坐标面的投影柱面.而方程组

$$\begin{cases} F(x,y) = 0 \\ z = 0 \end{cases}$$

就是曲线 $\Gamma$ 在 $xoy$ 坐标面上的投影曲线方程.同理,消去(6-5)中的变量 $x$ 或 $y$,则分别得到曲线 $\Gamma$ 在 $yoz$ 坐标面或 $xoz$ 坐标面的投影曲线,即

$$\begin{cases} G(y,z) = 0 \\ x = 0 \end{cases} \quad 或 \quad \begin{cases} H(x,z) = 0 \\ y = 0 \end{cases}$$

**例 2**　求曲线 $\Gamma:\begin{cases} z = \sqrt{x^2 + y^2} \\ x^2 + y^2 + z^2 = 1 \end{cases}$ 在 $xoy$　坐标面的投影方程.

**解**　从方程中消去 $z$,得

$$x^2 + y^2 = \frac{1}{2}$$

得到一个母线平行于 $z$ 轴的圆柱面,所以曲线 $\Gamma$ 在 $xoy$ 坐标面上的投影方程为

$$\begin{cases} x^2 + y^2 = \dfrac{1}{2} \\ z = 0 \end{cases}$$

如图 6-23 所示.

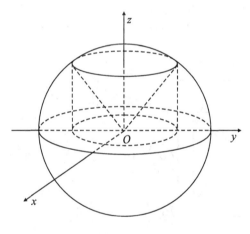

图 6-23

# 同步习题 6.4

1.求出与 $A(1,3,-1)$ 和 $B(-2,4,3)$ 等距离的点的轨迹方程.

2.一球面通过 $(1,-2,0)$、$(1,0,2)$、$(3,-2,2)$、$(1,-2,4)$ 4 点,求该球面方程.

3.求与点 $A(1,-1,1)$ 以及点 $B(-2,2,1)$ 距离之比为 1:2 的点的全体组成的曲面方程.

4.下列方程表示什么曲面?

(1)$x^2 + y^2 + z^2 + 2x - 4y - 3 = 0$;

(2)$x^2 + y^2 + z^2 - 2x + 2y - 2z = 0$;

5.求下列旋转曲面的方程及其名称.

(1)$xoy$ 平面上的曲线 $\begin{cases} 3x^2 - 2y^2 = 6 \\ z = 0 \end{cases}$ 分别绕 $x$ 轴、$y$ 轴旋转一周；

(2)$yoz$ 平面上的曲线 $\begin{cases} 2y^2 + 1 = 0 \\ x = 0 \end{cases}$ 绕 $z$ 轴旋转一周；

(3)$zox$ 平面上的曲线 $\begin{cases} 4x^2 + 9z^2 = 36 \\ y = 0 \end{cases}$ 分别绕 $x$ 轴、$z$ 轴旋转一周.

6.下列方程组在平面直角坐标系和空间直角坐标系中各表示什么图形？

(1)$\begin{cases} x + 2y - 6 = 0 \\ 3x - y - 3 = 0 \end{cases}$；　　　　　　　(2)$\begin{cases} x^2 + y^2 = 4 \\ x + y = 2 \end{cases}$；

(3)$\begin{cases} \dfrac{x^2}{4} - \dfrac{y^2}{9} = 1 \\ x = -2. \end{cases}$

## 6.5　应用案例

如图 6-24，月牙肋岔管的壳体主要包括主锥管和支锥管两部分，其中主锥管一般由若干节倒锥管组成，支锥管由 2 个正锥管组成，三者有一公切球.锥管表面的交线即为锥锥相交的相贯线，其中公切于一球的锥体表面相贯线实际上就是锥管表面的截交线.

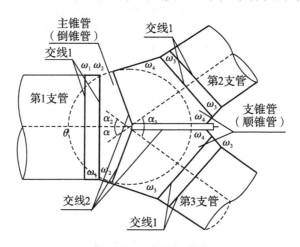

图 6-24　月牙肋岔管

这种组合虽结构合理，但单岔管（维管）表面交线的图解较为复杂，不同位置的锥管表面交线空间形状可能是直线、圆、椭圆、抛物线、双曲线、高次曲线等形式，而多种交线求解的有关理论语句缺乏.

截交线是因被切割而在物体表面形成的交线.锥管表面的截交线形状主要由半锥顶角和截平面的位置来确定.如图 6-25所示，建立 $XOZ$ 坐标下锥管表面方程和 $X'OZ'$ 坐标系下的平面方程，其中 $\omega$ 表示锥管的半锥顶角，$\theta$ 为锥管的顶角，$\alpha$ 为截平面对 $X$ 轴的倾角（$0 \leqslant \alpha \leqslant 90°$），$\omega + \theta = 90°$（$0° \leqslant \omega$、$\theta \leqslant 90°$）.

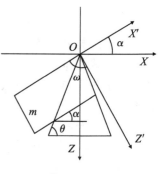

图 6-25

锥管曲面在 $XOZ$ 坐标系中的方程为

$$X^2 + Y^2 = (Z\tan\omega)^2 \tag{6-7}$$

进行坐标转换可得

$$\begin{cases} X = X'\cos\alpha - (Z\tan\omega)^2 \\ Y = Y' \\ Z = X'\sin\alpha + Z'\cos\alpha \end{cases} \tag{6-8}$$

化为 $X'OZ'$ 坐标系中的方程为

$$(X'\cos\alpha - Z'\cos\alpha) + Y^2 = \left[ (X'\sin\alpha + Z'\cos\alpha)\tan\omega \right]^2 \tag{6-9}$$

$$Z' = m \tag{6-10}$$

式中，$m$ 为 $X'OZ'$ 坐标系中截平面的位置.

解式(6-9)、式(6-10)组成的方程组，整理得到在 $X'OZ'$ 坐标系下截平面与锥管表面的交线方程为

$$X^2(\cos^2\alpha - \sin^2\alpha\tan^2\omega) - 2mX'\sin\alpha\cos\alpha(1 + \tan^2\omega) + \\ m^2(\sin^2\alpha - \cos^2\alpha\tan^2\omega) + Y^2 = 0 \tag{6-11}$$

分析 $\theta(\omega)$ 与 $\alpha$ 的关系可得如下结论：

(1) 当 $\cos^2\alpha - \sin^2\alpha\tan^2\omega = 0$ 时，$\alpha = 90 - \omega = \theta$，即截平面倾角等于锥管底角，相应的交线方程为

$$Y^2 = 2mX'\cot\alpha + m^2(\cot^2\alpha - 1) = 2m\cot\alpha(X' + \cot2\alpha)(m \neq 0)$$

表示交线形状为抛物线.

(2) 当 $\cos^2\alpha - \sin^2\alpha\tan^2\omega > 0$ 时，$\cot\alpha > \tan\omega = \cot\theta$，即截平面倾角小于锥管底角，交线方程为

$$\frac{\left[ X' - \dfrac{m\cos\alpha\sin\alpha(1 + \tan^2\omega)}{\cos^2\alpha - \sin^2\alpha\tan^2\omega} \right]^2}{\left( \dfrac{m\tan\omega}{\cos^2\alpha - \sin^2\alpha\tan^2\omega} \right)^2} + \frac{Y'^2}{\left[ \dfrac{m\tan\omega}{(\cos^2\alpha - \sin^2\alpha\tan^2\omega)^{1/2}} \right]^2} = 1(m \neq 0)$$

表示交线形状为椭圆.

(3) 当 $\cos^2\alpha - \sin^2\alpha\tan^2\omega = 1$ 时，$-\sin^2\alpha\sin^2\omega = \cos^2\omega\sin^2\alpha$，因为 $\omega \neq 0$，所以必有 $\alpha = 0$，即截平面与锥管轴线垂直，交线方程为 $X^2 + Y^2 = m^2\tan^2\omega(m \neq 0)$，表示交线为圆曲线.

(4) 当 $\cos^2\alpha - \sin^2\alpha\tan^2\omega < 0$ 时，$\cot\alpha < \tan\omega = \cot\theta$，$\alpha > 90 - \omega = \theta$，即截平面倾角大于锥管底角，交线方程为

$$\frac{\left[ X' - \dfrac{m\cos\alpha\sin\alpha(1 + \tan^2\omega)}{\sin^2\alpha\tan^2\omega - \cos^2\alpha} \right]^2}{\left( \dfrac{m\tan\omega}{\sin^2\alpha\tan^2\omega - \cos^2\alpha} \right)^2} + \frac{Y'^2}{\left[ \dfrac{m\tan\omega}{(\sin^2\alpha\tan^2\omega - \cos^2\alpha)^{1/2}} \right]^2} = 1(m \neq 0)$$

(5) 当 $\cos^2\alpha - \sin^2\alpha\tan^2\omega < 0$ 且 $m = 0$ 时，截平面经过锥顶与锥管表面相交，交线方程为

$$Y = \pm \sqrt{\sin^2\alpha\tan^2\omega - X\cos^2\alpha}$$

即交线蜕变为 2 条直线.

# 6.6 数学实验

**例 1** 求通过点 $M(1,-1,2)$ 且与两条直线 $L1: \dfrac{x+1}{1} = \dfrac{y-1}{-1} = \dfrac{z+1}{2}$；$L2: \dfrac{x-4}{2} = \dfrac{y+3}{-1} = \dfrac{z-3}{0}$ 相交的直线，如图 6-26 所示。

**解** 输入程序如下：

```
>> t = -3.01:0.01:3.01;
>> x1 = -1 + t;
>> y1 = -1 - t;
>> z1 = 2 * t - 1;
>> plot3(x1,y1,z1,'-r');
>> hold on;
>> x2 = 4 + 2 * t;
>> y2 = -3 - t;
>> z2 = 3 + 0 * t;
>> plot3(x2,y2,z2,'-y');
>> legend('L1','L2');
>> x = 1 + t;
>> y = -1 - t;
>> z = 3 - t;
>> plot3(x,y,z,'-b');
>> grid on;
```

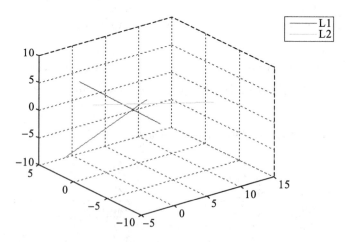

图 6-26 L1 和 L2 通过点 M 的交线

**例 2** 绘制二元函数 $z = \sin\sqrt{x^2 + y^2}$ 的图形.

**解** 输入程序如下：

```
x = -5:0.1:5;
```

```
y = x;
[X,Y] = meshgrid(x,y);
Z = sin(sqrt(X.^2 + Y.^2));
i = find(y > -3.8 & y < -2.5);
j = find(x > -2.4 & x < -1.1);
Z(i,j) = nan;
surf(X,Y,Z)
```

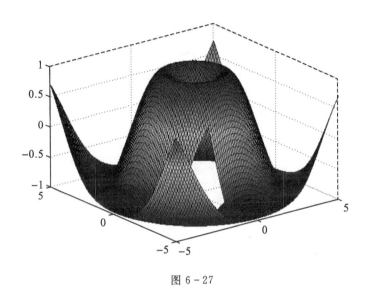

图 6-27

# 单元测试 6

1.填空题.

(1) 若 $|\vec{a}| = 4, |\vec{b}| = 2, \vec{a} \cdot \vec{b} = 4\sqrt{2}$,则 $|\vec{a} \times \vec{b}| =$ _____.

(2) 设向量 $\vec{a} = 2\vec{i} - \vec{j} + \vec{k}, \vec{b} = 4\vec{i} - 2\vec{j} + \lambda\vec{k}$,则当 $\lambda =$ _____ 时,$\vec{a}$ 与 $\vec{b}$ 垂直;当 $\lambda =$ _____ 时,$\vec{a}$ 与 $\vec{b}$ 平行.

(3) 过点 $M(1,2,3)$ 且与 $yoz$ 坐标面平行的平面方程_____.

(4) 点 $(1,2,1)$ 到平面 $x + 2y + 2z - 10 = 0$ 的距离为_____.

(5) 平面 $x + \sqrt{26}\,y + 3z - 3 = 0$ 与 $xoy$ 面夹角为_____.

2.计算题.

(1) 已知三角形的三个顶点为 $A(-1,2,3), B(1,1,1), C(0,0,5)$,试证 $\triangle ABC$ 为直角三角形,并求角 $B$.

(2) 试求通过点 $(2,-3,4)$,且与 $y$ 轴垂直相交的直线方程.

(3) 已知直线 $L_1: \begin{cases} 2x + y - 1 = 0 \\ 3x + z - 2 = 0 \end{cases}$ 和 $L_2: \dfrac{1-x}{1} = \dfrac{y+1}{2} = \dfrac{z-2}{3}$,证明:$L_1 // L_2$,并求 $L_1, L_2$ 确定的平面方程.

（4）求点$(-1,2,0)$在平面$x+2y-z+1=0$上的投影.

（5）求过直线$\dfrac{x}{2}=+2=\dfrac{z+1}{3}$与平面$x+y+z+15=0$的交点,且与平面$2x-3y+4z+5=0$垂直的直线方程.

（6）求过点$M(3,1,-2)$且通过$\dfrac{x-4}{5}=\dfrac{y+3}{2}=\dfrac{z}{1}$的平面方程.

（7）求过点$(0,2,4)$且与两平面$x+2z=1$和$y-3z=2$平行的直线方程.

# 第7章 多元函数微分学

如果函数只有一个自变量,即为一元函数.但在许多实际问题中,常会遇见含有两个或两个以上自变量的函数,即多元函数.本章将在一元函数微分学的基础上讨论多元函数微分学,讨论中以二元函数为主,可以推广到多元函数.

## 7.1 多元函数的极限与连续

### 7.1.1 二元函数的定义

在自然科学和工程技术中,常遇到依赖于两个或两个以上变量的函数,比如:

**例** 任意矩形的面积 $S$ 与底 $x$,高 $y$ 有下列函数关系

$$S = xy$$

底和高可以独立取值,是两个独立的变量(称为自变量).在它们的变化范围内,当两者的值取定后,矩形的面积就是唯一确定的值与之对应.

**定义 1** 设有三个变量 $x$、$y$ 和 $z$,如果当 $x$、$y$ 在一定范围 $D$ 内任取一对数值时,变量 $z$ 按照一定的法则 $f$,总有唯一确定的数值与之对应,则称变量 $z$ 是变量 $x$、$y$ 的二元函数,记为

$$z = f(x,y), (x,y) \in D$$

其中,$x$、$y$ 称为自变量;$z$ 称为因变量;$D$ 称为函数的定义域;集合

$$M = \{z \mid z = f(x,y), (x,y) \in D\}$$

表示函数的值域.

二元以及二元以上的函数统称为多元函数.

二元函数的定义域是使得函数 $f(x,y)$ 在实数范围内有意义的自变量的取值范围,具体在求二元函数的定义域时与一元函数相仿.二元函数的定义域在几何上表示一块平面区域.

**例 1** 求函数 $z = \ln(x+y)$ 的定义域.

**解** 要使得原函数有意义,只需 $x+y > 0$,所以原函数的定义域为 $\{(x,y) \mid x+y > 0\}$.在几何上其图形为 $xOy$ 平面上位于 $y = -x$ 上方的半平面,但不包括直线本身,如图 7-1 所示.

**例 2** 求函数 $z = \sqrt{a^2 - x^2 - y^2}$ 的定义域.

**解** 由根式函数的要求知道,该函数的定义域满足 $x^2 + y^2 \leqslant a^2$,所以定义域为 $\{(x,y) \mid x^2 + y^2 \leqslant a^2\}$.即函数定义域图形是以原点为圆心,半径为 $a$ 的圆内及圆周上点的全体,如图 7-2 所示.

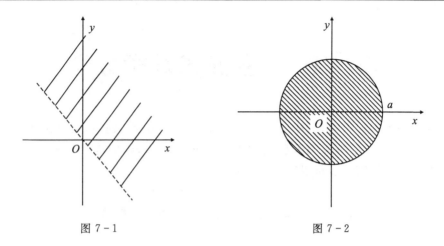

图 7-1　　　　　　　　　　　　　　　　图 7-2

### 7.1.2　二元函数的几何意义

一般来说,一元函数的图形是平面上的一条曲线.对于二元函数 $z = f(x, y)$,因为有三个变量,所以我们可以用空间直角坐标系来描绘它的图形.设函数 $z = f(x, y)$ 的定义域为 $xOy$ 平面上的区域 $D$,对于任意取定的点 $P(x, y) \in D$,对应的函数值为 $z = f(x, y)$,于是就确定了空间直角坐标系中的一个点 $M(x, y, z)$,当 $(x, y)$ 取遍 $D$ 上的所有点时,得到一个空间点集为

$$\{(x, y, z) \mid z = f(x, y), (x, y) \in D\}$$

这个点集便形成了一个曲面,这个曲面就是二元函数 $z = f(x, y)$ 的图形.也就是说,二元函数 $z = f(x, y)$ 的图形为空间的一张曲面.比如:$z = x^2 + y^2$ 的图形为旋转抛物面;$z = \sqrt{1 - x^2 - y^2}$ 的图形为上半球面.

### 7.1.3　二元函数的极限

对于一元函数 $y = f(x)$,我们曾考察当自变量趋于 $x_0$ 时,对应的函数值 $f(x)$ 的变化趋势.对于二元函数 $z = f(x, y)$,我们同样考察当自变量 $x$、$y$ 无限趋近于常数 $x_0$、$y_0$ 时,对应的函数值的变化趋势,这就是二元函数的极限问题.

**定义 2**　设二元函数 $z = f(x, y)$ 在点 $P_0(x_0, y_0)$ 的某去心邻域内有定义,如果当点 $(x, y)$ 以任意方式趋向于点 $(x_0, y_0)$ 时,$f(x, y)$ 总趋向于一个确定的常数 $A$,则称 $A$ 为函数 $f(x, y)$ 当 $(x, y) \to (x_0, y_0)$ 时的极限,记为

$$\lim_{(x, y) \to (x_0, y_0)} f(x, y) = A$$

或

$$\lim_{\substack{x \to x_0 \\ y \to y_0}} f(x, y) = A$$

**注意:**　$\lim\limits_{(x, y) \to (x_0, y_0)} f(x, y) = A$ 表示 $(x, y)$ 以任何方式趋向于 $(x_0, y_0)$ 时,$f(x, y)$ 都趋向于 $A$,或者说 $(x, y)$ 沿任何路径趋向于 $(x_0, y_0)$ 时,$f(x, y)$ 都趋向于 $A$.如果当 $(x, y)$ 沿不同路径趋向于 $P_0(x_0, y_0)$ 时,$f(x, y)$ 趋向于不同的极限,则 $(x, y)$ 趋向于 $(x_0, y_0)$ 时,$f(x, y)$ 没有极限.

**例 3**　讨论函数 $f(x,y) = \begin{cases} \dfrac{xy}{x^2+y^2}, & x^2+y^2 \neq 0 \\ 0, & x^2+y^2 = 0 \end{cases}$，当 $(x,y) \to (0,0)$ 时极限是否存在.

**解**　考虑 $P(x,y)$ 沿着直线 $y = kx$ 趋于点 $(0,0)$ 时，有

$$\lim_{\substack{x \to 0 \\ y=kx \to 0}} f(x,y) = \lim_{x \to 0} \frac{kx^2}{x^2+k^2x^2} = \frac{k}{1+k^2}$$

当 $k$ 取不同值时，$\dfrac{k}{1+k^2}$ 的值也不同，所以 $\lim\limits_{\substack{x \to 0 \\ y \to 0}} f(x,y)$ 不存在.

**例 4**　求 $\lim\limits_{\substack{x \to 0 \\ y \to 0}} \dfrac{\sin(x^2+y^2)}{\sqrt{x^2+y^2}}$.

**解**　利用等价无穷小，

$$\lim_{\substack{x \to 0 \\ y \to 0}} \frac{\sin(x^2+y^2)}{\sqrt{x^2+y^2}} = \lim_{\substack{x \to 0 \\ y \to 0}} \frac{x^2+y^2}{\sqrt{x^2+y^2}} = \lim_{\substack{x \to 0 \\ y \to 0}} \sqrt{x^2+y^2} = 0$$

## 7.1.4　二元函数的连续性

**定义 3**　（二元函数在一点的连续）　设函数 $z = f(x,y)$ 在点 $P_0(x_0,y_0)$ 的某邻域内有定义，若

$$\lim_{\substack{x \to x_0 \\ y \to y_0}} f(x,y) = f(x_0,y_0)$$

则称二元函数 $z = f(x,y)$ 在点 $P_0(x_0,y_0)$ 处连续，否则称点 $(x_0,y_0)$ 是函数 $f(x,y)$ 的间断点.

**定义 4**　（二元函数连续的等价定义）若

$$\lim_{\substack{\Delta x \to 0 \\ \Delta y \to 0}} \Delta z = \lim_{\substack{\Delta x \to 0 \\ \Delta y \to 0}} [f(x_0 + \Delta x, y_0 + \Delta y) - f(x_0,y_0)] = 0$$

则 $f(x,y)$ 在点 $(x_0,y_0)$ 处连续.

根据极限运算法则，可以证明多元连续函数的和、差、积均为连续函数；在分母不为 0 处，连续函数的商是连续函数. 多元连续函数的复合函数也是连续函数.

与一元初等函数相类似，多元初等函数是可用一个式子表示的多元函数，而这个式子是由多元多项式及基本初等函数经过有限次的四则运算和复合步骤所构成.

根据上面指出的连续函数的和、差、积、商的连续性以及连续函数的复合的连续性，再考虑多元多项式及基本初等函数的连续性，于是我们可以得出如下结论：一切多元初等函数在其定义域内是连续的，即如果 $f(x,y)$ 是初等函数，$P_0(x_0,y_0)$ 是其定义区域内的一点，则

$$\lim_{\substack{x \to x_0 \\ y \to y_0}} f(x,y) = f(x_0,y_0)$$

**例 5**　求 $\lim\limits_{\substack{x \to 1 \\ y \to 1}} \dfrac{2x-y^2}{x^2+y^2}$ 的极限.

**解**　函数 $f(x,y) = \dfrac{2x-y^2}{x^2+y^2}$ 是初等函数，它的定义域 $D = \{(x,y) \mid x^2+y^2 \neq 0\}$. 而点 $(1,1) \in D$，所以

$$\lim_{\substack{x \to 1 \\ y \to 1}} \frac{2x - y^2}{x^2 + y^2} = \frac{2 \times 1 - 1^2}{1^2 + 1^2} = \frac{1}{2}$$

**例 6** 求 $\lim\limits_{\substack{x \to 0 \\ y \to 0}} \dfrac{3 - \sqrt{x^2 + y^2 + 9}}{x^2 + y^2}$ 的极限.

**解** $f(x,y) = \dfrac{3 - \sqrt{x^2 + y^2 + 9}}{x^2 + y^2}$ 在点 $(0,0)$ 处不连续,

$$\lim_{\substack{x \to 0 \\ y \to 0}} \frac{3 - \sqrt{x^2 + y^2 + 9}}{x^2 + y^2} = \lim_{\substack{x \to 0 \\ y \to 0}} \frac{-(x^2 + y^2)}{(x^2 + y^2)(3 + \sqrt{x^2 + y^2 + 9})}$$

$$= \lim_{\substack{x \to 0 \\ y \to 0}} \frac{-1}{3 + \sqrt{x^2 + y^2 + 9}} = -\frac{1}{6}$$

## 同步练习 7.1

1. 填空题.

(1) 设 $f(x,y) = xy + \dfrac{x}{y}$,则 $f\left(\dfrac{1}{2}, \dfrac{1}{3}\right) = $ _____ ,$f(x+y, 1) = $ _____ .

(2) 设 $f(u,v) = u^2 + v^2$,则 $f(\sqrt{xy}, x+y) = $ _____ .

2. 求下列函数的定义域.

(1) $z = \dfrac{\sqrt{4x - y^2}}{\ln(1 - x^2 - y^2)}$ ;

(2) $z = \ln(x + y - 1) + \dfrac{1}{\sqrt{1 - x^2 - y^2}}$ .

3. 求下列函数的极限.

(1) $\lim\limits_{\substack{x \to 1 \\ y \to 0}} \dfrac{\ln(x + e^y)}{x^2 + y^2}$ ;

(2) $\lim\limits_{(x,y) \to (0,2)} \dfrac{\sin(xy)}{x}$ ;

(3) $\lim\limits_{\substack{x \to 0 \\ y \to 0}} \dfrac{\sqrt{xy + 1} - 1}{xy}$ .

## 7.2 偏导数

多元函数微分学与一元函数微分学有许多相似的地方,但是在某些方面又存在着本质上的差别. 学习时应注意比较它们之间的异同点. 本节重点学习二元函数的偏导数,有关概念和知识都可以推广到二元以上的多元函数.

### 7.2.1 偏导数的概念

**定义 1** 设二元函数 $z = f(x,y)$ 在点 $P_0(x_0, y_0)$ 的某一邻域内有定义,固定 $y = y_0$,若极限

$$\lim_{\Delta x \to 0} \frac{f(x_0 + \Delta x, y_0) - f(x_0, y_0)}{\Delta x}$$

存在,则称此极限值为 $z = f(x, y)$ 在点 $P_0(x_0, y_0)$ 处对 $x$ 的偏导数,记为

$$\frac{\partial z}{\partial x}\bigg|,\frac{\partial f}{\partial x}\bigg|,f_x(x_0, y_0) \text{ 或 } z_x(x_0, y_0)$$

类似地,固定 $x = x_0$,若极限

$$\lim_{\Delta y \to 0} \frac{f(x_0, y_0 + \Delta y) - f(x_0, y_0)}{\Delta y}$$

存在,则称此函数值为 $z = f(x, y)$ 在点 $P_0(x_0, y_0)$ 处对 $y$ 的偏导数,记为

$$\frac{\partial z}{\partial y}\bigg|_{\substack{x=x_0 \\ y=y_0}},\frac{\partial f}{\partial y}\bigg|_{\substack{x=x_0 \\ y=y_0}},f_y(x_0, y_0) \text{ 或 } z_y(x_0, y_0)$$

如果函数 $z = f(x, y)$ 在定义域内每一点 $(x, y)$ 处对 $x$ 的偏导数都存在,那么这个偏导数仍是 $x, y$ 的函数,称为 $z = f(x, y)$ 对 $x$ 的偏导数,记为

$$\frac{\partial z}{\partial x} \text{ 或 } \frac{\partial f}{\partial x},z_x \text{ 或 } f_x(x, y)$$

同理,可以定义对 $y$ 的偏导数,记为

$$\frac{\partial z}{\partial y} \text{ 或 } \frac{\partial f}{\partial y},z_y \text{ 或 } f_y(x, y)$$

在偏导数的定义中,实际上已经将二元函数看成一个变量变动,将另一个变量暂时视为常数的一元函数,因此偏导数的计算仍然是一元函数导数的计算问题.求 $z_x$ 时,只需将 $y$ 看成常数对 $x$ 求导;求 $z_y$ 时,只需将 $x$ 看成常数对变量 $y$ 求导.

**例 1**　求 $z = x^2 + 3xy + 2y^3$ 在点 $(1, 2)$ 处的偏导数.

**解**　先求偏导数,对 $x$ 求偏导数时,将 $y$ 看做常量,得

$$\frac{\partial z}{\partial x} = 2x + 3y$$

对 $y$ 求偏导数时,将 $x$ 看作常量,得

$$\frac{\partial z}{\partial y} = 3x + 6y^2$$

再将 $(1, 2)$ 代入得

$$z_x(1, 2) = 8, z_y(1, 2) = 27$$

**例 2**　求 $z = x^2 \sin(xy)$ 的偏导数.

**解**　$z_x = 2x\sin(xy) + x^2 y\cos(xy)$

$z_y = x^3 \cos(xy)$

**例 3**　设 $z = x^y(x > 0, x \neq 1)$,求证:$\dfrac{x}{y}\dfrac{\partial z}{\partial x} + \dfrac{1}{\ln x}\dfrac{\partial z}{\partial y} = 2z$.

**证**　因为 $\dfrac{\partial z}{\partial x} = yx^{y-1}, \dfrac{\partial z}{\partial y} = x^y\ln x$,得

$$\frac{x}{y}\frac{\partial z}{\partial x} + \frac{1}{\ln x}\frac{\partial z}{\partial y} = \frac{x}{y} \cdot yx^{y-1} + \frac{1}{\ln x} \cdot x^y\ln x$$

$$= x^y + x^y = 2z$$

## 7.2.2　偏导数的几何意义

设 $M_0(x_0, y_0, f(x_0, y_0))$ 是曲面 $z = f(x, y)$ 上的一点,过点 $M_0$ 作 $y = y_0$,截此曲面得

到一条曲线

$$\begin{cases} y = y_0 \\ z = f(x, y_0) \end{cases}$$

二元函数 $z = f(x, y)$ 在点 $M_0(x_0, y_0)$ 处的偏导数 $f_x(x_0, y_0)$ 就是一元函数 $f(x, y_0)$ 在 $x_0$ 处的导数,它在几何上表示曲线在点 $M_0$ 处切线对 $x$ 轴的斜率.同样,偏导数 $f_y(x_0, y_0)$ 的几何意义是曲面被平面 $x = x_0$ 所截曲线在点 $M_0$ 处的切线对 $y$ 轴的斜率(如图 7-3 所示).

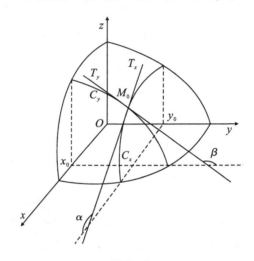

图 7-3

### 7.2.3 高阶偏导数

一般情况,函数 $z = f(x, y)$ 的两个偏导数 $f_x(x, y)$ 和 $f_y(x, y)$ 仍然是 $x, y$ 的函数.如果这两个函数的偏导数也存在,则称它们是函数 $z = f(x, y)$ 的二阶偏导数,依照对自变量求导次序不同,有下列四个二阶偏导数:

$$\frac{\partial}{\partial x}\left(\frac{\partial z}{\partial x}\right) = \frac{\partial^2 z}{\partial x^2} = f_{xx}(x, y); \frac{\partial}{\partial y}\left(\frac{\partial z}{\partial x}\right) = \frac{\partial^2 z}{\partial x \partial y} = f_{xy}(x, y)$$

$$\frac{\partial}{\partial x}\left(\frac{\partial z}{\partial y}\right) = \frac{\partial^2 z}{\partial y \partial x} = f_{yx}(x, y); \frac{\partial}{\partial y}\left(\frac{\partial z}{\partial y}\right) = \frac{\partial^2 z}{\partial y^2} = f_{yy}(x, y)$$

其中 $f_{xy}(x, y)$ 和 $f_{yx}(x, y)$ 称为二阶混合偏导数.类似地可定义三阶、四阶 … 以及 $n$ 阶偏导数.二阶及二阶以上的偏导数统称为高阶偏导数.

**例 4**　求函数 $z = 2xy^2 - x^3 + 5x^2 y^3$ 的二阶偏导数.

**解**　由于 $\dfrac{\partial z}{\partial x} = 2y^2 - 3x^2 + 10xy^3, \dfrac{\partial z}{\partial y} = 4xy + 15x^2 y^2$

得　$\dfrac{\partial^2 z}{\partial x^2} = -6x + 10y^3, \dfrac{\partial^2 z}{\partial x \partial y} = 4y + 30xy^2$

$\dfrac{\partial^2 z}{\partial y \partial x} = 4y + 30xy^2, \dfrac{\partial^2 z}{\partial y^2} = 4x + 30x^2 y$

由此例看出: $\dfrac{\partial^2 z}{\partial x \partial y} = \dfrac{\partial^2 z}{\partial y \partial x}$ ,这不是偶然现象.事实上有如下定理.

**定理 1**　如果函数 $z = f(x, y)$ 的两个混合偏导数 $\dfrac{\partial^2 z}{\partial x \partial y}$ 与 $\dfrac{\partial z}{\partial y \partial x}$ 在区域 $D$ 内连续,那么

在该区域内这两个混合偏导数必相等.

该定理说明,二阶混合偏导在连续的条件下与求导次序无关.定理证明从略.对于三元以上的函数也可以定义高阶偏导数,而且在偏导数连续时,混合偏导数也与求偏导的次序无关.

<h1 style="text-align:center">同步练习 7.2</h1>

1. 设 $f(x,y) = \dfrac{y}{x} - x^2 + y^2$,求 $\dfrac{\partial f}{\partial x}\Big|_{(2,0)}$, $\dfrac{\partial f}{\partial y}\Big|_{(2,0)}$.

2. 求下列函数对自变量的一阶偏导数.

(1)$z = x^2 y^2$；　　　　　　　　　　　　(2)$z = \ln \dfrac{y}{x}$；

(3)$z = \mathrm{e}^{xy} + yx^2$；　　　　　　　　　(4)$z = \ln(\sqrt{x} + \sqrt{y})$.

3. 求下列函数的二阶偏导数.

(1)$z = x^4 - 4x^2 y^2 + y^4$；　　　　　　　(2)$z = \sqrt{xy}$.

4. 设 $u = x + \dfrac{x - y}{y - z}$,证明:$\dfrac{\partial u}{\partial x} + \dfrac{\partial u}{\partial y} + \dfrac{\partial u}{\partial z} = 1$.

<h1 style="text-align:center">7.3　　全微分</h1>

## 7.3.1　全微分的定义

在实际问题中,经常需要研究多元函数中各个自变量都取得增量时因变量所取得的增量,这就是全增量的问题.对于二元函数 $z = f(x,y)$,我们称 $\Delta z = f(x + \Delta x, y + \Delta y) - f(x,y)$ 为函数 $z = f(x,y)$ 在点 $(x,y)$ 处的全增量.

一般来说,计算多元函数的全增量比较复杂.能否象一元函数一样,用自变量的增量的线性函数来近似地代替函数的全增量呢?为此我们引入如下定义.

**定义 1**　如果函数 $z = f(x,y)$ 在点 $(x,y)$ 处的全增量
$$\Delta z = f(x + \Delta x, y + \Delta y) - f(x,y)$$
可表示为
$$\Delta z = A\Delta x + B\Delta y + o(\rho)$$
其中 $A$、$B$ 不依赖于 $\Delta x$、$\Delta y$ 而仅与 $x$、$y$ 有关,$\rho = \sqrt{(\Delta x)^2 + (\Delta y)^2}$,则称函数 $z = f(x,y)$ 在点 $(x,y)$ 可微分,$A\Delta x + B\Delta y$ 称为函数 $z = f(x,y)$ 在点 $(x,y)$ 的全微分,记为 $\mathrm{d}z$,即
$$\mathrm{d}z = A\Delta x + B\Delta y$$

如果函数 $z = f(x,y)$ 在区域 $D$ 内每一点都可微分,则称函数 $z = f(x,y)$ 在区域 $D$ 内可微分.

如果函数 $z = f(x,y)$ 在点 $(x,y)$ 处可微分,即
$$f(x + \Delta x, y + \Delta y) - f(x,y) = A\Delta x + B\Delta y + o(\rho)$$
也就是

$$f(x + \Delta x, y + \Delta y) = f(x,y) + A\Delta x + B\Delta y + o(\rho)$$

因此

$$\lim_{\substack{\Delta x \to 0 \\ \Delta y \to 0}} f(x + \Delta x, y + \Delta y) = \lim_{\substack{\Delta x \to 0 \\ \Delta y \to 0}} [f(x,y) + A\Delta x + B\Delta y + o(\rho)] = f(x,y)$$

这说明函数 $z = f(x,y)$ 在点 $(x,y)$ 处连续. 于是我们有如下定理.

**定理 1**  如果函数 $z = f(x,y)$ 在点 $(x,y)$ 处可微,则函数在该点必连续.

### 7.3.2  全微分存在的必要条件与充分条件

与一元函数类似,利用全微分的定义计算二元函数的全微分是十分困难的,可以利用以下定理简化计算,同时也说明了二元函数与偏导数的关系.

**定理 2(可微的充分条件)**  如果函数 $z = f(x,y)$ 的偏导数 $\dfrac{\partial z}{\partial x}$、$\dfrac{\partial z}{\partial y}$ 在点 $(x,y)$ 连续,则函数在该点可微分.

**定理 3(可微的必要条件)**  如果函数 $z = f(x,y)$ 在点 $(x,y)$ 可微,则函数 $z = f(x,y)$ 在点 $(x,y)$ 的偏导数 $\dfrac{\partial z}{\partial x}$、$\dfrac{\partial z}{\partial y}$ 都存在,而且有

$$\mathrm{d}z = \frac{\partial z}{\partial z}\mathrm{d}x + \frac{\partial z}{\partial y}\mathrm{d}y$$

**例 1**  求函数 $z = x^2 + y$ 在点 $(1,1)$ 处,当 $\Delta x = 0.1, \Delta y = -0.1$ 时的全增量和全微分.

**解**  全增量

$$\begin{aligned}
\Delta z &= f(x_0 + \Delta x, y_0 + \Delta y) - f(x_0, y_0) \\
&= [(x_0 + \Delta x)^2 + y_0 + \Delta y] - (x_0^2 + y_0) \\
&= (1.1^2 + 0.9) - (1^2 + 1) = 0.11
\end{aligned}$$

因为 $\dfrac{\partial z}{\partial x}\bigg|_{(1,1)} = 2x\big|_{(1,1)} = 2, \dfrac{\partial z}{\partial y}\bigg|_{(1,1)} = 1\big|_{(1,1)} = 1$

所以全微分  $\mathrm{d}z = \dfrac{\partial z}{\partial z}\Delta x + \dfrac{\partial z}{\partial y}\Delta y = 2 \times 0.1 + 1 \times (-0.1) = 0.1$

**例 2**  求 $z = x^2 y + y^5$ 在点 $(2,1)$ 的全微分.

**解**  因为 $\dfrac{\partial z}{\partial x} = 2xy, \dfrac{\partial z}{\partial y} = x^2 + 5y^4$

$$\frac{\partial z}{\partial x}\bigg|_{(2,1)} = 4, \frac{\partial z}{\partial y}\bigg|_{(2,1)} = 9$$

所以有 $\mathrm{d}z = 4\mathrm{d}x + 9\mathrm{d}y$.

**例 3**  求函数 $z = x^2 y + \tan(x + y)$ 的全微分.

**解**  因为

$$\frac{\partial z}{\partial x} = 2xy + \sec^2(x + y), \frac{\partial z}{\partial y} = x^2 + \sec^2(x + y)$$

所以 $\mathrm{d}z = [2xy + \sec^2(x + y)]\mathrm{d}x + [x^2 + \sec^2(x + y)]\mathrm{d}y$.

**例 4**  求函数 $u = z\cot(xy)$ 的全微分.

**解**  因为

$$\frac{\partial u}{\partial x} = -yz\csc^2(xy)$$

$$\frac{\partial u}{\partial y} = - xz \csc^2(xy)$$

$$\frac{\partial u}{\partial z} = \cot(xy)$$

$$\mathrm{d}u = - yz \csc^2(xy)\mathrm{d}x - xz \csc^2(xy)\mathrm{d}y + \cot(xy)\mathrm{d}z$$

### 7.3.3　全微分在近似计算中的应用

由全微分的定义知,如果函数 $z = f(x,y)$ 在点 $(x,y)$ 处可微分,则函数的全增量与全微分之差是一个比 $\sqrt{(\Delta x)^2 + (\Delta y)^2}$ 高阶的无穷小,因此当 $|\Delta x|$、$|\Delta y|$ 都较小时,则有

$$\Delta z \approx \mathrm{d}z = f_x(x,y)\Delta x + f_y(x,y)\Delta y \tag{7-1}$$

又因为 $\qquad\qquad \Delta z = f(x+\Delta x, y+\Delta y) - f(x,y)$

所以有 $\qquad f(x+\Delta x, y+\Delta y) \approx f(x,y) + f_x(x,y)\Delta x + f_y(x,y)\Delta y \tag{7-2}$

**例 5**　计算 $1.06^{2.01}$ 的近似值.

**解**　设函数 $z = x^y$,显然要计算函数值 $f(1.06, 2.01)$

取 $x = 1, y = 2, \Delta x = 0.06, \Delta y = 0.01$,由计算公式得

$$1.06^{2.01} \approx f(1,2) + f_x(1,2)\Delta x + f_y(1,2)\Delta y$$
$$= 1 + 2 \times 0.06 + 0 = 1.12$$

## 同步练习 7.3

1.填空题.

(1) 函数 $z = f(x,y)$ 在点 $(x,y)$ 处可微的充分条件为_____.

(2) 设 $u = f(x,y,z)$,则 $\mathrm{d}u =$ _____.

(3) 设 $z = xy, x = 1, y = 2, \Delta x = 0.1, \Delta y = 0.2$,则 $\Delta z =$ _____ ,$\mathrm{d}z =$ _____.

2.解答下列各题.

(1) 设 $z = xy\ln x$,求 $\mathrm{d}z$;

(2) 设 $u = x^y + y\sin z$,求 $\mathrm{d}u$;

(3) 设 $z = \ln(x^2 + y^2 + z^2)$,求 $\mathrm{d}z$.

3.利用全微分求 $(1.98)^2 \times \ln 1.01$.

4.已知边长 $x = 16\text{ m}, y = 8\text{ m}$ 的矩形,如果 $x$ 边增加 10 cm 而 $y$ 边减少 10 cm,讨论这个矩形的对角线的近似变化情况.

## 7.4　多元复合函数与隐函数的微分法

### 7.4.1　多元复合函数的导数

在一元函数微分法中,复合函数的导数就是其中一个重要内容.

**定理 1**　如果函数 $u = \varphi(x,y)$ 及 $v = \psi(x,y)$ 都在点 $(x,y)$ 具有对 $x$ 及 $y$ 的偏导数,函数 $z = f(u,v)$ 在对应点 $(u,v)$ 具有连续偏导数,则复合函数 $z = f[\varphi(x,y), \psi(x,y)]$ 在点

$(x,y)$ 的两个偏导数存在,而且有

$$\frac{\partial z}{\partial x} = \frac{\partial z}{\partial u} \cdot \frac{\partial u}{\partial x} + \frac{\partial z}{\partial v} \cdot \frac{\partial v}{\partial x}$$

$$\frac{\partial z}{\partial y} = \frac{\partial z}{\partial u} \cdot \frac{\partial u}{\partial y} + \frac{\partial z}{\partial v} \cdot \frac{\partial v}{\partial y}$$

特别地,当 $z = f(u,v), u = \varphi(t), v = \psi(t)$,则其复合函数 $z = f[\varphi(t), \psi(t)]$ 的导数为

$$\frac{\mathrm{d}z}{\mathrm{d}t} = \frac{\partial z}{\partial u} \cdot \frac{\mathrm{d}u}{\mathrm{d}t} + \frac{\partial z}{\partial v} \cdot \frac{\mathrm{d}v}{\mathrm{d}t}$$

称这为 $z$ 对 $t$ 的全导数.

类似地,可以把定理推广到中间变量和自变量为两个以上的情形.例如

(1) 设函数 $z = f(u,v,w), u = \varphi(t), v = \psi(t), w = \omega(t)$,则复合函数 $z = f[\varphi(t), \psi(t), \omega(t)]$ 对 $t$ 的全导数为

$$\frac{\mathrm{d}z}{\mathrm{d}t} = \frac{\partial z}{\partial u} \cdot \frac{\mathrm{d}u}{\mathrm{d}t} + \frac{\partial z}{\partial v} \cdot \frac{\mathrm{d}v}{\mathrm{d}t} + \frac{\partial z}{\partial w} \cdot \frac{\mathrm{d}w}{\mathrm{d}t}$$

(2) 设函数 $z = f(u,v,w), u = \varphi(x,y), v = \psi(x,y) w = \omega(x,y)$,则复合函数 $z = f[\varphi(x,y), \psi(x,y), \omega(x,y)]$ 的偏导数为

$$\frac{\partial z}{\partial x} = \frac{\partial z}{\partial u} \cdot \frac{\partial u}{\partial x} + \frac{\partial z}{\partial v} \cdot \frac{\partial v}{\partial x} + \frac{\partial z}{\partial w} \cdot \frac{\partial w}{\partial x}$$

$$\frac{\partial z}{\partial y} = \frac{\partial z}{\partial u} \cdot \frac{\partial u}{\partial y} + \frac{\partial z}{\partial v} \cdot \frac{\partial v}{\partial y} + \frac{\partial z}{\partial w} \cdot \frac{\partial w}{\partial y}$$

(3) 设函数 $\omega = f(x,y,u,v), u = \varphi(x,y), v = \psi(x,y)$,则复合函数 $\omega = f[x, y, \varphi(x,y), \psi(x,y)]$ 的偏导数为

$$\frac{\partial \omega}{\partial x} = \frac{\partial f}{\partial u} \cdot \frac{\partial u}{\partial x} + \frac{\partial f}{\partial v} \cdot \frac{\partial v}{\partial x} + \frac{\partial f}{\partial x}$$

$$\frac{\partial \omega}{\partial y} = \frac{\partial f}{\partial u} \cdot \frac{\partial u}{\partial y} + \frac{\partial f}{\partial v} \cdot \frac{\partial v}{\partial y} + \frac{\partial f}{\partial y}$$

**注意**: $\frac{\partial \omega}{\partial x}$ 与 $\frac{\partial f}{\partial x}$、$\frac{\partial \omega}{\partial y}$ 与 $\frac{\partial f}{\partial y}$ 的差别.

**例1**　设 $z = \mathrm{e}^{uv}$,而 $u = \sin t, v = \cos t$,求 $\frac{\mathrm{d}z}{\mathrm{d}t}$.

**解**　$\dfrac{\mathrm{d}z}{\mathrm{d}t} = \dfrac{\partial z}{\partial u} \cdot \dfrac{\mathrm{d}u}{\mathrm{d}t} + \dfrac{\partial z}{\partial v} \cdot \dfrac{\mathrm{d}v}{\mathrm{d}t}$

$\qquad = v\mathrm{e}^{uv}\cos t + u\mathrm{e}^{uv}(-\sin t)$

$\qquad = (\cos^2 t - \sin^2 t)\mathrm{e}^{\sin t\cos t}$

$\qquad = \cos 2t\,\mathrm{e}^{\frac{1}{2}\sin 2t}$.

**例2**　设 $z = \ln(u^2 + v), u = \mathrm{e}^{x+y^2}, v = x^2 + y$,求 $\frac{\partial z}{\partial x}, \frac{\partial z}{\partial y}$.

**解**　$\dfrac{\partial z}{\partial x} = \dfrac{\partial z}{\partial u}\dfrac{\partial u}{\partial x} + \dfrac{\partial z}{\partial v}\dfrac{\partial v}{\partial x} = \dfrac{2}{(\mathrm{e}^{x+y^2})^2 + x^2 + y} \cdot (\mathrm{e}^{2x+2y^2} + x)$

$\qquad\quad \dfrac{\partial z}{\partial y} = \dfrac{\partial z}{\partial u}\dfrac{\partial u}{\partial y} + \dfrac{\partial z}{\partial v}\dfrac{\partial v}{\partial y} = \dfrac{1}{\mathrm{e}^{2x+2y^2} + x^2 + y} \cdot (4y\mathrm{e}^{2x+2y^2} + 1)$

**例3**　设 $u = f(x,y,z) = \mathrm{e}^{x^2+y^2+z^2}$,而 $z = x^2\sin y$,求 $\frac{\partial u}{\partial x}, \frac{\partial u}{\partial y}$.

**解** $\dfrac{\partial u}{\partial x} = \dfrac{\partial f}{\partial x} + \dfrac{\partial f}{\partial z} \cdot \dfrac{\partial z}{\partial x} = 2x e^{x^2+y^2+z^2} + 2z e^{x^2+y^2+z^2} \cdot 2x \sin y$

$\qquad = 2x(1 + 2x^2 \sin^2 y) e^{x^2+y^2+x^4 \sin^2 y}$

$\qquad \dfrac{\partial u}{\partial y} = \dfrac{\partial f}{\partial y} + \dfrac{\partial f}{\partial z} \cdot \dfrac{\partial z}{\partial y} = 2y e^{x^2+y^2+z^2} + 2z e^{x^2+y^2+z^2} \cdot x^2 \cos y$

$\qquad = 2(y + x^4 \sin y \cos y) e^{x^2+y^2+x^4 \sin^2 y}$

**例 4** 设 $z = uv + \sin t, u = e^t, v = \cos t$，求全导数 $\dfrac{\mathrm{d}z}{\mathrm{d}t}$.

**解** $\dfrac{\mathrm{d}z}{\mathrm{d}t} = \dfrac{\partial z}{\partial u} \cdot \dfrac{\mathrm{d}u}{\mathrm{d}t} + \dfrac{\partial z}{\partial v} \cdot \dfrac{\mathrm{d}v}{\mathrm{d}t} + \dfrac{\partial z}{\partial t}$

$\qquad = v \cdot e^t - u \cdot \sin t + \cos t$

$\qquad = e^t \cos t - e^t \sin t + \cos t$

$\qquad = e^t (\cos t - \sin t) + \cos t$

## 7.4.2 隐函数求导公式

**1. 一元隐函数的求导公式**

设函数 $y = f(x)$ 由方程 $F(x,y) = 0$ 确定，得

$$F[x, f(x)] \equiv 0$$

两边对 $x$ 求导数，得

$$F_x + F_y \cdot \dfrac{\mathrm{d}y}{\mathrm{d}x} = 0$$

因此得

$$\dfrac{\mathrm{d}y}{\mathrm{d}x} = -\dfrac{F_x}{F_y}$$

**例 5** 求由方程 $e^y - x + y = 0$ 确定的隐函数的导数 $y'$.

**解** 令 $F(x,y) = e^y - x + y$，则

$$F_x = -1, F_y = e^y + 1$$

$$\dfrac{\mathrm{d}y}{\mathrm{d}x} = -\dfrac{-1}{e^y + 1} = \dfrac{1}{e^y + 1}$$

**2. 二元隐函数的求导公式**

设函数 $z = f(x,y)$ 由方程 $F(x,y,z) = 0$ 确定，得

$$F[x, y, f(x,y)] \equiv 0$$

两边分别对 $x$、$y$ 求偏导数，得

$$F_x + F_z \cdot \dfrac{\partial z}{\partial x} = 0, F_y + F_z \cdot \dfrac{\partial z}{\partial y} = 0$$

因此得

$$\dfrac{\partial z}{\partial x} = -\dfrac{F_x}{F_z}, \dfrac{\partial z}{\partial y} = -\dfrac{F_y}{F_z}$$

**例 6** 求由方程 $z^2 y - x z^3 = 1$ 所确定的函数 $z = f(x,y)$ 的两个偏导数 $\dfrac{\partial z}{\partial x}$、$\dfrac{\partial z}{\partial y}$.

**解** 首先 $F(x,y,z) = z^2 y - x z^3 - 1$，

$$F_x = -z^3, F_y = z^2, F_z = 2zy - 3xz^2$$

由公式得,$\dfrac{\partial z}{\partial x} = -\dfrac{F_x}{F_z} = -\dfrac{-z^3}{2zy - 3xz^2} = \dfrac{z^2}{2y - 3xz}$,

$\qquad\qquad\dfrac{\partial z}{\partial y} = -\dfrac{F_y}{F_z} = -\dfrac{z^2}{2zy - 3xz^2} = \dfrac{-z}{2y - 3xz}$

## 同步练习 7.4

求下列函数的偏导数

1.设 $z = u^2 \ln v, u = \dfrac{x}{y}, v = 3x - 2y$,则$\dfrac{\partial z}{\partial x}, \dfrac{\partial z}{\partial y}$.

2.设 $u = f(r), r = \sqrt{x^2 + y^2}$,则$\dfrac{\partial u}{\partial x}, \dfrac{\partial u}{\partial y}$.

3.设 $z = \arctan(xy)$,且 $y = e^x$,求$\dfrac{\mathrm{d}z}{\mathrm{d}x}$.

4.设 $z = e^{xy}\cos xy$,求$\dfrac{\partial z}{\partial x}, \dfrac{\partial z}{\partial y}$.

5.设 $e^{xy} - xy^2 = \sin y$,且$\dfrac{\mathrm{d}y}{\mathrm{d}x}$.

6.设 $e^{xy} - \arctan z + xyz = 0$,求$\dfrac{\partial z}{\partial x}, \dfrac{\partial z}{\partial y}$.

## 7.5　二元函数的极值

前面我们已经指出,有界闭区域上的连续函数在该区域上必定取得最大最小值.不少应用问题中常涉及求最大值和最小值.与一元函数类似,多元函数的最大值和最小值也与极值密切相关.因此,我们以二元函数为例,介绍它的极值及判定方法.

### 7.5.1　二元函数的极值

**定义 1**　设函数 $z = f(x, y)$ 在点 $P_0(x_0, y_0)$ 的某邻域内有定义,如果对于该邻域内异于$(x_0, y_0)$ 的任何点$(x, y)$,都有
$$f(x, y) < f(x_0, y_0) \quad \text{或} \quad (f(x, y) > f(x_0, y_0))$$
则称函数 $f(x, y)$ 在点$(x_0, y_0)$ 有极大值(或极小值)$f(x_0, y_0)$,点$(x_0, y_0)$ 称为函数 $f(x, y)$ 的极大(或小)值点.极大值、极小值统称为函数的极值,使得函数取得极值的点称为极值点.

**例 1**　函数 $z = 2x^2 + 3y^2$ 在$(0, 0)$ 点处有极小值.

**例 2**　函数 $z = -\sqrt{x^2 + y^2}$ 在$(0, 0)$ 点处取得极大值.

**例 3**　函数 $z = xy$ 在$(0, 0)$ 点处既不取得极大值也不取得极小值,即$(0, 0)$ 不是极值点.

**定理 1(必要条件)**　设函数 $z = f(x, y)$ 在点$(x_0, y_0)$ 具有偏导数,且在点$(x_0, y_0)$ 处有极值,则

$$f_x(x_0,y_0)=0,f_y(x_0,y_0)=0$$

与一元函数类似,使得 $f_x(x_0,y_0)=0,f_y(x_0,y_0)=0$ 同时成立的点 $(x_0,y_0)$ 称为函数 $z=f(x,y)$ 的驻点.由定理 7-1 知道,具有偏导数的极值点一定是驻点;驻点不一定是极值点,见例 3;极值点不一定是驻点,偏导数不存在的点也可能是极值点,如例 2.

**定理 2(充分条件)**　设函数 $z=f(x,y)$ 在点 $(x_0,y_0)$ 的某邻域内具有一阶及二阶连续偏导数,又 $f_x(x_0,y_0)=0,f_y(x_0,y_0)=0$,令

$$f_{xx}(x_0,y_0)=A,f_{xy}(x_0,y_0)=B,f_{yy}(x_0,y_0)=C$$

则

(1) $AC-B^2>0$ 时具有极值,且当 $A<0$ 时有极大值,当 $A>0$ 时有极小值;

(2) $AC-B^2<0$ 时没有极值;

(3) $AC-B^2=0$ 时可能有极值,也可能没有极值.

由此得求极值的一般方法:

第一步:解方程组 $f_x(x_0,y_0)=0,f_y(x_0,y_0)=0$ 以求得所有的驻点.

第二步:对于每一个驻点 $(x_0,y_0)$,求出二阶偏导数值 $A$、$B$ 和 $C$.

第三步:对于每一个驻点 $(x_0,y_0)$,确定 $AC-B^2$ 的符号,以判定该点是否为极值点,对极值点确得极大值与极小值,并求出极值.

**例 1**　求函数 $z=x^2-y^3-6x+12y-5$ 的极值.

**解**　解方程组得

$$\begin{cases} \dfrac{\partial z}{\partial x}=2x-6=0 \\[2mm] \dfrac{\partial z}{\partial y}=-3y^2+12=0 \end{cases}$$

求得驻点为 $(3,2)$ 与 $(3,-2)$,再求二阶偏导数得

$$\frac{\partial^2 z}{\partial x^2}=2,\frac{\partial^2 z}{\partial x\partial y}=0,\frac{\partial^2 z}{\partial y^2}=-6y$$

在点 $(3,2)$ 处,$A=2,B=0,C=-12$,而 $AC-B^2=-24<0$,所以 $f(3,2)$ 不是极值点.

在点 $(3,-2)$ 处 $A=2,B=0,C=12$,而 $AC-B^2=24>0$,且 $A=2$,所以 $f(3,-2)=-30$ 是极小值点.

## 7.5.2　二元函数的最值

与一元函数类似,如果函数 $f(x,y)$ 在有界闭区域 $D$ 上连续,在 $D$ 内可微且只有有限个驻点,求 $f(x,y)$ 在 $D$ 上的最大值与最小值.其方法为:

(1) 求出 $f(x,y)$ 在 $D$ 的全体驻点,并求出 $f(x,y)$ 在各驻点处的函数值;

(2) 求出 $f(x,y)$ 在 $D$ 的边界上的最大值和最小值;

(3) 将 $f(x,y)$ 在各驻点处的函数值与 $f(x,y)$ 在 $D$ 的边界上的最大值和最小值相比较,最大者为 $f(x,y)$ 在 $D$ 上的最大值,最小者为 $f(x,y)$ 在 $D$ 上的最小值.

对于实际问题,如果根据问题的性质,知道函数 $f(x,y)$ 的最大值(最小值)一定在区域 $D$ 的内部取得,而函数 $f(x,y)$ 在 $D$ 的内部只有一个驻点,则驻点处的函数值就是 $f(x,y)$ 在 $D$ 上的最大值(最小值).

**例 2**　要制作一个体积为 $32\text{ cm}^3$ 无盖长方体水箱,问当长、宽、高各取怎样的尺寸时,才

能使用料最省.

**解**　用材料最省,即为所用材料的表面积最小.设水箱的长为 $x$(cm),宽为 $y$(cm),高应为 $z$(cm),因此,水箱的用料的面积为

$$S = xy + 2(xz + yz)$$

由于 $xyz = 32$,则 $z = \dfrac{32}{xy}$.代入上式

$$S = xy + \frac{64}{y} + \frac{64}{x} \quad (x > 0, y > 0)$$

解方程组 $\begin{cases} S_x = y - \dfrac{64}{x^2} = 0 \\ S_y = x - \dfrac{64}{y^2} = 0 \end{cases}$

得 $x = y = 4$,即得驻点 $(4,4)$

根据题意,面积 $S$ 在 $x > 0$, $y > 0$ 时一定存在最小值,且仅有一个驻点,因此当长为 4,宽为 4,高为 2 时,用料最省.

### 7.5.3　条件极值

前面讨论的极值问题中,自变量除了被限制在定义域内,没有其他条件的约束,所以也称为无条件极值,但是在例 2 中,求函数 $S = xy + 2(xz + yz)$ 的最小值时,自变量要满足 $xyz = 32$.我们把自变量有附加条件的极值问题称为条件极值.

有些条件极值问题可以转化为无条件极值(如例 2),但大量的条件极值问题化为无条件极值是困难或者相当复杂的,下面介绍用拉格朗日乘数法解决条件极值问题.

求函数 $z = f(x,y)$ 在条件 $\varphi(x,y) = 0$ 下可能取得极值的点,可以先作拉格朗日函数

$$L(x,y,\lambda) = f(x,y) + \lambda\varphi(x,y)$$

其中 $\lambda$ 为一待定常数,称为拉格朗日乘数. 由无条件极值的极值存在的必要条件,建立方程组

$$\begin{cases} f_x(x,y) + \lambda\varphi_x(x,y) = 0 \\ f_y(x,y) + \lambda\varphi_y(x,y) = 0 \\ \varphi(x,y) = 0 \end{cases}$$

解出 $x$, $y$ 及 $\lambda$,其中 $(x,y)$ 就是函数 $z = f(x,y)$ 在条件 $\varphi(x,y) = 0$ 下可能取得极值的点. 一般可根据实际问题的实际意义来确定该点是否为极值点.

拉格朗日乘数法可以推广到多于两个自变量的函数或多于一个约束条件的情形.

**例 3**　用拉格朗日乘数法求解例 2.

**解**　按题意,即求函数

$$S = xy + 2(xz + yz)$$

在条件 $xyz = 32$ 下的最小值.

设函数 $F(x,y,\lambda) = xy + 2(xz + yz) + \lambda(xyz - 32)$,建立方程组

$$\begin{cases} F_x = y + 2z + \lambda yz = 0 \\ F_y = x + 2z + \lambda xz = 0 \\ F_z = xyz - 32 = 0 \end{cases}$$

解得 $x = y = 4, z = 2$.

实际问题存在最小值,且可能极值点只有一个,故当长为 4,宽为 4,高为 2 时用料最省.

**例 4**　平面 $x + 2y - 2z - 9 = 0$ 上哪一点到原点的距离最短?

**解**　设平面上的点为 $M(x, y, z)$,根据两点间的距离公式,点 $M$ 与原点的距离为

$$d = \sqrt{x^2 + y^2 + z^2}$$

$d$ 的平方最小,$d$ 一定最小,故问题可转化成求函数

$$f(x, y, z) = x^2 + y^2 + z^2$$

在条件 $x + 2y - 2z - 9 = 0$ 下的最小值.

作辅助函数

$$F(x, y, z) = x^2 + y^2 + z^2 + \lambda(x + 2y - 2z - 9)$$

其中 $\lambda$ 是常数,得到方程组,

$$\begin{cases} F_x = 2x + \lambda = 0 \\ F_y = 2y + 2\lambda = 0 \\ F_z = 2z - 2\lambda = 0 \\ x + 2y - 2z - 9 = 0 \end{cases}$$

解方程组得 $x = 1, y = 2, z = -2$,这是唯一符合要求的可能极值点,因此点 $M$ 也是 $f(x, y, z)$ 取得最小值的点.所以平面上的点 $M(1, 2, -2)$ 到原点的距离最小.

# 同步练习 7.5

1. 判断题.

(1) 二元函数的极值点必为驻点. 　　　　　　　　　　　　　　　　　　　　(　　)

(2) 二元函数的最小值不一定是函数的极小值. 　　　　　　　　　　　　　(　　)

(3) 函数 $f(x, y) = x^2 + y^2 - 1$ 在驻点 $(0, 0)$ 处取得极小值. 　　　　(　　)

(4) 对于二元函数 $f(x, y)$ 在定义域内部取得最值的实际问题,若函数在定义域内有唯一驻点,则该驻点的函数值就是函数的最值. 　　　　　　　　　　　(　　)

2. 求下列函数的极值.

(1) $z = x^3 + 4x^2 + 2xy + y^2$;

(2) $z = x^2 + y^2 + xy$.

3. 求函数 $z = x^2 + y^2$ 在条件 $2x + y = 2$ 下的极值.

4. 某厂要用铁板做成一个体积为 $2\ \mathrm{m}^3$ 有盖长方体水箱,问当长、宽、高各取怎样的尺寸时,才能使用料最省.

# 7.6　应 用 案 例

**例**　(污染指数的影响因素)一个城市的大气污染指数 $P$ 取决于两个因素:空气中固体废物的数量 $x$ 和空气中有害气体的数量 $y$,在某种情况下 $P = x^2 + 2xy + 4xy^2$,试说明 $\left.\dfrac{\partial P}{\partial x}\right|_{(a, b)}, \left.\dfrac{\partial P}{\partial y}\right|_{(a, b)}$ 的意义,并计算 $\left.\dfrac{\partial P}{\partial x}\right|_{(10, 5)}, \left.\dfrac{\partial P}{\partial y}\right|_{(10, 5)}$ 当 $x$ 增长 10% 或者 $y$ 增长 10% 时,用偏

导数估算 $P$ 的改变量.

$\dfrac{\partial P}{\partial x}\Big|_{(a,b)}$ 的意义:如果空气中有害气体的数量 $y$ 为一常数 $b$,空气中固体废物 $x$ 是变化的,那么当 $x = a$ 有一个单位的变化时,大气污染指数 $P$ 大约改变 $\dfrac{\partial P}{\partial x}\Big|_{(a,b)}$ 个单位.

同样的,可以说明 $\dfrac{\partial P}{\partial y}\Big|_{(a,b)}$ 的意义.

由于 $\dfrac{\partial P}{\partial x} = 2x + 2y + 4y^2, \dfrac{\partial P}{\partial y} = 2x + 8xy$,因此有

$$\dfrac{\partial P}{\partial x}\Big|_{(10,5)} = 20 + 10 + 100 = 130, \dfrac{\partial P}{\partial x}\Big|_{(10,5)} = 20 + 400 = 420$$

设空气中有害气体的量 $y = 5$ 且固定不变,当空气中固体废物量 $x = 10$ 时,$P$ 对 $x$ 的变化率等于 130,当 $x$ 增长 10%,即 $x$ 从 10 到 11,$P$ 将增长大约 130 个单位(事实上,$P(10,5) = 1200$,$P(11,5) = 1331$,$P$ 增长了 131 个单位).

同样地,设空气固体废物的量 $x = 10$ 且固定不变,当空气中有害气体的量 $y = 5$ 时,$P$ 对 $y$ 的变化率等于 420,当 $y$ 增长 10% 时,即 $y$ 从 5 到 5.5,增长了 0.5 个单位,$P$ 大约增长 $420 \times 0.5 = 210$ 个单位(事实上,$P(10,5) = 1200$,$P(10,5.5) = 1420$,$P$ 增长了 220 个单位).

因此,大气污染指数对有害气体增长 10% 比对固体废物增长 10% 更为敏感.所以大家要爱护环境,保护环境.

## 7.7　数学实验

多元函数微分的计算与一元函数类似,所以在 MATLAB 中使用的函数命令与一元函数的相关命令是一样的.

**例 1**　求下列函数的偏导数.

(1)$z = x^2 \sin 2y$;                          (2)$z = (\ln y)^{xy}$.

输入命令:

```
>> clear all
>> syms x y z
>> z1 = x^2 * sin(2 * y);
>> z2 = log(y)^(x * y);
>> dz1x = diff(z1,x)
>> dz1y = diff(z1,y)
>> dz2x = diff(z2,x)
>> dz2y = diff(z2,y)
```

输出结果:

```
dz1x = 2 * x * sin(2 * y)
dz1y = 2 * x^2 * cos(2 * y)
dz2x = log(y)^(x * y) * y * log(log(y))
dz2y = log(y)^(x * y) * (x * log(log(y)) + x/log(y))
```

**例 2**　设 $z = \arctan \dfrac{u}{v}, u = x + y, v = x - y,$ 求 $\dfrac{\partial z}{\partial x}, \dfrac{\partial z}{\partial y}.$

```
>> clear all
>> syms x y
>> u = x + y;
>> v = x - y;
>> z = atan(u/v);
>> dzx = diff(z,x)
>> dzy = diff(z,y)
>> dzx = simple(dzx)
>> dzy = simple(dzy)
```

输出结果：

dzx = (1/(x − y) − (x + y)/(x − y)^2)/(1 + (x + y)^2/(x − y)^2)

dzy = (1/(x − y) + (x + y)/(x − y)^2)/(1 + (x + y)^2/(x − y)^2)

dzx = − y/(x^2 + y^2)

dzy = x/(x^2 + y^2)

**例 3**　计算函数 $u = x + \sin \dfrac{y}{2} + \mathrm{e}^{yz}$ 的全微分.

**解**　根据全微分的计算方法，先计算函数的一阶偏导数，如下：

```
>> clear all
>> syms x y z;
>> u = x + sin(y/2) + exp(y * z);
>> du = diff(u,x) * 'dx' + diff(u,y) * 'dy' + diff(u,z) * 'dz'
```

输出结果为：

du = dx + (1/2 * cos(1/2 * y) + z * exp(y * z)) * dy + y * exp(y * z) * dz

**例 4**　设函数 $z = x\ln(xy),$ 求 $\dfrac{\partial^2 z}{\partial x \partial y}, \dfrac{\partial^2 z}{\partial x^2}, \dfrac{\partial^2 z}{\partial y^2}.$

输入命令：

```
>> syms x y
>> z = x * log(x * y);
>> zxy = diff(diff(z,x),y)
>> zxx = diff(diff(z,x),x)
>> zyy = diff(diff(z,y),y)
```

输出结果为：

zxy = 1/y

zxx = 1/x

zyy = − x/y^2

**例 5**　设 $f(x,y) = (x^2 + y^2)\sin\left(\dfrac{1}{x^2 + y^2}\right),$ 求当 $(x,y) \to (0,0)$ 的极限.

输入命令：

```
>> syms x y
>> f = (x^2 + y^2) * sin(1/(x^2 + y^2));
>> a = limit(limit(f,x,0),y,0)
```

输出结果为:

a = 0

# 单元测试 7

1. 选择题.

(1) 二重极限 $\lim\limits_{\substack{x\to 0 \\ x\to 0}} \dfrac{xy}{1+x^2+y2}$ 的值为( ).

A. 0;                                    B. 1;

C. $\dfrac{1}{2}$;                       D. 不存在.

(2) 二元函数 $f(x,y)$ 在点 $(x_0,y_0)$ 的两个偏导数 $f_x(x_0,y_0)$, $f_y(x_0,y_0)$ 都存在, 则 $f(x,y)$( ).

  A. 在该点可微;                       B. 在该点连续可微;

  C. 在该点任意方向的方向导数都存在;   D. 以上都不对.

(3) 若 $f_x(x_0,y_0)=0$, $f_y(x_0,y_0)=0$, 则 $f(x,y)$ 在点 $(x_0,y_0)$ 处( ).

  A. 有极值;                           B. 无极小值;

  C. 不一定有极大值;                    D. 有极大值.

(4) 设 $z = \mathrm{e}^x \cos y$, 则 $\dfrac{\partial^2 z}{\partial x \partial y} = ($ ).

  A. $-\mathrm{e}^x \sin y$;           B. $-\mathrm{e}^x \cos y$;

  C. $\mathrm{e}^x + \mathrm{e}^x \sin y$;   D. $\mathrm{e}^x \sin y$.

(5) 函数 $z = x^3 + y^3 - 3xy$ 的驻点为( ).

  A. $(0,0)$ 和 $(-1,0)$;             B. $(0,0)$ 和 $(2,2)$;

  C. $(0,0)$ 和 $(1,1)$;              D. $(0,1)$ 和 $(1,1)$.

2. 填空题.

(1) 设 $z = \ln(x^2 + y^2)$, 则 $\mathrm{d}z\Big|_{\substack{x=1 \\ y=1}} = $ _____.

(2) $z = \sqrt{y - x^2 + 1}$ 的定义域为 _____.

(3) 设 $u = \mathrm{e}^{x-2y} + \dfrac{1}{t}$, $x = \sin t$, $y = t^3$, 则 $\dfrac{\mathrm{d}u}{\mathrm{d}t} = $ _____.

3. 求下列函数的偏导数.

(1) $z = x^y$, 求 $\dfrac{\partial z}{\partial x}$, $\dfrac{\partial z}{\partial y}$.

(2) $z = \ln xy$, 求 $\dfrac{\partial z}{\partial x}$, $\dfrac{\partial z}{\partial y}$.

(3) 若 $z = \ln(x + \ln y)$, 求 $\dfrac{\partial z}{\partial x}$, $\dfrac{\partial z}{\partial y}$.

4. 已知理想气体状态方程 $PV = RT$，证明 $\dfrac{\partial P}{\partial V} \cdot \dfrac{\partial V}{\partial T} \cdot \dfrac{\partial T}{\partial P} = -1$.

5. 求由函数 $z = f(x, y)$ 所确定的方程 $xe^{2y} + ye^{3z} - \sin(xz) = 2$ 的偏导数.

6. 求函数 $z = x^3 - 12xy + 8y^3$ 的极值.

7. 将周长为 $2p$ 的矩形绕它的一边旋转而构成一个圆柱体，问矩形的边长各为多少时，才能使得圆柱体的体积为最大？

# 第8章 二重积分

## 8.1 二重积分的概念

### 8.1.1 曲顶柱体的体积

设 $z = f(x, y)$ 是定义在有界闭区域 $D$ 上的连续函数，且 $f(x, y) \geqslant 0$. 我们把以 $D$ 为底，侧面是 $D$ 的边界曲线为准线而母线平行与 $z$ 轴的柱面，顶是曲面 $z = f(x, y)$ 构成的这种几何体称为曲顶柱体. 现在来讨论如何求解它的体积.

方法如下：

第一步：将区域 $D$ 无限细分，在微小区域 $d\sigma$ 上任取一点 $(x, y)$，用以 $f(x, y)$ 为高，$d\sigma$ 为底的平顶柱体体积 $f(x, y)d\sigma$ 近似代替 $d\sigma$ 上小曲顶柱体体积，即得体积微元

$$dV = f(x, y)d\sigma$$

第二步：将体积微元 $dV = f(x, y)d\sigma$ 在区域 $D$ 上无限累加，即得所求曲顶柱体体积为

$$V = \lim_{\lambda \to 0} \sum_{i=1}^{n} f(\xi_i, \eta_i)\Delta\sigma_i = \iint\limits_{D} f(x, y)d\sigma$$

### 8.1.2 二重积分的定义

**定义 1** 设 $f(x, y)$ 是有界闭区域 $D$ 上的有界函数，将区域 $D$ 任意分割成 $n$ 个小闭区域 $\Delta\sigma_1, \Delta\sigma_2, \cdots \Delta\sigma_n$，其中 $\Delta\sigma_i$ 表示第 $i$ 个小闭区域，也表示它的面积. 在每个 $\Delta\sigma_i$ 上任取一点 $(\xi_i, \eta_i)$，作乘积 $f(\xi_i, \eta_i)\Delta\sigma_i (i = 1, 2, \cdots, n)$ 并作和 $\sum_{i=1}^{n} f(\xi_i, \eta_i)\Delta\sigma_i$，当各小闭区域的直径中的最大值 $\lambda \to 0$ 时，和的极限存在，则称此极限为函数 $f(x, y)$ 在闭区域 $D$ 的二重积分，记作

$$\iint\limits_{D} f(x, y)d\sigma = \lim_{\lambda \to 0} \sum_{i=1}^{n} f(\xi_i, \eta_i)\Delta\sigma_i$$

其中 $\iint$ 是二重积分号，$f(x, y)$ 是被积函数，$f(x, y)d\sigma$ 是被积表达式，$d\sigma$ 是面积元素，$x$ 与 $y$ 是积分变量，$D$ 是积分区域，$\sum_{i=1}^{n} f(\xi_i, \eta_i)\Delta\sigma_i$ 是积分和.

关于二重积分的几点说明：

(1) 如果被积函数 $f(x, y)$ 在闭区域 $D$ 上的二重积分存在，则称 $f(x, y)$ 在 $D$ 上可积，$f(x, y)$ 在闭区域上连续时，在 $D$ 上一定可积.

(2) 二重积分的值仅与被积函数和积分区间有关，与积分变量无关.

(3) 二重积分 $\iint\limits_{D} f(x, y)d\sigma$ 的几何意义是：被积函数 $f(x, y) \geqslant 0$ 时，二重积分的几何意义

是曲顶柱体的体积;被积函数 $f(x,y) \leqslant 0$ 时,二重积分的值是负的,它的绝对值是曲顶柱体的体积. 当 $f(x,y)$ 有正有负时,二重积分就等于曲顶柱体体积的代数和.

## 8.1.3  二重积分的性质

**性质 1**  被积函数的常数因子可以提到二重积分号的外面(其中 $k$ 是常数).

$$\iint\limits_D k f(x,y)\mathrm{d}\sigma = k\iint\limits_D f(x,y)\mathrm{d}\sigma$$

**性质 2**  函数的和(或差)的二重积分等于各个函数的二重积分的和(或差).

$$\iint\limits_D [f(x,y) \pm g(x,y)]\mathrm{d}\sigma = \iint\limits_D f(x,y)\mathrm{d}\sigma \pm \iint\limits_D g(x,y)\mathrm{d}\sigma$$

**性质 3**  如果闭区域 $D$ 被有限条曲线分成有限个闭区域,则在上的二重积分等于各个闭区域上二重积分的和. 此性质表示二重积分对积分区域具有可加性.

$$\iint\limits_D f(x,y)\mathrm{d}\sigma = \iint\limits_{D_1} f(x,y)\mathrm{d}\sigma + \iint\limits_{D_2} f(x,y)\mathrm{d}\sigma$$

**性质 4**  如果在 $D$ 上,$f(x,y) = 1$,$D$ 的面积为 $\sigma$,则

$$\iint\limits_D 1\mathrm{d}\sigma = \iint\limits_D \mathrm{d}\sigma = \sigma$$

**性质 5**  若在区域 $D$ 上有  $f(x,y) \leqslant g(x,y)$,则

$$\iint\limits_D f(x,y)\mathrm{d}\sigma \leqslant \iint\limits_D g(x,y)\mathrm{d}\sigma$$

**性质 6(二重积分估值定理)**  设 $M,m$ 分别是 $f(x,y)$. 在闭区域上的最大值和最小值,$\sigma$ 是 $D$ 的面积,则

$$m\sigma \leqslant \iint\limits_D f(x,y)\mathrm{d}\sigma \leqslant M\sigma$$

**性质 7(二重积分中值定理)**  设函数在 $f(x,y)$ 在闭区域 $D$ 上连续,$\sigma$ 是 $D$ 的面积,则在 $D$ 上至少存在一点 $(\xi,\eta)$,使

$$\iint\limits_D f(x,y)\mathrm{d}\sigma = f(\xi,\eta)\sigma$$

**例 1**  比较大小:$\iint\limits_D (x^2 + y^2)^2\mathrm{d}\sigma$ 与 $\iint\limits_D (x^2 + y^2)\mathrm{d}\sigma$,其中 $D$ 是圆形区域 $x^2 + y^2 \leqslant 1$.

**解**  因为在区域 $D$ 上始终有 $(x^2 + y^2)^2 \leqslant x^2 + y^2$,所以

$$\iint\limits_D (x^2 + y^2)^2\mathrm{d}\sigma \leqslant \iint\limits_D (x^2 + y^2)\mathrm{d}\sigma$$

**例 2**  估计积分的值:$\iint\limits_D (x + y + 2)\mathrm{d}\sigma$,$D$:$-1 \leqslant x \leqslant 3, 0 \leqslant y \leqslant 2$.

**解**  函数在区域 $D$ 上的最大值 $M = 7$,最小值 $m = 1$,区域 $D$ 的面积为 $\sigma = 8$,所以

$$8 \leqslant \iint\limits_D (x + y + 2)\mathrm{d}\sigma \leqslant 56$$

# 同步练习 8.1

1. 填空题

(1) 设 $F(t) = \iint\limits_{x^2+y^2\leqslant t^2} f(x,y)\mathrm{d}x\mathrm{d}y$，$f(x,y)$ 为连续函数，则 $F'(t) = $ _____ .

(2) 积分 $\iint\limits_{|x|+|y|\leqslant 1} \ln(x^2+y^2)\mathrm{d}\sigma$ 取 _____ 号.

(3) 若 $\iint\limits_{D} \sqrt{a^2-x^2-y^2}\mathrm{d}\sigma = \pi$，其中 $D: x^2+y^2\leqslant a^2$，则 $a = $ _____ .

(4) 函数 $f(x,y) = \sin^2 x + \cos^2 y$ 在 $D = \{(x,y)\,|\,0\leqslant x\leqslant\pi,0\leqslant y\leqslant\pi\}$ 上的平均值为 _____ .

2. 用二重积分表示出以下列曲面为顶，区域 $D$ 为底的曲顶柱体体积。

(1) $z = x+y+1$，区域 $D$ 是长方形：$0\leqslant x\leqslant 1, 0\leqslant y\leqslant 2$.

(2) $z = \sqrt{R^2-x^2-y^2}$，区域 $D$ 是由 $x^2+y^2 = R^2$ 所围成.

3. 解答题

(1) 利用二重积分性质估计积分 $I = \iint\limits_{D}(x^2+y^2+2)\mathrm{d}x\mathrm{d}y$ 的值，其中 $|x|+|y|\leqslant 1$.

(2) 根据二重积分的性质，比较 $\iint\limits_{D}(x+y)^2\mathrm{d}\sigma$ 与 $\iint\limits_{D}(x+y)^3\mathrm{d}\sigma$ 的大小，其中 $D$ 是由圆周 $(x-2)^2+(y-1)^2 = 2$ 围成.

# 8.2 二重积分的计算

根据二重积分的定义来计算二重积分，对一些少数特别简单的被积函数和积分区域来说是可行的，但对于一般被积函数和积分区域来说，这不是一种可行的方法. 本节将由二重积分的几何意义导出二重积分的计算方法. 这种方法是化二重积分为两次定积分（叫做二次积分）来计算.

## 8.2.1 利用直角坐标计算二重积分

### 1. 转化面积元素

由二重积分的定义可知，若 $f(x,y)$ 在区域 $D$ 上的二重积分存在，则和式的极限（即二重积分的值）与区域 $D$ 的分法无关. 因此，在直角坐标系中可以用平行于 $x$ 轴和 $y$ 轴的直线把区域 $D$ 分成若干小区域（如图 8-1），由图可知所得小区域中除了一些不规则的区域之外，其余均为矩形，设矩形小区域 $\Delta\sigma_i$ 的边长为 $\Delta x_i$ 和 $\Delta y_i$，则 $\Delta\sigma_i = \Delta x_i\Delta y_i$. 所以在直角坐标系中，常把面积元素 $\mathrm{d}\sigma$ 记作 $\mathrm{d}x\mathrm{d}y$，于是二重积分可表示为

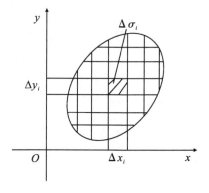

图 8-1

$$\iint\limits_{D} f(x,y)\mathrm{d}\sigma = \iint\limits_{D} f(x,y)\mathrm{d}x\mathrm{d}y$$

下面根据二重积分的几何意义,给出二重积分的计算方法.

**2. 化二重积分为二次积分**

根据二重积分的几何意义,我们用前面学过的平行截面面积为已知的立体体积来计算以 $z = f(x,y)$ 为曲顶、闭区域 $D$ 为底的曲顶柱体的体积,从而导出化二重积分为二次积分的公式.

(1)$X$-型区域的二重积分计算方法

如果积分区域 $D$ 为:$D = \{(x,y)\ a \leqslant x \leqslant b, \varphi_1(x) \leqslant y \leqslant \varphi_2(x)\}$,则称 $D$ 为 $X$-型区域,如图 8-3 所示.其中 $\varphi_1(x)$,$\varphi_2(x)$ 在 $[a,b]$ 上连续.

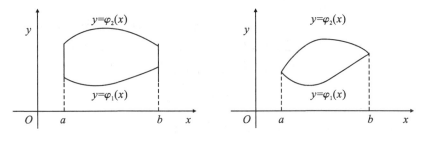

图 8-2

注:$X$-型区域的特点为:穿过 $D$ 内部且平行与 $y$ 轴的直线与 $D$ 的边界相交不多于两点.

设 $f(x,y) \geqslant 0$ 且在闭区域 $D$ 上连续,根据二重积分的几何意义,$\iint\limits_{D} f(x,y)\mathrm{d}x\mathrm{d}y$ 的值等于以 $z = f(x,y)$ 为曲顶、闭区域 $D$ 为底的曲顶柱体(图 8-3)的体积,另一方面,这个体积也可以用平行截面法来计算.

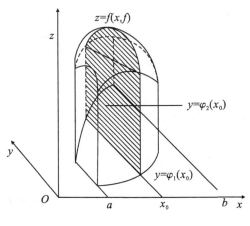

图 8-3

先计算截面的面积,为此,在区间 $[a,b]$ 上任取一点 $x_0$,作平行于 $yoz$ 平面的平面 $x = x_0$,这个平面截曲顶柱体所得截面是一个以区间 $[\varphi_1(x_0),\varphi_2(x_0)]$ 为底,曲线 $z = f(x_0,y)$ 为曲边的曲边梯形(图 8-4 中阴影部分),所以这个截面面积为

$$A(x_0) = \int_{\varphi_1(x_0)}^{\varphi_2(x_0)} f(x_0, y) \mathrm{d}y$$

一般地,若改 $x_0$ 为 $x$,即过区间 $[a,b]$ 上任一点 $x$ 且平行于 $yoz$ 平面的平面截曲顶柱体所得截面的面积为

$$A(x) = \int_{\varphi_1(x)}^{\varphi_2(x)} f(x, y) \mathrm{d}y$$

于是,应用计算已知平行截面面积的立体体积的方法,得曲顶柱体(图 8-4)的体积为

$$V = \int_a^b A(x) \mathrm{d}x = \int_a^b \left[ \int_{\varphi_1(x)}^{\varphi_2(x)} f(x, y) \mathrm{d}y \right] \mathrm{d}x$$

这个体积也就是所求的二重积分的积分值,从而有等式

$$\iint\limits_D f(x, y) \mathrm{d}\sigma = \int_a^b \left[ \int_{\varphi_1(x)}^{\varphi_2(x)} f(x, y) \mathrm{d}y \right] \mathrm{d}x$$

上式右端的积分就叫做先对 $y$ 后对 $x$ 的二次积分.也就是说,先把 $x$ 看作常数,把二元函数 $z = f(x, y)$ 只看作 $y$ 的一元函数,对 $y$ 计算从 $\varphi_1(x)$ 到 $\varphi_2(x)$ 的定积分;然后再把计算结果对 $x$ 计算从 $a$ 到 $b$ 的定积分.因此,把这个先对 $y$ 后对 $x$ 的二次积分也常记为

$$\iint\limits_D f(x, y) \mathrm{d}\sigma = \int_a^b \mathrm{d}x \int_{\varphi_1(x)}^{\varphi_2(x)} f(x, y) \mathrm{d}y$$

这就是将二重积分化为先对 $y$ 后对 $x$ 的二次积分的公式.

在上述讨论中,我们假定 $f(x, y) \geqslant 0$,可以证明,公式的成立并不受此限制.

(2)Y-型区域的二重积分计算方法

如果积分区域 $D$ 为:$D = \{(x, y) \mid c \leqslant y \leqslant d, \psi_1(y) \leqslant x \leqslant \psi_2(y)\}$,则称 $D$ 为 $Y$-型区域如图 8-4 所示.其中 $\psi_1(x)$,$\psi_2(x)$ 在 $[a,b]$ 上连续.

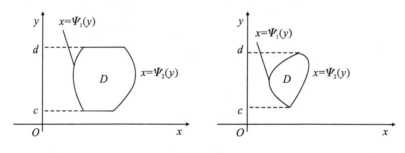

图 8-4

注:$Y$-型区域的特点为:穿过 $D$ 内部且平行与 $x$ 轴的直线与 $D$ 的边界相交不多于两点.

按照 $X$-型区域的计算方法,可得公式

$$\iint\limits_D f(x, y) \mathrm{d}\sigma = \int_c^d \left[ \int_{\psi_1(y)}^{\psi_2(y)} f(x, y) \mathrm{d}x \right] \mathrm{d}y = \int_c^d \mathrm{d}y \int_{\psi_1(y)}^{\psi_2(y)} f(x, y) \mathrm{d}x$$

这是一个先对 $x$ 后对 $y$ 的二次积分.

注:(1) 若积分区域 $D$ 既是 $X$-型区域又是 $Y$-型区域.显然,

$$\iint\limits_D f(x, y) \mathrm{d}\sigma = \int_a^b \mathrm{d}x \int_{\varphi_1(x)}^{\varphi_2(x)} f(x, y) \mathrm{d}y = \int_c^d \mathrm{d}y \int_{\psi_1(y)}^{\psi_2(y)} f(x, y) \mathrm{d}x$$

(2) 若积分区域 $D$ 既非 $X$-型区域又非 $Y$-型区域(图 8-6).此时,需用平行于 $x$ 轴或

$y$ 轴的直线将区域 $D$ 划分成 $X$ 一型或 $Y$ 一型区域. 图中, 将 $D$ 分割成了 $D_1, D_2, D_3$ 三个 $X$ 一型小区域. 由二重积分的性质 3 得

$$\iint_D f(x,y)\mathrm{d}\sigma = \iint_{D_1} f(x,y)\mathrm{d}\sigma + \iint_{D_2} f(x,y)\mathrm{d}\sigma + \iint_{D_3} f(x,y)\mathrm{d}\sigma$$

在实际计算中, 化二重积分为二次积分, 选用何种积分次序, 不但要考虑积分区域 $D$ 的类型, 还要考虑被积函数的特点.

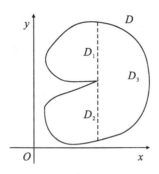

图 8 - 5

**例 1**　计算 $\displaystyle\iint_D (x+y+6)\mathrm{d}x\mathrm{d}y$, 其中 $D$ 是由直线 $x=-1, x=1, y=0, y=1$ 所围成的区域.

**解**　先画出区域 $D$ 的图形如图 8-6 所示, 可见积分区域 $D$ 是矩形区域, 既是 $X$ 一型区域又是 $Y$ 一型区域. 若按 $X$ 一型区域积分, 则将二重积分化为先对 $y$ 后对 $x$ 的二次积分

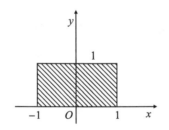

图 8 - 6

$$\iint_D (x+y+6)\mathrm{d}x\mathrm{d}y = \int_{-1}^1 \mathrm{d}x \int_0^1 (x+y+6)\mathrm{d}y$$

$$= \int_{-1}^1 \left[ xy + \frac{y^2}{2} + 6y \right]_0^1 \mathrm{d}x$$

$$= \int_{-1}^1 \left( x + \frac{13}{2} \right)\mathrm{d}x = 13$$

若按 $Y$ 一型区域积分, 则二重积分化为先对 $x$ 后对 $y$ 的二次积分

$$\iint_D (x+y+6)\mathrm{d}x\mathrm{d}y = \int_0^1 \mathrm{d}y \int_{-1}^1 (x+y+6)\mathrm{d}x = \int_0^1 \left[ \frac{x^2}{2} + xy + 6x \right]_{-1}^1 \mathrm{d}y$$

$$= 2\int_0^1 (y+6)\mathrm{d}y = 13$$

积分的结果是相同的, 难易程度也一样.

**例 2**　计算二重积分 $\iint\limits_{D}e^{-y^2}dxdy$，$D$ 是由直线 $y = x$，$y = 1$，$x = 0$ 所围成的区域.

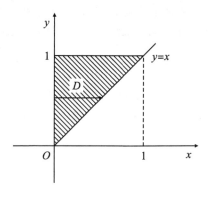

**解**　先画出区域 $D$ 的图形如图 8-7 所示，此区域既是 $X-$ 型区域又是 $Y-$ 型区域. 若按 $X-$ 型区域积分，则将二重积分化为先对 $y$ 后对 $x$ 的二次积分

$$\iint\limits_{D}e^{-y^2}dxdy = \int_0^1 dx \int_x^1 e^{-y^2}dy$$

由于 $e^{-y^2}$ 的原函数不能用初等函数表示，故上述积分难以求出.

图 8-7

现改变积分次序，按 $Y-$ 型区域积分，则将二重积化为先对 $x$ 后对 $y$ 的二次积分

$$\iint\limits_{D}e^{-y^2}dxdy = \int_0^1 dy \int_0^y e^{-y^2}dx = \int_0^1 e^{-y^2}\left[x\right]_0^y dy = \int_0^1 ye^{-y^2}dy = \frac{1}{2}\left(1 - \frac{1}{e}\right)$$

**例 3**　改变 $I = \int_0^1 dy \int_0^y f(x,y)dx + \int_1^2 dy \int_0^{\sqrt{2-y}} f(x,y)dx$ 的积分次序.

**解**　现将积分区域 $D$ 用不等式表示出来，因为 $D = D_1 + D_2$，其中

$D_1 = \{(x,y) \mid 0 \leqslant x \leqslant y, 0 \leqslant y \leqslant 1\}$，$D_2 = \{(x, y) \mid 0 \leqslant x \leqslant \sqrt{2-y}, 1 \leqslant y \leqslant 2\}$

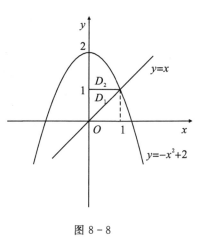

然后画出积分区域 $D$ 的图形（如图 8-8），改变为先对 $y$ 积分后对 $x$ 积分，

此时　　$D = \{(x,y) \mid 0 \leqslant x \leqslant 1, x \leqslant y \leqslant 2 - x^2\}$
因此

$$I = \int_0^1 dy \int_0^y f(x,y)dx + \int_1^2 dy \int_0^{\sqrt{2-y}} f(x,y)dx$$

$$= \int_0^1 dx \int_x^{2-x^2} f(x,y)dy$$

图 8-8

## 8.2.2　利用极坐标计算二重积分

一般地，对于圆形、扇形、环形等区域上的二重积分，如果还利用直角坐标计算往往是非常困难的，而在极坐标系下计算则比较简单. 下面就介绍这种计算方法.

要用极坐标计算二重积分 $\iint\limits_{D}f(x,y)d\sigma$，就需要将积分区域 $D$ 和被积函数 $f(x,y)$ 化为极坐标的形式，并求出极坐标系下的面积元素 $d\sigma$.

极坐标与直角坐标的关系为

$$\begin{cases} x = r\cos\theta \\ y = r\sin\theta \end{cases} \quad 及 \quad \begin{cases} r = \sqrt{x^2 + y^2} \\ \tan\theta = \dfrac{y}{x} \end{cases}$$

其中,$r$ 是极径,$\theta$ 是极角.

**1. 转化面积元素**

在极坐标系下,我们用两组曲线 $r =$ 常数及 $\theta =$ 常数,即一组同心圆和一组过原点的射线,将区域 $D$ 任意分成 $n$ 个小区域(如图 8 - 9).若第 $i$ 个小区域 $\Delta\sigma_i$ 是由 $r = r_i, r = r_i + \Delta r$ 及 $\theta = \theta_i, \theta = \theta_i + \Delta\theta$ 所围成.由扇形面积公式可得

$$\Delta\sigma_i = \frac{1}{2}(r_i + \Delta r_i)^2 \Delta\theta - \frac{1}{2}r_i^2 \Delta\theta$$

$$= (r_i + \frac{1}{2}\Delta r_i)\Delta r_i \Delta\theta_i \approx r\Delta r_i \Delta\theta_i$$

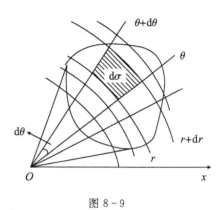

图 8 - 9

因此面积微元 $\mathrm{d}\sigma = r\mathrm{d}r\mathrm{d}\theta$,称之为极坐标系中的面积微元,于是得到极坐标系下二重积分的表达式

$$\iint\limits_{D} f(x,y)\mathrm{d}\sigma = \iint\limits_{D} f(r\cos\theta, r\sin\theta)r\mathrm{d}r\mathrm{d}\theta$$

上式表明,把二重积分中的变量从直角坐标转化为极坐标,只要把 $f(x,y)$ 中的 $x$ 换成 $r\cos\theta, y$ 换成 $r\sin\theta$,并把直角坐标系中的面积元素 $\mathrm{d}x\mathrm{d}y$ 换成极坐标中的面积元素 $r\mathrm{d}r\mathrm{d}\theta$.

极坐标系下的二重积分化为二次积分,一般总是先对 $r$ 积分再对 $\theta$ 积分,因此主要是确定 $r$、$\theta$ 的积分上下限,一般分下列三种情形:

(1) 极点 $O$ 在区域 $D$ 之外

积分区域 $D$ 是由极点出发的两条射线 $\theta = \alpha, \theta = \beta$ 和两条连续曲线 $r = r_1(\theta), r = r_2(\theta)$ 围成(如图 8 - 10),即

$$D = \{(r,\theta) \mid r_1(\theta) \leqslant r \leqslant r_2(\theta), \alpha \leqslant \theta \leqslant \beta\}$$

所以极坐标系下的二重积分化为

$$\iint\limits_{D} f(r\cos\theta, r\sin\theta)r\mathrm{d}r\mathrm{d}\theta = \int_{\alpha}^{\beta}\mathrm{d}\theta\int_{r_1(\theta)}^{r_2(\theta)} f(r\cos\theta, r\sin\theta)r\mathrm{d}r.$$

(2) 极点 $O$ 在区域 $D$ 的边界上

积分区域 $D$ 是由极点出发的两条射线 $\theta = \alpha, \theta = \beta$ 和连续曲线 $r = r(\theta)$ 围成(如图 8 - 11),即

$$D = \{(r,\theta) \mid 0 \leqslant r \leqslant r(\theta), \alpha \leqslant \theta \leqslant \beta\}$$

所以极坐标系下的二重积分化为

$$\iint\limits_{D} f(r\cos\theta, r\sin\theta)r\mathrm{d}r\mathrm{d}\theta = \int_{\alpha}^{\beta}\mathrm{d}\theta\int_{0}^{r(\theta)} f(r\cos\theta, r\sin\theta)r\mathrm{d}r$$

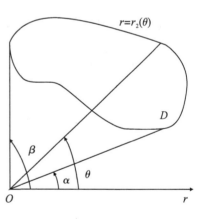

图 8 - 10

(3) 极点 $O$ 在区域 $D$ 的内部

积分区域 $D$ 是由连续曲线 $r = r(\theta)$ 围成(如图 8 - 12),即

$$D = \{(r,\theta) \mid 0 \leqslant r \leqslant r(\theta), 0 \leqslant \theta \leqslant 2\pi\}$$

所以极坐标系下的二重积分化为

$$\iint\limits_{D} f(r\cos\theta, r\sin\theta)r\mathrm{d}r\mathrm{d}\theta = \int_{0}^{2\pi}\mathrm{d}\theta\int_{0}^{r(\theta)} f(r\cos\theta, r\sin\theta)r\mathrm{d}r$$

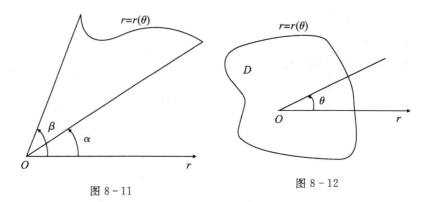

图 8 - 11　　　　　　　　　　　　图 8 - 12

**例 4**　计算 $\iint\limits_{D} y^2 \mathrm{d}\sigma$，其中 $D$ 是由圆周 $x^2 + y^2 = 1$ 与 $x^2 + y^2 = 4\pi^2$ 所围成的平面区域.

**解**　此积分区域属于环形区域，所以选用极坐标计算.

令 $x = r\cos\theta, y = r\sin\theta$，则 $D$ 可表为：$D = \{(r,\theta) \mid 1 \leqslant r \leqslant 2\pi, 0 \leqslant \theta \leqslant 2\pi\}$
从而

$$\iint\limits_{D} y^2 \mathrm{d}\sigma = \int_0^{2\pi} \mathrm{d}\theta \int_1^{2\pi} r^2 \sin^2\theta \cdot r\mathrm{d}r = \int_0^{2\pi} \mathrm{d}\theta \cdot \left(\frac{r^4}{4}\sin^2\theta\right)\Big|_1^{2\pi}$$

$$= \left(4\pi^4 - \frac{1}{4}\right) \int_0^{2\pi} \frac{1-\cos 2\theta}{2}\mathrm{d}\theta = \left(4\pi^4 - \frac{1}{4}\right) \cdot \left(\frac{1}{2}\theta - \frac{\sin 2\theta}{4}\right)\Big|_0^{2\pi}$$

$$= \pi^5 - \frac{\pi}{4}$$

**例 5**　计算 $\iint\limits_{D} \mathrm{e}^{-x^2-y^2}\mathrm{d}x\mathrm{d}y$，$D$ 是圆心在原点，半径为 $R$ 的圆域.

**解**　这属于极点 $O$ 在区域 $D$ 的内部的情况，在极坐标系下
$$D = \{(r,\theta) \mid 0 \leqslant r \leqslant R, 0 \leqslant \theta \leqslant 2\pi\}, \mathrm{e}^{-x^2-y^2} = \mathrm{e}^{-(x^2+y^2)} = \mathrm{e}^{-r^2}$$

$$\iint\limits_{D} \mathrm{e}^{-r^2} r\mathrm{d}r\mathrm{d}\theta = \int_0^{2\pi} \mathrm{d}\theta \int_0^R r\mathrm{e}^{-r^2}\mathrm{d}r = 2\pi\left[-\frac{1}{2}\mathrm{e}^{-r^2}\right]_0^R = \pi(1 - \mathrm{e}^{-R^2})$$

# 同步练习 8.2

1.填空题.

(1) $3\int_1^2 \mathrm{d}x \int_0^1 \ln x\mathrm{d}y = $ _____.

(2) 累次积分 $\int_0^1 \mathrm{d}x \int_x^{\sqrt{x}} f(x,y)\mathrm{d}y$ 交换积分呢次序后，得到的积分为 _____.

2.设函数 $f(x,y)$ 连续，则二次积分 $\int_{\frac{\pi}{2}}^{\pi} \mathrm{d}x \int_{\sin x}^1 f(x,y)\mathrm{d}y$ 等于（　　）.

A. $\int_0^1 \mathrm{d}y \int_{\pi+\arcsin y}^{\pi} f(x,y)\mathrm{d}x$；　　　　　B. $\int_0^1 \mathrm{d}y \int_{\pi-\arcsin y}^{\pi} f(x,y)\mathrm{d}x$；

C. $\int_0^1 \mathrm{d}y \int_{\frac{\pi}{2}}^{\pi+\arcsin y} f(x,y)\mathrm{d}x$；　　　　D. $\int_0^1 \mathrm{d}y \int_{\frac{\pi}{2}}^{\pi-\arcsin y} f(x,y)\mathrm{d}x$.

3.计算下列二重积分.

(1) $\iint\limits_{D} x\,\mathrm{e}^{xy}\,\mathrm{d}x\mathrm{d}y, D:0 \leqslant x \leqslant 1, -1 \leqslant y \leqslant 0.$

(2) $\iint\limits_{D} \dfrac{x}{y}\,\mathrm{d}x\mathrm{d}y, D:$ 由 $y = 2x, y = x, x = 2, x = 4$ 所围成.

(3) $\iint\limits_{D} x\sqrt{y}\,\mathrm{d}x\mathrm{d}y, D$ 为 $y = \sqrt{x}, y = x^2$ 所围成的区域.

(4) $\iint\limits_{D} \cos(x + y)\,\mathrm{d}x\mathrm{d}y, D$ 为 $x = 0, y = \pi, y = x$ 围成的区域.

# 8.3　二重积分的应用

## 8.3.1　体积和平面图形的面积

**例 1**　计算由抛物面 $z = 2 - x^2 - y^2$ 与 $z = x^2 + y^2$ 所围成的立体的体积.

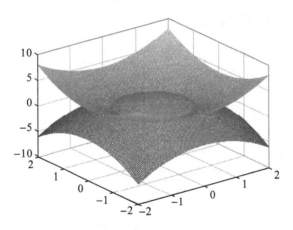

图 8 − 13

**解**　两曲面的交线在 $xoy$ 面上是圆周 $x^2 + y^2 = 1$,所以定义域为 $x^2 + y^2 \leqslant 1$,所以

$$V = \iint\limits_{D}(2 - x^2 - y^2)\,\mathrm{d}\sigma - \iint\limits_{D}(x^2 + y^2)\,\mathrm{d}\sigma$$

$$= 2\int_0^{2\pi}\mathrm{d}\theta\int_0^1(1 - r^2)r\mathrm{d}r$$

$$= \pi$$

**例 2**　计算由曲线 $r = 2\sin\theta$ 与直线 $\theta = \dfrac{\pi}{6}$ 及 $\theta = \dfrac{\pi}{3}$ 所围成的平面图形的面积.

**解**　设所求图形的面积为 $A$,所占区域为 $D$

$$A = \iint\limits_{d}\mathrm{d}\sigma = \int_{\frac{\pi}{6}}^{\frac{\pi}{3}}\mathrm{d}\theta\int_0^{2\sin\theta}r\mathrm{d}r$$

$$= \int_{\frac{\pi}{6}}^{\frac{\pi}{3}}(1 - \cos 2\theta)\,\mathrm{d}\theta = \dfrac{\pi}{6}$$

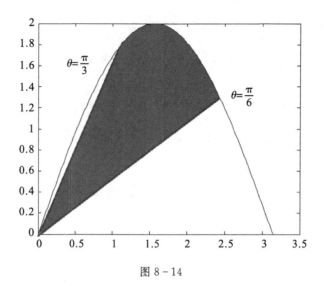

图 8 - 14

## 8.3.2 平面薄板的质量和重心

### 1. 平面薄板的质量

设面密度 $\rho(x,y)$ 在薄片所占闭区域 $D$ 内连续,则其质量微元为

$$\mathrm{d}m = \rho(x,y)\mathrm{d}\sigma$$

因而非均匀薄片的质量为

$$m = \iint\limits_{D}\rho(x,y)\mathrm{d}\sigma \qquad (8-2)$$

**例 3** 设平面薄片所占区域是上半圆:$x^2 + y^2 \leqslant 1$,且 $y \geqslant 0$,它在点 $(x,y)$ 处的面密度为 $\rho(x,y) = x + y$,求此薄片的质量.

**解** 所求薄板的质量为 $m = \iint\limits_{D}\rho(x,y)\mathrm{d}\sigma$,其中 $D = \{(x,y) \mid x^2 + y^2 \leqslant 1, y \geqslant 0\}$

利用极坐标计算得

$$m = \int_{0}^{\pi}\mathrm{d}\theta\int_{0}^{1}(r\cos\theta + r\sin\theta)r\mathrm{d}r$$

$$= \int_{0}^{\pi}(\cos\theta + \sin\theta)\mathrm{d}\theta\int_{0}^{1}r^2\,\mathrm{d}r$$

$$= \frac{2}{3}$$

### 2. 平面薄板的重心

设有一平面薄板,占有 $xOy$ 面上的区域 $D$,其面密度 $\rho(x,y)$ 是 $D$ 上的连续函数,因此质量为

$$M = \iint\limits_{D}\rho(x,y)\mathrm{d}\sigma$$

类似地,$M_y$ 和 $M_x$ 的微元为

$$\mathrm{d}M_x = x\rho(x,y)\mathrm{d}\sigma, \mathrm{d}M_y = y\rho(x,y)\mathrm{d}\sigma$$

因而

$$M_y = \iint\limits_D x\rho(x,y)\mathrm{d}\sigma, M_x = \iint\limits_D y\rho(x,y)\mathrm{d}\sigma$$

于是,得到平面薄板的重心坐标为

$$\overline{x} = \frac{M_y}{M} = \frac{\iint\limits_D x\rho(x,y)\mathrm{d}\sigma}{\iint\limits_D \rho(x,y)\mathrm{d}\sigma}, \overline{y} = \frac{M_x}{M} = \frac{\iint\limits_D y\rho(x,y)\mathrm{d}\sigma}{\iint\limits_D \rho(x,y)\mathrm{d}\sigma} \tag{8-3}$$

如果薄板的质量是均匀分布的,则它的重心坐标为

$$\overline{x} = \frac{1}{A}\iint\limits_D x\mathrm{d}\sigma, \overline{y} = \frac{1}{A}\iint\limits_D y\mathrm{d}\sigma \tag{8-4}$$

其中, $A = \iint\limits_D \mathrm{d}\sigma$ 为闭区域 $D$ 的面积.

# 同步练习 8.3

1.求半径为 $a$ 的球的表面积.

2.求由 $x^3 + y^3 = (x^2 + y^2)^2$ 所围成平面图形的面积.

3.求位于两圆 $x^2 + (y-2)^2 = 4$ 和 $x^2 + (y-1)^2 = 1$ 之间均匀薄的质心.

4.求半径为 $a$ 的均匀半圆薄片对其直径的转动惯量.

# 8.4　应用案例

**例1**　湖泊体积及平均水深的估算.

椭球正弦曲面是许多湖泊的湖床形状的很好的近似.假定湖面的边界为椭圆 $\dfrac{x^2}{a^2} + \dfrac{y^2}{b^2} = 1$,若湖的最大为水深 $h_{\max}$,则椭球正弦曲面由下列函数给出

$$f(x,y) = -h_{\max}\cos\left(\frac{\pi}{2}\sqrt{\frac{x^2}{a^2} + \frac{y^2}{b^2}}\right)$$

其中 $\dfrac{x^2}{a^2} + \dfrac{y^2}{b^2} \leqslant 1$.现要求湖水的体积 $V$ 及平均水深 $\overline{h}$.

**解**　设 $D:\dfrac{x^2}{a^2} + \dfrac{y^2}{b^2} \leqslant 1$ 是湖面的椭圆区域,湖水的总体积 $V$ 为

$$V = \iint\limits_D |f(x,y)|\mathrm{d}x\mathrm{d}y = \iint\limits_D h_{\max}\cos\left(\frac{\pi}{2}\sqrt{\frac{x^2}{a^2} + \frac{y^2}{b^2}}\right)\mathrm{d}x\mathrm{d}y$$

被积函数和区域 $D$ 的形状启示我们用变换

$$\begin{cases} x = ar\cos\theta \\ y = br\sin\theta \end{cases}, 0 \leqslant r < 1, 0 \leqslant \theta < 2\pi \Rightarrow J = abr$$

故

$$V = \int_0^{2\pi}\mathrm{d}\theta\int_0^1 h_{\max}\cos\left(\frac{\pi}{2}r\right)abr\mathrm{d}r = 2\pi ab h_{\max}\int_0^1 \cos\left(\frac{\pi}{2}r\right)r\mathrm{d}r$$

$$= 4abh_{\max}\left[\int_0^1 rd\left(\sin\frac{\pi}{2}r\right)\right] = 4abh_{\max}\left[r\sin\frac{\pi}{2}r\,\Big|_0^1 - \int_0^1 \sin\left(\frac{\pi}{2}r\right)dr\right]$$

$$= 4abh_{\max}\left[1 + \frac{2}{\pi}\cos\left(\frac{\pi}{2}r\right)\Big|_0^1\right] = 4abh_{\max}\left[1 - \frac{2}{\pi}\right] \approx 1.4535abh_{\max}$$

上述公式可通过测量 $a, b, h_{\max}$ 来估计湖水的体积(即水量). 容易证明椭圆 $D$ 的面积为 $\pi ab$,因而平均湖水深度为:

$$\overline{h} = \frac{1}{\pi ab}\iint\limits_D |f(x,y)|\,dxdy = \frac{1.4535abh_{\max}}{\pi ab} \approx 0.463h_{\max}$$

即 $\dfrac{\overline{h}}{h_{\max}} = 0.463$.

实际上,人们对全世界 107 个湖泊的研究结果表面,$\dfrac{\overline{h}}{h_{\max}}$ 的平均值为 $0.467$.

## 8.5　数学实验

1.计算 $\displaystyle\iint\limits_D \cos(x+y)\,d\sigma$,其中 $D$ 由 $y = \dfrac{1}{2x}$,$y = \sqrt{2x}$,$x = 2.5$ 围成.

程序如下:

```
>> x = 0.001:0.001:3;
>> y1 = 1. / (2 * x);
>> y2 = sqrt(2 * x);
>> plot(x,y1,'b-',x,y2,'M',x,2.5,'r')
>> axis([-0.5 3 -0.5 3])
>> title('由 y1 = 1./(2 * x),y2 = sqrt(2 * x) 和 x = 2.5 所围成的积分区域 D')
```

运行后的区域如图 8-15 所示。

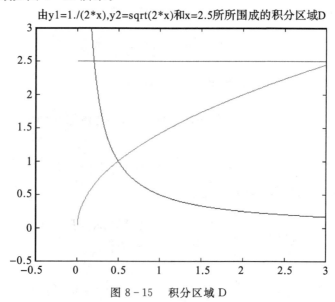

图 8-15　积分区域 D

确定积分限,程序如下:

```
>> syms x y
>> y1 = ('2 * x * y = 1');
>> y2 = ('y - sqrt(2 * x) = 0');
>> [x,y] = solve(y1,y2,x,y)
```

运行后屏幕显示两条曲线 $2xy = 1$, $y = \sqrt{2x}$ 的交点如下:

```
>> x = 1/2
>> y = 1
```

计算程序如下:

```
>> syms x y
>> f = cos(x + y);
>> y1 = 1/(2 * x);
>> y2 = sqrt(2 * x);
>> jfy = int(f,y,y1,y2);
>> jfx = int(jfy,x,0.5,2.5);
>> jf2 = double(jfx)
```

运行后屏幕显示如下:

jf2 =- 1.8321

**例 2**　计算二重积分 $I = \iint\limits_{D} x^2 e^{-y^2} \mathrm{d}x\mathrm{d}y$ $D$ 是由直线 $x = 0$, $y = 1$, $y = x$ 所围区域.

**解**　该积分可以写成 $I = \int\limits_{0}^{1}\mathrm{d}y\int\limits_{0}^{y} x^2 e^{-y^2} \mathrm{d}x$ 或 $I = \int\limits_{0}^{1}\mathrm{d}x\int\limits_{0}^{y} x^2 e^{-y^2} \mathrm{d}y$

第一种形式的求解步骤为:

```
>> syms x y
>> I1 = int(x^2 * exp(- y^2),x,0,y)
```

输出:

I1 =

y^3/(3 * exp(y^2))

```
>> I = int(I1,y,0,1)
```

输出:

I =

1/6 - 1/(3 * exp(1))

采用第二种形式,手工无法计算,而 MATLAB 却可以计算

```
>> syms x y
>> I1 = int(x^2 * exp(- y^2),y,x,1)
```

输出:

I1 =

(pi^(1/2) * x^2 * (erf(1) - erf(x)))/2

```
>> I = int(I1,x,0,1)
```

输出:

I =

$1/6 - 1/(3 * \exp(1))$

# 单元测试 8

1.交换下列二次积分的积分次序.

(1) $\displaystyle\int_0^1 \mathrm{d}y \int_{\sqrt{y}}^{\sqrt{2-y}} f(x,y)\mathrm{d}x =$ _____.

(2) $\displaystyle\int_0^2 \mathrm{d}y \int_{y^2}^{2y} f(x,y)\mathrm{d}x =$ _____.

(3) $\displaystyle\int_0^1 \mathrm{d}y \int_0^y f(x,y)\mathrm{d}x =$ _____.

(4) $\displaystyle\int_0^1 \mathrm{d}y \int_{-\sqrt{1-y^2}}^{\sqrt{1-y^2}} f(x,y)\mathrm{d}x =$ _____.

(5) $\displaystyle\int_1^e \mathrm{d}x \int_0^{\ln x} f(x,y)\mathrm{d}y =$ _____.

(6) $\displaystyle\int_0^4 \mathrm{d}y \int_{-\sqrt{4-y}}^{\frac{1}{2}(y-4)} f(x,y)\mathrm{d}x =$ _____.

2.积分 $\displaystyle\int_0^2 \mathrm{d}x \int_x^2 \mathrm{e}^{-y^2}\mathrm{d}y$ 的值等于_____.

3.设区域 $D$ 是有 $x$ 轴、$y$ 轴与直线 $x+y=1$ 所围成,根据二重积分的性质,试比较积分
$I = \displaystyle\iint_D (x+y)^2 \mathrm{d}\sigma$ 与 $I = \displaystyle\iint_D (x+y)^3 \mathrm{d}\sigma$ 的大小_____.

4.设 $D = \left\{ (x,y) \,\middle|\, 0 \leqslant x \leqslant \dfrac{\pi}{2}, 0 \leqslant y \leqslant \dfrac{\pi}{2} \right\}$,

则积分 $I = \displaystyle\iint_D \sqrt{1-\sin^2(x+y)}\,\mathrm{d}x\mathrm{d}y$ _____.

5.选用适当的坐标计算下列各题.

(1) $\displaystyle\iint_D \frac{x^2}{y^2}\mathrm{d}\sigma$,其中 $D$ 是直线 $x=2,y=x$ 及曲线 $xy=1$ 所围成的闭区域.

(2) $\displaystyle\iint_D (1+x)\sin y\,\mathrm{d}\sigma$,其中 $D$ 是顶点分别为 $(0,0),(1,0),(1,2)$ 和 $(0,1)$ 的梯形闭区域.

(3) $\displaystyle\iint_D \sqrt{R^2-x^2-y^2}\,\mathrm{d}\sigma$,其中 $D$ 是圆周 $x^2+y^2=Rx$ 所围成的闭区域.

(4) $\displaystyle\iint_D \sqrt{x^2+y^2}\,\mathrm{d}\sigma$,其中 $D$ 是圆环形闭区域 $\{(x,y) \,|\, a^2 \leqslant x^2+y^2 \leqslant b^2\}$.

# 第9章  级数

级数是高等数学的一个重要组成部分,它是表示函数,研究函数的性质以及进行数值计算的一种重要的数学工具,在电学、力学等学科中有着广泛的应用.本章将介绍无穷级数的一些基本概念和性质,并进一步研究幂级数及其展开.

## 9.1  数项级数的概念与性质

无穷级数是一个与数列极限有着密切联系的概念,早在我国古代,数学家刘徽就运用无穷级数的思想计算过圆的面积,但是无穷级数严谨的数学概念是在 19 世纪初随着极限的概念一同建立起来的,下面给出它的定义.

### 9.1.1  数项级数的概念

**定义 1**  给定一个数列 $u_1, u_2, u_3, \cdots, u_n, \cdots$,则称 $u_1 + u_2 + \cdots + u_n + \cdots$ 为常数项无穷级数,简称级数.记作 $\sum\limits_{n=1}^{\infty} u_n$,即

$$\sum_{n=1}^{\infty} u_n = u_1 + u_2 + \cdots + u_n + \cdots \tag{9-1}$$

其中 $u_n$ 称为一般项或通项.

我们把式(9-1)的前 $n$ 项的和 $s_n = u_1 + u_2 + u_3 + \cdots + u_n$   叫做级数的前 $n$ 项和或部分和.

常见级数:(1) 算术级数:$a_1 + (a_1 + d) + (a_1 + 2d) + \cdots + (a_1 + (n-1)d) \cdots$.

(2) 几何级数:$a + aq + aq^2 \cdots + aq^{n-1} + \cdots$.

(3) $P$ -级数:$\sum\limits_{n+1}^{\infty} \dfrac{1}{n^p} = 1 + \dfrac{1}{2^p} + \dfrac{1}{3^p} + \cdots + \dfrac{1}{n^p} + \cdots$,$p = 1$ 时称为调和级数.

级数是无穷多个数的累加的结果,所以不能像有限个数那样直接逐项累加,但我们可以先求部分和,然后运用极限的方法来解决这个无穷多项累加的问题.

**定义 2**  如果 $n \to \infty$ 时,级数 $\sum\limits_{n=1}^{\infty} u_n (9-1)$ 的部分和数列 $s_n$ 的极限存在且为 $s$,即 $\lim\limits_{n \to \infty} s_n = s$,称无穷级数(9-1)收敛,并称极限值 $s$ 为该级数的和,即

$$\sum_{n=1}^{\infty} u_n = s$$

如果 $n \to \infty$ 时,$s_n$ 极限不存在,则称级数是发散的.

显然,当级数 $\sum\limits_{n=1}^{\infty} u_n$ 收敛时,其部分和 $s_n$ 是级数和 $s$ 的近似值,它们之间的差值

$$r_n = s - s_n = u_{n+1} + u_{n+2} + u_{n+3} + \cdots$$

叫做级数 $\sum\limits_{n=1}^{\infty} u_n$ 的余项.

**例 1** 讨论等比级数（几何级数）$\sum\limits_{n=0}^{\infty} aq^n = a + aq + aq^2 + \cdots + aq^n + \cdots$ 的敛散性,其中 $a \neq 0$, $q$ 叫做级数的公比.

**解** 如果 $|q| \neq 1$,则部分和

$$s_n = a + aq + aq^2 + \cdots + aq^{n-1} = \frac{a - aq^n}{1-q} = \frac{a}{1-q} - \frac{aq^n}{1-q}.$$

当 $|q| < 1$ 时, $\lim\limits_{n\to\infty} s_n = \frac{a}{1-q}$,此时级数 $\sum\limits_{n=0}^{\infty} aq^n$ 收敛,其和为 $\frac{a}{1-q}$;

当 $|q| > 1$ 时, $\lim\limits_{n\to\infty} s_n = \infty$,此时级数 $\sum\limits_{n=0}^{\infty} aq^n$ 发散.

如果 $|q| = 1$,则当 $q = 1$ 时, $\lim\limits_{n\to\infty} s_n = \lim na = \infty$,级数 $\sum\limits_{n=0}^{\infty} aq^n$ 发散;当 $q = -1$ 时,级数 $\sum\limits_{n=0}^{\infty} aq^n$ 成为 $a - a + a - a + \cdots$, $s_n$ 随着 $n$ 为奇数或偶数而等于 $a$ 或 $0$,从而 $s_n$ 的极限不存在,所以级数 $\sum\limits_{n=0}^{\infty} aq^n$ 也发散.所以当 $|q| = 1$ 时,该级数发散.

综上所述,如果 $|q| < 1$,级数 $\sum\limits_{n=0}^{\infty} aq^n$ 收敛,其和为 $\frac{a}{1-q}$;如果 $|q| \geqslant 1$,则级数 $\sum\limits_{n=0}^{\infty} aq^n$ 发散.

**例 2** 证明级数 $\ln 2 + \ln \frac{3}{2} + \ln \frac{4}{3} + \cdots + \ln \frac{n+1}{n} + \cdots$ 是发散的.

**证明** 此级数的部分和为

$$s_n = \ln 2 + (\ln 3 - \ln 2) + (\ln 4 - \ln 3) + \cdots + (\ln(n+1) - \ln n) = \ln(n+1)$$

显然 $\lim\limits_{n\to\infty} s_n = +\infty$,所以该级数发散.

**例 3** 设数列通项 $u_n = \frac{1}{1+2+3+\cdots+n}$ $(n = 1, 2, \cdots)$,判断级数 $\sum\limits_{n=1}^{\infty} u_n$ 的敛散性.

**解** 由于 $u_n = 1 + 2 + 3 + \cdots + n = \frac{n(n+1)}{2}$,所以 $u_n = \frac{2}{n(n+1)} = 2\left(\frac{1}{n} - \frac{1}{n+1}\right)$. 级数的前 $n$ 项部分和为

$$\begin{aligned} s_n &= 2\left[\frac{1}{1 \times 2} + \frac{1}{2 \times 3} + \cdots + \frac{1}{n(n+1)}\right] \\ &= 2\left[\left(1 - \frac{1}{2}\right) + \left(\frac{1}{2} - \frac{1}{3}\right) + \cdots + \left(\frac{1}{n} - \frac{1}{n+1}\right)\right] \\ &= 2\left(1 - \frac{1}{n+1}\right) \end{aligned}$$

故

$$\lim\limits_{n\to\infty} s_n = \lim\limits_{n\to\infty} 2\left(1 - \frac{1}{n+1}\right) = 2$$

所以级数 $\sum\limits_{n=1}^{\infty} \frac{1}{1+2+3+\cdots+n}$ 收敛,其和为 2.

## 9.1.2　数项级数的基本性质

因为发散级数没有和,如果使用了发散级数的和,会导致错误的结果,所以判断级数是否收敛是非常重要的.应用数列极限的有关性质可推得级数的一些重要性质.

**性质 1**　级数 $\sum\limits_{n=1}^{\infty} u_n$ 与级数 $\sum\limits_{n=1}^{\infty} k u_n$（常数 $k \neq 0$）敛散性相同,且若 $\sum\limits_{n=1}^{\infty} u_n$ 收敛于 $s$,则 $\sum\limits_{n=1}^{\infty} k u_n$ 收敛于 $ks$.

**性质 2**　若级数 $\sum\limits_{n=1}^{\infty} u_n$ 与 $\sum\limits_{n=1}^{\infty} v_n$ 分别收敛于 $\alpha$ 与 $\beta$,则级数 $\sum\limits_{n=1}^{\infty} (u_n \pm v_n)$ 收敛于 $\alpha \pm \beta$.

**性质 3**　添加、去掉或改变级数的有限项,级数的敛散性不变.

**性质 4(两边夹定理)**　如果 $u_n \leqslant v_n \leqslant w_n$ 且 $\sum\limits_{n=1}^{\infty} u_n$ 和 $\sum\limits_{n=1}^{\infty} w_n$ 都收敛,则 $\sum\limits_{n=1}^{\infty} u_n$ 也收敛.

以上四个性质用于判定级数敛散性时,都需要把判定级数与已知敛散性的级数作比较,可称之为比较判别法.下面再给出几个通过级数本身即可判定其敛散性的方法.

**性质 5(级数收敛的必要条件)**　若级数 $\sum\limits_{n=1}^{\infty} u_n$ 收敛,则 $\lim\limits_{n \to \infty} u_n = 0$.

由性质 5 可知,级数的一般项不趋于零,该级数一定发散.

**例 4**　判断级级数 $\sum\limits_{n=1}^{\infty} \dfrac{n}{2n+1}$ 的敛散性.

**解**　$\because \lim\limits_{n \to \infty} u_n = \lim\limits_{n \to \infty} \dfrac{n}{2n+1} = \dfrac{1}{2}$ 不为 $0$,$\therefore \sum\limits_{n=1}^{\infty} \dfrac{n}{2n+1}$ 发散.

# 同步练习 9.1

1.级数收敛的必要条件所起的作用是什么?

2.写出下列级数的前五项.

(1) $\sum\limits_{n=1}^{\infty} \dfrac{1}{n(n+1)}$;

(2) $\sum\limits_{n=1}^{\infty} \dfrac{n+1}{n^2+1}$.

3.写出下列级数的一般项.

(1) $\dfrac{2}{1} - \dfrac{3}{2} + \dfrac{4}{3} - \dfrac{5}{4} + \cdots$;

(2) $x - \dfrac{x^2}{2} + \dfrac{x^3}{3} - \dfrac{x^4}{4} + \cdots$.

4.根据级数收敛的定义,判断下列级数的敛散性,对收敛者求其和.

(1) $\dfrac{1}{3} + \dfrac{1}{9} + \dfrac{1}{27} + \cdots + \dfrac{1}{3^n} + \cdots$;

(2) $\ln \dfrac{2}{1} + \ln \dfrac{3}{2} + \ln \dfrac{4}{3} + \cdots + \ln \dfrac{n+1}{n} + \cdots$;

(3) $\sum\limits_{n=1}^{\infty} \dfrac{n}{10n+1}$;

(4) $\sum\limits_{n=1}^{\infty} (\sqrt{n+1} - \sqrt{n})$.

# 9.2　正项级数及其审敛法

## 9.2.1　正项级数

正项级数是一类比较简单而重要的级数,在研究其他级数敛散性问题时,常常归结为正项级数敛散性的讨论.下面给出正项级数的定义

**定义 1**　设给定一个级数 $\sum\limits_{n=1}^{\infty} u_n$,如果它的每一项都是非负的,即

$$u_n \geqslant 0, n = 1, 2, \cdots$$

则称级数 $\sum\limits_{n=1}^{\infty} u_n$ 为正项级数.

## 9.2.2　正项级数的审敛法

由正项级数定义可知,正项级数的部分和 $s_n$ 满足:$s_{n+1} - s_n = u_{n+1} \geqslant 0$,因而有 $s_{n+1} \geqslant s_n (n = 1, 2, \cdots)$,即正项级数的部分和数列是单调递增的,根据单调有界数列的极限存在准则可知,当 $\{s_n\}$ 有上界时,正项级数就收敛;当 $\{s_n\}$ 无上界时,正项级数就发散,于是有下列结论.

**定理 1(正项级数收敛准则)**　正项级数收敛的充要条件是:它的部分和数列 $\{s_n\}$ 有界.

**例 1**　证明 $\sum\limits_{n=1}^{\infty} \dfrac{1}{n!} = 1 + \dfrac{1}{1!} + \dfrac{1}{2!} + \cdots + \dfrac{1}{n!} + \cdots$ 是收敛的.

**证明**　因为 $\dfrac{1}{n!} = \dfrac{1}{1 \cdot 2 \cdot 3 \cdots \cdot n} \leqslant \dfrac{1}{1 \cdot 2 \cdot 2 \cdot 2 \cdots \cdot 2} = \dfrac{1}{2^{n-1}} (n = 1, 2, 3 \cdots)$

于是对任意的 $n$ 有

$$S_n = 1 + \frac{1}{1!} + \frac{1}{2!} + \cdots + \frac{1}{(n-1)!} < 1 + 1 + \frac{1}{2} + \frac{1}{2^2} + \cdots + \frac{1}{2^{n-1}}$$

$$= 1 + \frac{1 - \dfrac{1}{2^{n-1}}}{1 - \dfrac{1}{2}} = 3 - \frac{1}{2^{n-2}} < 3$$

即正项级数的部分和数列有界,故级数 $\sum\limits_{n=1}^{\infty} \dfrac{1}{n!}$ 收敛.

根据定理 1,我们可推出一个判定正项级数敛散性的法则.

**定理 2(比较判别法)**　设 $\sum\limits_{n=1}^{\infty} u_n$ 与 $\sum\limits_{n=1}^{\infty} v_n$ 是两个正项级数,且 $u_{n_n} \leqslant v_n (n = 1, 2, \cdots)$

(1) 若 $\sum\limits_{n=1}^{\infty} v_n$ 收敛,则 $\sum\limits_{n=1}^{\infty} u_n$ 一定收敛;

(2) 若 $\sum\limits_{n=1}^{\infty} u_n$ 发散,则 $\sum\limits_{n=1}^{\infty} v_n$ 一定发散.

比较判别法指出,判断一个正项级数是否收敛,可以将它与一个敛散性已知的正项级数(比如取几何级数或 $p -$ 级数)比较,从而得出结果.

**例 2**　判断调和级数 $\sum\limits_{n=1}^{\infty} \dfrac{n+1}{n^3+1}$ 的敛散性.

**解**　因为 $\dfrac{n+1}{n^3+1} < \dfrac{2n}{n^3} = \dfrac{2}{n^2}$

级数 $\sum\limits_{n=1}^{\infty} \dfrac{1}{n^2}$ 是 $p-$ 级数, 由级数的性质知, 级数 $\sum\limits_{n=1}^{\infty} \dfrac{2}{n^2}$ 也是收敛的, 由比较收敛法知, 级数 $\sum\limits_{n=1}^{\infty} \dfrac{n+1}{n^3+1}$ 也是收敛的.

**例 3**　判断 $\sum\limits_{n=1}^{\infty} \dfrac{1}{\sqrt{n(n+1)}}$ 的敛散性.

**解**　因为 $n(n+1) < (n+1)^2$, 故 $\dfrac{1}{\sqrt{n(n+1)}} > \dfrac{1}{n+1}$

又级数 $\sum\limits_{n=1}^{\infty} \dfrac{1}{n+1} = \dfrac{1}{2} + \dfrac{1}{3} + \cdots + \dfrac{1}{n+1} + \cdots$

是调和级数 $\sum\limits_{n=1}^{\infty} \dfrac{1}{n}$ 去掉第一项所成的级数. 由级数的性质知它是发散的. 再由比较收敛法知, 级数 $\sum\limits_{n=1}^{\infty} \dfrac{1}{\sqrt{n(n+1)}}$ 也是发散的.

**定理 3(比较判别法的极限形式)**　设 $\sum\limits_{n=1}^{\infty} u_n$ 和 $\sum\limits_{n=1}^{\infty} v_n$ 是两个正项级数. 如果

$$\lim_{n\to\infty} \frac{u_n}{v_n} = l \,(0 < l < +\infty)$$

则级数 $\sum\limits_{n=1}^{\infty} u_n$ 和级数 $\sum\limits_{n=1}^{\infty} v_n$ 有相同的敛散性.

**例 4**　判断级数 $\sum\limits_{n=1}^{\infty} \ln\left(1 + \dfrac{1}{n^2}\right)$ 的敛散性.

**解**　因为

$$\lim_{n\to\infty} \frac{\ln\left(1 + \dfrac{1}{n^2}\right)}{\dfrac{1}{n^2}} = 1$$

而级数 $\sum\limits_{n=1}^{\infty} \dfrac{1}{n^2}$ 收敛, 所以级数 $\sum\limits_{n=1}^{\infty} \ln\left(1 + \dfrac{1}{n^2}\right)$ 也收敛.

在利用比较判别法时有时不易找到作比较的已知级数, 那么, 能否从级数本身判定其敛散性呢?

**定理 4(达朗贝尔比值判别法)**　设 $\sum\limits_{n=1}^{\infty} u_n$ 是一个正项级数, 且 $\lim\limits_{n\to\infty} \dfrac{u_{n+1}}{u_n} = q$, 则

(1) 当 $q < 1$ 时, 级数收敛;

(2) 当 $q > 1$ 时, 级数发散;

(3) 当 $q = 1$ 时, 级数可能收敛, 也可能发散.

**注:** 如果正项级数的一般项中含有幂、乘方或阶乘因式时, 可试用比值判别法.

**例 5**　判断$(1)\sum\limits_{n=1}^{\infty}\dfrac{n!}{10^n}$；$(2)\sum\limits_{n=1}^{\infty}\dfrac{a^n}{n!}$，$(a>0$，为常数$)$的敛散性.

**解**　(1) 因为　$\lim\limits_{n\to\infty}\dfrac{u_{n+1}}{u_n}=\lim\limits_{n\to\infty}\dfrac{(n+1)!}{10^{n+1}}\cdot\dfrac{10^n}{n!}=\lim\limits_{n\to\infty}\dfrac{n+1}{10}=\infty$

所以级数$\sum\limits_{n=1}^{\infty}\dfrac{n!}{10^n}$发散.

(2) 因为　$\lim\limits_{n\to\infty}\dfrac{u_{n+1}}{u_n}=\lim\limits_{n\to\infty}\dfrac{\dfrac{a^{n+1}}{(n+1)!}}{\dfrac{a^n}{n!}}=\lim\limits_{n\to\infty}\dfrac{a}{n+1}=0<1$

所以级数$\sum\limits_{n=1}^{\infty}\dfrac{a^n}{n!}$收敛.

### 9.2.3　交错级数及其审敛法

**定义 2**　设$u_n>0$，则级数$\sum\limits_{n=1}^{\infty}(-1)^n u_n$称为交错级数.

**注**：如$\sum\limits_{n=1}^{\infty}(-1)^{n-1}\dfrac{1}{n}$是交错级数，但$\sum\limits_{n=1}^{\infty}(-1)^{n-1}\dfrac{1-\cos n\pi}{n}$不是交错级数. 下面给出交错级数的判别法.

**定理 5(莱布尼茨判别法)**　如果交错级数$\sum\limits_{n=1}^{\infty}(-1)^n u_n(u_n>0)$满足下列条件：

(1)$u_n\geqslant u_{n+1}(n=1,2,3,\cdots)$；

(2)$\lim\limits_{n\to\infty}u_n=0$.

则交错级数$\sum\limits_{n=1}^{\infty}(-1)^n u_n$收敛，且其和$S\leqslant u_1$，其余项$|r_n|\leqslant u_{n+1}$.

**例 6**　判断交错级数$\sum\limits_{n=1}^{\infty}(-1)^n\dfrac{1}{n}$的敛散性.

**解**　因为所给级数满足

(1)$u_n=\dfrac{1}{n}>\dfrac{1}{n+1}=u_{n+1}>0\quad(n=1,2,\cdots)$

(2)$\lim\limits_{n\to\infty}u_n=\lim\limits_{n\to\infty}\dfrac{1}{n}=0$

由定理 5 可知该级数是收敛的.

**例 7**　判断交错级数$\sum\limits_{n=1}^{\infty}(-1)^{n-1}\dfrac{1}{n\cdot3^n}$的收敛性.

**解**　$u_n=\dfrac{1}{n\cdot3^n}$，显然$\dfrac{1}{(n+1)\cdot3^{n+1}}<\dfrac{1}{n\cdot3^n}$，且$\lim\limits_{n\to\infty}u_n=\lim\limits_{n\to\infty}\dfrac{1}{n\cdot3^n}=0$，所以级数收敛.

### 9.2.4　绝对收敛与条件收敛

**定义 5**　若$\sum\limits_{n=1}^{\infty}|u_n|$收敛，则称$\sum\limits_{n=1}^{\infty}u_n$是绝对收敛的，若$\sum\limits_{n=1}^{\infty}u_n$收敛而$\sum\limits_{n=1}^{\infty}|u_n|$发散，则称

$\sum\limits_{n=1}^{\infty} u_n$ 是条件收敛的.

**定理 6**　如果 $\sum\limits_{n=1}^{\infty} u_n$ 是绝对收敛的,则级数 $\sum\limits_{n=1}^{\infty} u_n$ 必收敛.

定理 6 使得许多任意项级数的收敛性判断问题转化为正项级数的收敛性判断问题. 这是因为 $\sum\limits_{n=1}^{\infty} |u_n|$ 总是正项级数.

**例 8**　判断下列级数的敛散性. 如果收敛,指出是绝对收敛还是条件收敛.

(1) $\sum\limits_{n=1}^{\infty} (-1)^{n-1} \dfrac{n^3}{2^n}$; (2) $\sum\limits_{n=1}^{\infty} (-1)^{n-1} \dfrac{1}{\sqrt{n}}$.

**解**　(1) 先考虑所对应的正项级数 $\sum\limits_{n=1}^{\infty} \dfrac{n^3}{2^n}$,由比值判别法知道它是收敛的,故原级数绝对收敛;

(2) 对应的正项级数 $\sum\limits_{n=1}^{\infty} \dfrac{1}{\sqrt{n}}$ 是 $p-$级数,它是发散的,而原级数由莱布尼兹收敛法可知是收敛的,所以原级数是条件收敛的.

**例 9**　判断级数 $\sum\limits_{n=1}^{\infty} \dfrac{\sin na}{2^n}$ 的敛散性.

**解**　对于级数 $\sum\limits_{n=1}^{\infty} \dfrac{|\sin na|}{2^n}$,由于

$$0 \leqslant \frac{|\sin na|}{2^n} \leqslant \frac{1}{2^n}$$

而级数 $\sum\limits_{n=1}^{\infty} \dfrac{1}{2^n}$ 收敛. 由比较判别法可知,级数 $\sum\limits_{n=1}^{\infty} \dfrac{|\sin na|}{2^n}$ 收敛. 由定义 5 知,级数 $\sum\limits_{n=1}^{\infty} \dfrac{\sin na}{2^n}$ 是绝对收敛的,由定理 6 可知,级数 $\sum\limits_{n=1}^{\infty} \dfrac{\sin na}{2^n}$ 也收敛.

## 同步练习 9.2

1.判定一个级数收敛有那几种方法?

2.用比较判别法或其极限形式判定下列级数的敛散性.

(1) $\sum\limits_{n=1}^{\infty} \dfrac{1}{n^2+1}$;　　　　　　　　　　　(2) $\sum\limits_{n=1}^{\infty} \dfrac{1}{n\sqrt{n+1}}$.

3.用比值判别法判定下列级数的敛散性.

(1) $\sum\limits_{n=1}^{\infty} \dfrac{(n!)^2}{(2n)!}$;　　　(2) $\sum\limits_{n=1}^{\infty} \dfrac{n+2}{2^n}$;　　　(3) $\sum\limits_{n=1}^{\infty} \dfrac{n!}{2^n+1}$.

4.判断下列级数的敛散性,如果收敛,指出是绝对收敛还是条件收敛.

(1) $\sum\limits_{n=1}^{\infty} (-1)^n \dfrac{1}{2n-1}$;　　　　　　　　(2) $\sum\limits_{n=1}^{\infty} (-1)^{n+1} \dfrac{n+1}{2n}$.

# 9.3 幂级数

## 9.3.1 函数项级数

**定义 1** 如果级数

$$\sum_{n=1}^{\infty} u_n(x) = u_1(x) + u_2(x) + u_3(x) + \cdots + u_n(x) \tag{9-2}$$

的各项都是定义在某个区间上的函数,则称 $\sum_{n=1}^{\infty} u_n(x)$ 为函数项级数,$u_n(x)$ 称为级数的一般项.

当 $x$ 在区间 $I$ 中取某个特定值 $x_0$ 时,级数 $\sum_{n=1}^{\infty} u_n(x)$ 就是一个数项级数.如果这个数项级数收敛,则称 $x_0$ 为级数(9-2)的一个收敛点;如果发散,则称 $x_0$ 为级数(9-2)的发散点.

函数项级数 $\sum_{n=1}^{\infty} u_n(x)$ 的所有收敛点组成的集合称为它的收敛域(或称收敛区间).

设级数 $\sum_{n=1}^{\infty} u_n(x)$ 的收敛域为 $D$,则对于收敛域 $D$ 内的任意一个数 $x$,函数项级数成为一个收敛域内的数项级数,因此有一个确定的和 $S(x)$.这样,在收敛域上,函数项级数的和是 $x$ 的函数 $S(x)$,通常称 $S(x)$ 为函数项级数的和函数,即

$$S(x) = u_1(x) + u_2(x) + \cdots + u_n(x) + \cdots$$

其中 $x$ 是收敛域 $D$ 内的任意一点.

将函数项级数的前 $n$ 项和记作 $S_n(x)$,则在收敛域上有

$$\lim_{n \to \infty} S_n(x) = S(x)$$

例如,级数 $\sum_{n=1}^{\infty} x^n = 1 + x + x^2 + \cdots x^n + \cdots$ 收敛域为开区间 $(-1, 1)$,和函数为 $\dfrac{1}{1-x}$.

## 9.3.2 幂级数及其敛散性

**定义 2** 形如

$$\sum_{n=0}^{\infty} a_n (x-x_0)^n = a_0 + a_1(x-x_0) + a_2(x-x_0)^2 + \cdots + a_n(x-x_0)^n + \cdots (9-3)$$

的函数项级数称为 $x-x_0$ 的幂级数.其中 $a_0, a_1, a_2, \cdots, a_n, \cdots$ 称为幂级数的系数.

当 $x_0 = 0$ 时,上式变为

$$\sum_{n=1}^{\infty} a_n x^n = a_0 + a_1 x + a_2 x^2 + \cdots a_n x^n + \cdots \tag{9-4}$$

称为 $x$ 的幂级数.

如作变换 $y = x - x_0$,则级数(9-3)变为级数(9-4).因此,我们只讨论形如(9-4)的幂级数.

**1. 幂级数的收敛半径**

对于级数 $\sum_{n=1}^{\infty} |a_n x^n|$,如果记 $\lim\limits_{n \to \infty} \left| \dfrac{a_{n+1}}{a_n} \right| = \rho$,则

$$\lim_{n\to\infty}\left|\frac{u_{n+1}}{u_n}\right|=\lim_{n\to\infty}\left|\frac{a_{n+1}x^{n+1}}{a_nx^n}\right|=\lim_{n\to\infty}\left|\frac{a_{n+1}}{a_n}\right|\cdot|x|=|x|\cdot\rho.$$ 由比值判别法可知：

当 $\rho\neq0$ 时，若 $|x|\cdot\rho<1$，即 $|x|<\dfrac{1}{\rho}=R$，则级数（9-4）收敛. 若 $|x|\cdot\rho>1$，$|x|>$ $\dfrac{1}{\rho}=R$，则级数（9-4）发散.

这个结果表明，只要 $0<\rho<\infty$，就会有一个对称开区间 $(-R,R)$，在这个区间内幂级数绝对收敛，在这个区间外幂级数发散，当 $x=\pm R$ 时，级数可能收敛也可能发散.

因此称 $R=\dfrac{1}{\rho}$ 为幂级数（9-4）的收敛半径.

当 $\rho=0$ 时，$|x|\cdot\rho=0<1$，级数（9-4）对一切实数 $x$ 都绝对收敛，这时规定收敛半径 $R=+\infty$.

如果幂级数仅在 $x=0$ 一点处收敛，则规定收敛半径 $R=0$，由此可得

**定理 1**　如果幂级数（9-4）的系数满足

$$\lim_{n\to\infty}\left|\frac{a_{n+1}}{a_n}\right|=\rho$$

则（1）当 $0<\rho<+\infty$ 时，$R=\dfrac{1}{\rho}$；

（2）当 $\rho=0$ 时，$R=+\infty$；

（3）当 $\rho=+\infty$ 时，$R=0$.

**例 1**　求幂级数（1）$\displaystyle\sum_{n=0}^{\infty}\frac{x^n}{n!}$；（2）$\displaystyle\sum_{n=1}^{\infty}\frac{x^n}{n}$；（3）$\displaystyle\sum_{n=1}^{\infty}n^nx^n$ 的收敛半径.

**解**　（1）因为 $\displaystyle\lim_{n\to\infty}\left|\frac{a_{n+1}}{a_n}\right|=\lim_{n\to\infty}\frac{n!}{(n+1)!}=\lim_{n\to\infty}\frac{1}{1+n}=0$

所以幂级数 $\displaystyle\sum_{n=0}^{\infty}\frac{x^n}{n!}$ 的收敛半径 $R=+\infty$.

（2）因为 $\displaystyle\lim_{n\to\infty}\left|\frac{a_{n+1}}{a_n}\right|=\lim_{n\to\infty}\frac{n}{n+1}=\lim_{n\to\infty}\frac{1}{1+\frac{1}{n}}=1$

所以幂级数 $\displaystyle\sum_{n=1}^{\infty}\frac{x^n}{n}$ 的收敛半径 $R=1$.

（3）因为 $\displaystyle\lim_{n\to\infty}\left|\frac{a_{n+1}}{a_n}\right|=\lim_{n\to\infty}\frac{(n+1)^{n+1}}{n^n}=\lim_{n\to\infty}\left(1+\frac{1}{n}\right)^n(n+1)=+\infty$

所以幂级数 $\displaystyle\sum_{n=1}^{\infty}n^nx^n$ 的收敛半径 $R=0$.

**2. 幂级数的收敛区间**

若级数（9-4）的收敛半径为 $R$，则该级数在区间 $(-R,R)$ 内一定是收敛的，再把区间端点 $x=\pm R$ 代入级数中，判定级数的敛散性后，就可得到级数的收敛区间（或收敛域）.

**例 2**　求下列级数的收敛域.

（1）$\displaystyle\sum_{n=0}^{\infty}\frac{x^n}{n!}$；　　　　　（2）$\displaystyle\sum_{n=1}^{\infty}\frac{x^n}{n}$；　　　　　（3）$\displaystyle\sum_{n=1}^{\infty}n^nx^n$.

**解**　（1）由例 1 知收敛半径 $R=+\infty$，所以该级数的收敛域为 $(-\infty,+\infty)$.

（2）由例 1 知收敛半径 $R = 1$，所以该级数在区间 $(-1,1)$ 内收敛．

而当 $x = 1$ 时，级数为调和级数 $\sum\limits_{n=1}^{\infty} \dfrac{1}{n}$，它是发散的；当 $x = -1$ 时，级数为交错级数 $\sum\limits_{n=1}^{\infty} \dfrac{(-1)^n}{n}$，它是收敛．

所以该级数的收敛域为 $[-1,1)$．

（3）由例 1 知收敛半径 $R = 0$，所以没有收敛区间，收敛域为 $\{x \mid x = 0\}$ 即只在 $x = 0$ 处收敛．

### 9.3.3 幂级数的运算性质

**性质 1**　幂级数的和函数在其收敛域内是连续的．

**性质 2**　（加法运算）$\sum\limits_{n=1}^{\infty} a_n x^n \pm \sum\limits_{n=1}^{\infty} b_n x^n = \sum\limits_{n=1}^{\infty} (a_n \pm b_n) x^n = f(x) \pm g(x)$．

**性质 3**　（乘法运算）$\left( \sum\limits_{n=1}^{\infty} a_n x^n \right) \cdot \left( \sum\limits_{n=1}^{\infty} b_n x^n \right) = f(x) \cdot g(x)$．

**性质 4**　（微分运算）幂级数的和函数 $S(x)$ 在收敛域内是可微的，且收敛半径相同．

即 $S'(x) = \left( \sum\limits_{n=1}^{\infty} a_n x^n \right)' = \sum\limits_{n=1}^{\infty} (a_n x^n)' = \sum\limits_{n=1}^{\infty} n a_n x^{n-1} \quad (|x| < R)$．

**性质 5**　（积分运算）幂级数的和函数 $S(x)$ 在收敛域内是可积的，且收敛半径相同．

即 $\displaystyle\int_0^x S(x) = \sum\limits_{n=1}^{\infty} \int_0^x a_n x^n \mathrm{d}x = \sum\limits_{n=1}^{\infty} \dfrac{a_n}{n+1} x^{n+1} \quad (|x| < R)$．

**例 3**　求 $\sum\limits_{n=0}^{\infty} (-1)^n \dfrac{x^{2n+1}}{2n+1}$ 的和函数及收敛域．

**解**　易求得收敛域为 $[-1,1]$．设和函数为 $S(x)$，则由性质 4，有

$$S'(x) = \sum\limits_{n=0}^{\infty} \left[ (-1)^n \dfrac{x^{2n+1}}{2n+1} \right]' = \sum\limits_{n=0}^{\infty} (-1)^n x^{2n}$$

$$= \sum\limits_{n=0}^{\infty} (-x^2)^n = \dfrac{1}{1+x^2}, x \in [-1,1]$$

两边积分得　$S(x) = \displaystyle\int_0^x \dfrac{1}{1+x^2} \mathrm{d}x = \arctan x, x \in [-1,1]$，

所以　$\sum\limits_{n=0}^{\infty} (-1)^n \dfrac{x^{2n+1}}{2n+1} = \arctan x, x \in [-1,1]$．

## 同步练习 9.3

1．求下列幂级数的收敛半径和收敛区间．

（1）$\sum\limits_{n=1}^{\infty} \dfrac{x^n}{n!}$；　　　　（2）$\sum\limits_{n=1}^{\infty} \dfrac{x^n}{n^n \cdot 3}$；　　　（3）$\sum\limits_{n=1}^{\infty} \dfrac{(x-2)^n}{n}$．

2．求幂级数 $\sum\limits_{n=1}^{\infty} \dfrac{x^n}{n}$ 在收敛域 $x \in (-1,1)$ 内的和函数．

# 9.4 函数的幂级数展开

在上一节里,我们对给定的幂级数,在其收敛区间上,利用逐项求导或逐项积分,可求出它的和函数,那么反过来,给出一个函数 $f(x)$,能否可以找到一个幂级数,在其收敛区间内以 $f(x)$ 为和函数?即函数 $f(x)$ 能否展开成幂级数?若能表示成幂级数, $f(x)$ 必需满足什么条件?

为了弄清这些问题,下面我们先介绍两个用多项式的和表示函数的公式.

## 9.4.1 泰勒公式与麦克劳林公式

### 1. 泰勒公式

**定理 1** (泰勒中值定理)如果函数 $f(x)$ 在 $x_0$ 的某个邻域内具有 $n+1$ 阶导数,则对此邻域内任意一点 $x$, $f(x)$ 可表示为 $x-x_0$ 的 $n$ 次多项式与一个余项之和. 即

$$f(x) = f(x_0) + f'(x_0)(x-x_0) + \frac{f''(x_0)}{2!}(x-x_0)^2 + \cdots + \frac{f^{(n)}(x_0)}{n!}(x-x_0)^n + R_n(x)$$

$$(9-5)$$

其余项 $\qquad R_n(x) = \frac{f^{(n+1)}(\xi)}{(n+1)!}(x-x_0)^{n+1} \qquad (\xi \text{ 在 } x_0 \text{ 与 } x \text{ 之间}) \qquad (9-6)$

公式(9-5)称为 $f(x)$ 按 $(x-x_0)$ 展开的 $n$ 阶泰勒公式,而 $R_n(x)$ 的表达式(9-6)称为拉格朗日余项. 当 $n=0$ 时泰勒公式变成 $f(x) = f(x_0) + f'(\xi)(x-x_0)$. 因此,泰勒中值定理是拉格朗日中值定理的推广.

### 2. 麦克劳林公式

在式(9-5)中,当 $x_0 = 0$ 时,则有麦克劳林公式

$$f(x) = f(0) + f'(0)x + \frac{f''(0)}{2!}x^2 + \cdots + \frac{f^{(n)}(0)}{n!}x^n + R_n(x) \qquad (9-7)$$

其余项为 $R_n(x) = \frac{f^{(n+1)}(\xi)}{(n+1)!}x^{n+1} \quad (0 < \xi < x)$.

## 9.4.2 泰勒级数与麦克劳林级数

若 $f(x)$ 在点 $x_0$ 的某一邻域内,具有各阶导数,在泰勒公式中,

若记

$$S_{n+1}(x) = f(x_0) + f'(x_0)(x-x_0) + \frac{f''(x_0)}{2!}(x-x_0)^2 + \cdots + \frac{f^{(n)}(x_0)}{n!}(x-x_0)$$

则有 $\qquad\qquad\qquad f(x) = S_{n+1}(x) + R_n(x) \qquad\qquad\qquad (9-8)$

于是 $f(x) \approx S_{n+1}(x)$ 误差 $|R_n(x)| = |f(x) - S_{n+1}(x)|$.

若 $|R_n(x)|$ 随着 $n$ 的增大而减小,那么,我们可以用增加多项式 $S_{n+1}(x)$ 的项数来提高用 $S_{n+1}(x)$ 代替 $f(x)$ 的精确度. 如果 $n$ 无限地增大,那么这时 $n$ 阶泰勒多项式 $S_{n+1}(x)$ 就成为一个幂级数了. 我们把

$$f(x_0) + f'(x_0)(x-x_0) + \frac{f''(x_0)}{2!}(x-x_0)^2 + \cdots + \frac{f^{(n)}(x_0)}{n!}(x-x_0)^n + \cdots \quad (9-9)$$

称为 $f(x)$ 在 $x = x_0$ 处的泰勒级数.

特别地,当 $x_0 = 0$ 时,幂级数

$$f(0) + f'(0)x + \frac{f''(0)}{2!}x^2 + \cdots + \frac{f^{(n)}(0)}{n!}x^n + \cdots \tag{9-10}$$

称为函数 $f(x)$ 的麦克劳林级数.

若 $f(x)$ 的泰勒级数(9-9)在某区间收敛,且收敛于 $f(x)$,我们就说 $f(x)$ 在该区间内能展开成幂级数.

显然,$x = x_0$ 时,级数(9-9)收敛于 $f(x_0)$,但除了 $x = x_0$ 外,级数(9-9)是否收敛?若收敛,又是否收敛于 $f(x)$?关于这些问题,我们有下面的定理.

**定理 2**    设函数 $f(x)$ 在点 $x_0$ 的某一邻域内,具有各阶导数,则 $f(x)$ 在该邻域内能展成泰勒级数的充分必要条件是 $f(x)$ 的泰勒公式中的余项 $R_n(x)$,当 $n \to \infty$ 时极限为 0,即

$$\lim_{n \to \infty} R_n(x) = 0.$$

如果函数能展开成关于 $x$ 的幂级数,则这个幂级数一定是函数的麦克劳林级数,即函数的幂级数展开式是唯一的.

## 9.4.3    函数的幂级数展开

### 1.直接展开法

直接展开法是指先利用式(9-7)来讨论是否有 $\lim_{n \to \infty} R_n(x) = 0$,若 $\lim_{n \to \infty} R_n(x) = 0$,再利用公式 $a_k = \dfrac{f^{(k)}(0)}{k!}(k = 1, 2, \cdots)$ 求出幂级数系数的方法.

**例 1**    将 $f(x) = \sin x$ 展开成幂级数.

**解**    因为 $f(x) = \sin x$,

$$f'(x) = \cos x = \sin\left(x + \frac{\pi}{2}\right)$$

$$f''(x) = -\sin x = \cos\left(x + \frac{\pi}{2}\right) = \sin\left(x + \frac{2\pi}{2}\right)$$

所以

$$f'''(x) = -\cos\left(x + \frac{2\pi}{2}\right) = \sin\left(x + \frac{3\pi}{2}\right)$$

$$\cdots\cdots\cdots\cdots$$

$$f^{(n)}(x) = \sin\left(x + \frac{n\pi}{2}\right)$$

故 $f(0) = 0, f'(0) = 1, f''(0) = 0, f'''(0) = -1, \cdots\cdots$ 顺次循环取得四个数 $0, 1, 0, -1$.
因此,得级数

$$x - \frac{x^3}{3!} + \frac{x^5}{5!} - \cdots + (-1)^{n-1}\frac{x^{2n-1}}{(2n-1)!} + \cdots$$

其收敛区间为 $(-\infty, \infty)$,而 $\sin x$ 在 $(-\infty, +\infty)$ 内有任意阶导数,因此,$f(x) = \sin x$ 的幂级数展开式为

$$\sin x = x - \frac{x^3}{3!} + \frac{x^5}{5!} - \cdots + (-1)^{n-1}\frac{x^{2n-1}}{(2n-1)!} + \cdots, (-\infty < x < +\infty) \tag{9-11}$$

利用同样的办法可以推得

$$\mathrm{e}^x = 1 + x + \frac{x^2}{2!} + \cdots + \frac{x^n}{n!} + \cdots, (-\infty < x < +\infty) \tag{9-12}$$

**2. 间接展开法**

间接展开法是指从已知函数的展开式出发,利用幂级数的运算法则得到所求函数的展开式的方法.熟记重要的初等函数的幂级数展开式,有利于我们用间接展开法将其他函数展开成幂级数.除前面几个函数的幂级数展开式外,再给出下面两个函数的幂级数展开式.

$$\ln(1+x) = x - \frac{x^2}{2} + \frac{x^3}{3} - \cdots + (-1)^{n+1}\frac{x^{n+1}}{n+1} + \cdots, x \in [-1,1] \tag{9-13}$$

$$(1+x)^m = 1 + mx + \frac{m(m-1)}{2!}x^2 + \cdots + \frac{m(m-1)\cdots(m-n+1)}{n!}x^n + \cdots x \in (-1,1) \tag{9-14}$$

**注意:**函数 $f(x)$ 在 $x=0$ 处并不总是可展的,例如 $\ln x, x^{\frac{1}{3}}$ 等在 $x=0$ 处就不可展. 即使 $f(x)$ 在 $x=0$ 处可展,当 $x$ 绝对值较大时可能超出了收敛域或者收敛得太慢,因此有必要考虑 $f(x)$ 在非零点 $x_0$ 处的展开问题.

在 $x=x_0$ 点的展开与在 $x=0$ 处类似,可直接按 $f(x)$ 的泰勒级数展开,也可通过作变换 $x=x_0+t$,将问题转化为 $f(x_0+t)$ 在 $t=0$ 处的展开问题.

**例2**　利用间接展开法求 $\cos x$ 的幂级数展开式.

**解**　由上例及幂级数可在其收敛域内求导的性质,可得

$$\cos x = (\sin x)' = \left[x - \frac{x^3}{3!} + \frac{x^5}{5!} - \cdots + (-1)^{n-1}\frac{x^{2n-1}}{(2n-1)!} + \cdots\right]'$$

$$= 1 - \frac{x^2}{2!} + \frac{x^4}{4!} - \cdots + (-1)^{n-1}\frac{x^{2n-2}}{(2n-2)!} + (-1)^n\frac{x^{2n}}{(2n)!} + \cdots \quad x \in (-\infty,\infty)$$

**例3**　将函数 $f(x) = \frac{1}{2+x}$ 展开成 $x$ 的幂级数.

**解**　因为 $\frac{1}{1+x} = \sum_{n=0}^{\infty}(-1)^n x^n, x \in (-1,1)$

所以 $f(x) = \frac{1}{2}\cdot\frac{1}{1+\frac{x}{2}} = \frac{1}{2}\sum_{n=0}^{\infty}(-1)^n\left(\frac{x}{2}\right)^n = \sum_{n=0}^{\infty}\frac{(-1)^n}{2^{n+1}}x^n, x \in (-2,2)$.

# 同步练习 9.4

1.将下列函数展开成 $x$ 的幂级数,并指出其收敛域.

(1)$a^x$;　　　　　　　　　　(2) $\cos^2 x$.

2.将下列函数在指定点处展开成泰勒级数.

(1)$f(x) = \frac{1}{2-x}, x_0 = 1$;　　　　　　(2)$f(x) = \ln x, x_0 = 2$.

# 9.5　应用案例

**例1**　一根长度为 $l$ 的金属杆被水平地夹在两端垂直的支架上,一端的温度恒为 $T_1$,另

一端温度恒为 $T_2$,($T_1$、$T_2$ 为常数,且 $T_1 > T_2$).金属杆横截面积为 $A$,截面的边界长度为 $B$,它完全暴露在空气中,空气温度为 $T_3$,($T_3 < T_2$,$T_3$ 为常数),导热系数为 $\alpha$,试求金属杆上的温度分布 $T(x)$,(设金属杆的导热率为 $\lambda$).

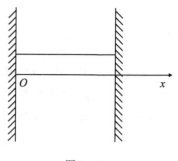

**解**　热传导现象机理:当温差在一定范围内时,单位时间里由温度高的一侧向温度低的一侧通过单位面积的热量与两侧的温差成正比,比例系数与介质有关,如图(9-1).

dt 时间内通过距离 $O$ 点 $x$ 处截面的热量为:$-\lambda AT'(x)dt$;

图 9-1

dt 时间内通过距离 $O$ 点 $x + dx$ 处截面的热量为:$-\lambda AT'(x+dx)dt$

由泰勒公式:$-\lambda AT'(x+dx)dt \approx -\lambda A[T'(x) + T''(x)dx]dt$

金属杆的微元 $[x, x+dx]$ 在 dt 内由获得热量为:$\lambda AT''(x)dxdt$

同时,微元向空气散发出的热量为:$\alpha Bdx[T(x) - T_3]dt$

系统处于热平衡状态,故有:$\lambda AT''(x)dxdt = \alpha Bdx[T(x) - T_3]dt$

所以金属杆各处温度 $T(x)$ 满足的微分方程:$T''(x) = \dfrac{\alpha B}{\lambda A}(T - T_3)$

借助 MATLAB 软件解此方程,命令如下:

```
>> syms x y;
>> dsolve('D2y = ((a*b)/(c*d))*(y-e)')    % 用 a,b,c,d,e 代替了方程中的希
```
腊字母
```
ans =
exp(1/d^(1/2)/c^(1/2)*a^(1/2)*b^(1/2)*t)*C2 + exp(-1/d^(1/2)/c^(1/2)*a^
(1/2)*b^(1/2)*t)*C1+e
>> pretty(ans)
```

即解得 $T(x) = C_1 e^{-\sqrt{\frac{\alpha B}{\lambda A}}x} + C_2 e^{\sqrt{\frac{\alpha B}{\lambda A}}x} + T_3$.

## 9.6　数学实验

MATLAB 的符号数学工具箱提供了函数 symsum 求级数的和,其调用格式和功能如下:

| 调用格式 | 功能说明 |
| --- | --- |
| $s = symsum(u_n, v)$ | 返回表达式 $u_n$ 对指定变量 $v$ 从 0 到 $v-1$ 的和 |
| $s = symsum(u_n, v, a, b)$ | 返回表达式 $u_n$ 对指定变量 $v$ 从 $a$ 到 $b$ 的和 |

**例1**　级数 $\displaystyle\sum_{n=1}^{50} \dfrac{1}{n}$.

输入程序:

```
>> syms n;
>> k = 1/n;
>> s = symsum(k,n,1,50)
```

输出结果：

s ＝ 139432375772224054960759/3099044504245996706400

＞＞ eval(s)

ans ＝ 4.4992

MATLAB 的符号数学工具箱提供了一元函数展开成幂级数的函数 Taylor 及可视化的 Taylor 级数逼近计算器，其调用格式和功能如下.

| 调用格式 | 功能说明 |
| --- | --- |
| $taylor(f)$ | 返回符号函数 $f$ 的默认自变量在 0 处的 5 阶 $taylor$ 级数 |
| $taylor(f,v,a)$ | 返回符号函数 $f$ 的指定自变量 $v$ 在 $a$ 处的 5 阶 $taylor$ 级数 |

**例 2**　求下列函数的幂级数展开.

输入程序

＞＞ syms x；

＞＞ f1 ＝ taylor(sin(x))

＞＞ f2 ＝ taylor(exp(x))

输出结果为：

f1 ＝ x － 1/6 * x^3 ＋ 1/120 * x^5

f2 ＝ 1 ＋ x ＋ 1/2 * x^2 ＋ 1/6 * x^3 ＋ 1/24 * x^4 ＋ 1/120 * x^5

# 单元测试题 9

1. 判断题.

(1) 若 $\lim\limits_{n\to\infty} u_n = 0$，则 $\sum\limits_{n=1}^{\infty} u_n$ 收敛.　　　　　　　　　　　　　（　　）

(2) 若 $\sum\limits_{n=1}^{\infty} u_n$ 收敛，则 $\sum\limits_{n=1}^{\infty} (u_n + 10)$ 收敛.　　　　　　　　　　（　　）

(4) 若 $\sum\limits_{n=1}^{\infty} u_n$ 收敛，则必有 $\lim\limits_{n\to\infty} \left| \dfrac{u_{n+1}}{u_n} \right| = r < 1$.　　　　　（　　）

(5) 若幂级数 $\sum\limits_{n=1}^{\infty} a_n x^n$ 的收敛半径为 $R$，则 $\sum\limits_{n=1}^{\infty} a_n x^{2n}$ 收敛半径为 $\sqrt{R}$.　（　　）

2. 填空题.

(1) 级数 $\dfrac{1}{1\times 2} + \dfrac{1}{2\times 3} + \cdots + \dfrac{1}{n\times(n-1)} + \cdots$ 的前三项是＿＿＿＿.

(2) 级数 $\dfrac{2}{1} - \dfrac{3}{2} + \dfrac{4}{3} - \dfrac{5}{4} + \dfrac{6}{5} - \cdots$ 的一般项为＿＿＿＿.

(3) $p$ － 级数 $\sum\limits_{n=1}^{\infty} \dfrac{1}{n^p}$，当＿＿＿＿时级数收敛，当＿＿＿＿级数发散.

(4) 幂级数 $\sum\limits_{n=1}^{\infty} \dfrac{x^n}{n^2 \cdot 2^n}$ 的收敛半径是＿＿＿＿.

(5) 级数 $\sum\limits_{n=1}^{\infty} \dfrac{2^n}{n} x^n$ 的收敛区间为＿＿＿＿.

3. 选择题.

(1) 设 $S_n$ 是级数 $\sum\limits_{n=1}^{\infty} a_n$ 的部分和, 若条件(　　)成立, 则 $\sum\limits_{n=1}^{\infty} a_n$ 收敛.

A. $\{S_n\}$ 有界;　　　　　　　　　　　　B. $\{S_n\}$ 单调减少;

C. $\lim\limits_{n\to\infty} a_n = 0$;　　　　　　　　　　　D. $\lim\limits_{n\to\infty} S_n = 0$.

(2) 设 $\lim\limits_{n\to\infty} u_n \neq 0$ 是级数 $\sum\limits_{n=1}^{\infty} u_n$ 发散的(　　).

A. 充分条件;　　　　　　　　　　　　B. 必要条件;

C. 充要条件;　　　　　　　　　　　　D. 既非充分也非必要条件.

(3) 下列命题正确的是(　　).

A. 若级数 $\sum\limits_{n=1}^{\infty} u_n$ 发散, 则级数 $\sum\limits_{n=1}^{\infty} |u_n|$ 必发散;

B. 若级数 $\sum\limits_{n=1}^{\infty} |u_n|$ 发散, 则级数 $\sum\limits_{n=1}^{\infty} u_n$ 必发散;

C. 若级数 $\sum\limits_{n=1}^{\infty} u_n$ 收敛, 则级数 $\sum\limits_{n=1}^{\infty} |u_n|$ 必收敛;

D. 若级数 $\sum\limits_{n=1}^{\infty} |u_n|$ 收敛, 则必有 $\lim\limits_{n\to\infty} \left| \dfrac{u_{n+1}}{u_n} \right| = \lambda < 1$.

(4) 下列级数中, 收敛的是(　　).

A. $\sum\limits_{n=1}^{\infty} \dfrac{(-1)^{n-1}}{\sqrt{n}}$;　　B. $\sum\limits_{n=1}^{\infty} \dfrac{(-1)^n n}{\sqrt{2n^2+3}}$;　　C. $\sum\limits_{n=1}^{\infty} \dfrac{5}{n+1}$;　　D. $\sum\limits_{n=1}^{\infty} \dfrac{n+1}{3n-2}$.

(5) 幂级数 $\sum\limits_{n=1}^{\infty} \dfrac{x^n}{n}$ 的收敛区间是(　　).

A. $[-1,1]$;　　　　B. $[-1,1)$;　　　　C. $(-1,1]$;　　　　D. $(-1,1)$.

4. 判定下列级数的敛散性.

(1) $\sum\limits_{n=1}^{\infty} \left( \dfrac{1+n^2}{1+n^3} \right)^2$;　　　　　　(2) $\sum\limits_{n=1}^{\infty} n^2 \sin \dfrac{\pi}{2^n}$;

(3) $\sum\limits_{n=1}^{\infty} \dfrac{3^n 3!}{n^n}$;　　　　　　　　(4) $\sum\limits_{n=1}^{\infty} \dfrac{(-1)^n}{n - \ln n}$;

(5) $\sum\limits_{n=1}^{\infty} \dfrac{1 \cdot 3 \cdot 5 \cdot \cdots \cdot (2n-1)}{n!}$;　　(6) $\sum\limits_{n=1}^{\infty} \dfrac{n!}{n^n}$;

(7) $\sum\limits_{n=1}^{\infty} (-1)^{n-1} \dfrac{n+1}{n}$;　　　　(8) $\sum\limits_{n=1}^{\infty} (-1)^{n-1} \dfrac{\sin \dfrac{\pi}{n}}{n^n}$.

5. 求下列级数的收敛域.

(1) $\sum\limits_{n=1}^{\infty} \dfrac{(x-5)^n}{\sqrt{n}}$;　　　　　　(2) $\sum\limits_{n=1}^{\infty} \dfrac{x^{2n+1}}{2n+1}$.

6. 将 $f(x) = \cos^2 x$ 展开成 $x$ 的幂级数.

7. 将 $f(x) = \ln x$ 展开成 $x-1$ 的幂级数.

# 第 10 章　　常微分方程

微分方程是高等数学的一个重要组成部分.在生产实践、科学研究和经济管理中,往往需要从量的角度来反映客观事物的内部联系,在高等数学中,就是要找出自变量、未知函数和未知函数的导数(或微分)之间的关系,这种关系就是所谓的微分方程.本章主要介绍微分方程的一些基本概念和几种常见的微分方程的解法,并结合实际背景探讨如何建立微分方程模型解决实际问题.

## 10.1　常微分方程的基本概念

### 10.1.1　基本概念

#### 1.引例

**例 1**　如果一曲线上任意一点处的切线斜率等于该点横坐标,且该曲线通过点$(2,1)$,求该曲线方程.

**解**　设所求的曲线方程为 $y = f(x)$,$M(x,y)$ 为曲线上任意一点,由题设条件得

$$\frac{\mathrm{d}y}{\mathrm{d}x} = x$$

这就是 $y = f(x)$ 所满足的微分方程.

对方程两边同时积分,得到

$$y = \int x \mathrm{d}x$$

即
$$y = \frac{1}{2}x^2 + C$$

又由于曲线过$(2,1)$,即当 $x = 2$ 时 $y = 1$,代入上式可得 $C = -1$.

所以,所求曲线方程为 $y = \frac{1}{2}x^2 - 1$.

#### 2.微分方程的基本概念

含有未知函数导数或微分的方程称为**微分方程**.这里须指出的是,在微分方程中,自变量和未知函数可以不出现,但是未知函数的导数或者微分形式则必须出现.未知函数是一元函数的微分方程称为常微分方程.由于本章中只涉及**常微分方程**,所以在本章我们把常微分方程简称为微分方程.

微分方程中所含未知函数的导数或微分的最高阶数称为微分方程的阶.二阶及二阶以上的微分方程称为高阶微分方程.

例如方程
$$y'' + y' - 10y = 3x^2$$
$$y^{(4)} - 5x^2 y' = 0$$

都是微分方程,分别为二阶微分方程和四阶微分方程.这里 $y$ 是未知函数,$x$ 是自变量.

一般地，$n$ 阶微分方程的形式为

$$F(x, y, y', \cdots, y^{(n)}) = 0$$

其中：$x$ 是自变量，$y$ 是 $x$ 的函数，$y', y'', \cdots, y^{(n)}$ 依次是函数 $y = y(x)$ 对 $x$ 的一阶，二阶，$\cdots$，$n$ 阶导数.

如果微分方程中所含的未知函数及其各阶导数或微分都是一次有理式，称这样的微分方程为 **线性微分方程**，否则就称为非线性微分方程.

如果一个函数 $y = \varphi(x)$ 代入微分方程后，能使方程成为恒等式，则这个函数称为该微分方程的 **解**. 微分方程的解有两种形式：一种不含任意常数；一种含有任意常数. 如果解中包含任意常数，且独立的任意常数的个数与方程的阶数相同，则这样的解为微分方程的 **通解**. 不含任意常数的解，称为微分方程的 **特解**. 这里所谓独立的任意常数，就是任意常数所在的项之间不能合并同类项.

在许多实际问题中，通常会给出确定的微分方程一个特解所必须满足的条件，这些条件称为初始条件.

设微分方程中的未知函数为 $y = y(x)$，如果微分方程是一阶的，通常用来确定任意常数的初始条件是 $y\big|_{x=x_0} = y_0$. 其中 $x_0$，$y_0$ 都是给定的值.

如果微分方程是二阶的，通常用来确定任意常数的初始条件是

$$y\big|_{x=x_0} = y_0, \quad y'\big|_{x=x_0} = y_1$$

其中 $x_0$，$y_0$ 和 $y_1$ 都是给定的值.

求微分方程满足初始条件的特解的问题称为初值问题. 由此可知，一阶微分方程的初值问题为

$$\begin{cases} f(x, y, y') = 0 \\ y\big|_{x=x_0} = y_0 \end{cases}$$

二阶微分方程的初值问题为

$$\begin{cases} f(x, y, y', y'') = 0 \\ y\big|_{x=x_0} = y_0, \quad y'\big|_{x=x_0} = y_1 \end{cases}$$

**例 2**　验证函数 $y = (x^2 + C)\sin x$（$C$ 为任意常数）是方程 $\dfrac{dy}{dx} - y\cot x - 2x\sin x = 0$ 的通解，并求满足初始条件 $y\left(\dfrac{\pi}{2}\right) = 0$ 的特解.

**解**　求 $y = (x^2 + C)\sin x$ 的一阶导数，得

$$\frac{dy}{dx} = 2x\sin x + (x^2 + C)\cos x$$

把 $y$ 和 $\dfrac{dy}{dx}$ 代入方程左边，得

左边 $= 2x\sin x + (x^2 + C)\cos x - (x^2 + C)\sin x\cot x - 2x\sin x = 0 =$ 右边

方程两边恒等，且 $y$ 中含有一个任意常数 $C$，且原方程为一阶微分方程，因此 $y = (x^2 + C)\sin x$ 是所给方程的通解.

将 $y\left(\dfrac{\pi}{2}\right)=0$ 代入通解 $y=(x^2+C)\sin x$ 中,得

$$0=\frac{\pi^2}{4}+C,C=-\frac{\pi^2}{4}$$

所求的特解为 $y=\left(x^2-\dfrac{\pi^2}{4}\right)\sin x.$

# 同步练习 10.1

1. 指出下列微分方程的阶数,并判断是否为线性微分方程.

(1) $xy''-2yy^3+x=0$；　　　　　　　(2) $y'+y''-3x^3=8$；

(3) $y^{(4)}-\sin y=x$；　　　　　　　　(4) $xy'''+2y''+x^2y=3x^4.$

2. 验证 $y_C=C_1xe^{-x}+C_2e^{-x}$ 为微分方程 $y''+2y'+y=0$ 的解,并说明是该方程的通解.

# 10.2　一阶微分方程

## 10.2.1　分离变量法

**定义 1**　形如

$$\frac{\mathrm{d}y}{\mathrm{d}x}=f(x)g(y) \tag{10-1}$$

的一阶微分方程称为**可分离变量的方程**. 该方程的特点是:等式右边可以分解成两个函数乘积,其中一个只是 $x$ 的函数,另一个只是 $y$ 的函数. 因此,可将方程化为等式一边只含变量 $y$,而另一边只含变量 $x$ 的形式,即

$$\frac{\mathrm{d}y}{g(y)}=f(x)\mathrm{d}x$$

其中 $g(y)\neq0$,对上式两边积分得

$$\int\frac{\mathrm{d}y}{g(y)}=\int f(x)\mathrm{d}x$$

(式子的左端对 $y$ 积分,右端对 $x$ 积分) 积分结果就是方程(10-1) 的通解,这个求解的过程就叫做分离变量法,求解步骤是:第一步分离变量;第二步两边同时积分.

**例 1**　求微分方程 $\dfrac{\mathrm{d}y}{\mathrm{d}x}=2xy$ 的通解.

**解**　分离变量,得　　　　　　　　　$\dfrac{\mathrm{d}y}{y}=2x\mathrm{d}x$

两边积分,得　　　　　　　　　$\displaystyle\int\frac{\mathrm{d}y}{y}=\int2x\mathrm{d}x$

即　　　　　　　　　　　　　$\ln|y|=x^2+C_1$

于是,原方程的通解为　　　　$y=Ce^{x^2}$（其中 $C=\pm e^{C_1}$）

**例 2**　放射性元素铀由于不断地有原子放射出微粒子而变成其他元素,铀的含量就不断减少,这种现象叫做衰变. 由原子物理学知道,铀的衰变速度与当时未衰变的原子含量 $M$

成正比. 已知 $t=0$ 时铀的含量为 $M_0$, 求在衰变过程中铀含量 $M(t)$ 随时间 $t$ 变化的规律.

**解**　铀的衰变速度就是 $M(t)$ 对时间 $t$ 的导数 $\dfrac{\mathrm{d}M}{\mathrm{d}t}$, 由于铀的衰变速度与其含量成正比, 故得微分方程

$$\frac{\mathrm{d}M}{\mathrm{d}t} = -\lambda M$$

其中 $\lambda(\lambda > 0)$ 是常数, 叫做衰变系数, $\lambda$ 前置负号是由于当 $t$ 增加时, $M(t)$ 单调减少, 即 $\dfrac{\mathrm{d}M}{\mathrm{d}t} < 0$.

由题意, 初始条件为 $M\big|_{t=0} = M_0$, $(M > 0)$, 用分离变量法解微分方程, 得

$$\frac{\mathrm{d}M}{M} = -\lambda \mathrm{d}t$$

$$\int \frac{\mathrm{d}M}{M} = \int -\lambda \mathrm{d}t$$

$$\ln M = -\lambda t + C_1$$

$$M = C\mathrm{e}^{-\lambda t} \quad (C = \mathrm{e}^{C_1})$$

代入初始条件, 解得 $C = M_0$, 有

$$M = M_0 \mathrm{e}^{-\lambda t}$$

这就是所求铀的衰变规律. 由此可见, 铀的含量随时间的增加而按指数规律衰减.

## 10. 2. 2　常数变易法

**定义 2**　形如

$$\frac{\mathrm{d}y}{\mathrm{d}x} + P(x)y = Q(x)$$

的方程, 称为**一阶线性微分方程**, 其中 $P(x)$, $Q(x)$ 都是 $x$ 的连续函数. 当 $Q(x) = 0$ 时, 方程变为

$$\frac{\mathrm{d}y}{\mathrm{d}x} + P(x)y = 0$$

称为一阶线性齐次方程.

当 $Q(x) \neq 0$ 时, 方程 $\dfrac{\mathrm{d}y}{\mathrm{d}x} + P(x)y = Q(x)$ 称为一阶线性非齐次方程.

下面, 先介绍一阶线性齐次方程 $\dfrac{\mathrm{d}y}{\mathrm{d}x} + P(x)y = 0$ 的通解的求法.

可以看出, 一阶线性齐次方程 $\dfrac{\mathrm{d}y}{\mathrm{d}x} + P(x)y = 0$ 是可分离变量的方程. 通过分离变量, 得

$$\frac{\mathrm{d}y}{y} = -P(x)\mathrm{d}x$$

上式两边积分, 得

$$\ln|y| = -\int P(x)\mathrm{d}x + C_1$$

$$|y| = \mathrm{e}^{C_1}\mathrm{e}^{-\int P(x)\mathrm{d}x}$$

即

$$y = \pm\,\mathrm{e}^{C_1}\mathrm{e}^{-\int P(x)\mathrm{d}x}$$

从而得到方程的通解

$$y = C\mathrm{e}^{-\int P(x)\mathrm{d}x}$$

其中 $C$ 为任意常数.

**注意**: 在此通解中, $\int P(x)\mathrm{d}x$ 仅表示 $P(x)$ 的一个原函数.

下面我们介绍一阶线性非齐次方程 $\dfrac{\mathrm{d}y}{\mathrm{d}x} + P(x)y = Q(x)$ 的通解的求法.

有了齐次方程的通解, 如何进一步求出非齐次方程的通解呢? 我们来分析函数 $y = C\mathrm{e}^{-\int P(x)\mathrm{d}x}$ 是方程 $\dfrac{\mathrm{d}y}{\mathrm{d}x} + P(x)y = 0$ 的解, 但它肯定不是方程 $\dfrac{\mathrm{d}y}{\mathrm{d}x} + P(x)y = Q(x)$ 的解. 然而我们可以设想, 如果式 $y = C\mathrm{e}^{-\int P(x)\mathrm{d}x}$ 中的常数 $C$ 不是常数, 而是 $x$ 的函数 $u(x)$, 那么能否选择适当的函数 $u(x)$, 使

$$y = u(x)\mathrm{e}^{-\int P(x)\mathrm{d}x}$$

满足非齐次方程 $\dfrac{\mathrm{d}y}{\mathrm{d}x} + P(x)y = Q(x)$ 呢?

$y = u(x)\mathrm{e}^{-\int P(x)\mathrm{d}x}$ 对 $x$ 求导, 得

$$\frac{\mathrm{d}y}{\mathrm{d}x} = \frac{\mathrm{d}u}{\mathrm{d}x}\mathrm{e}^{-\int P(x)\mathrm{d}x} - u(x)P(x)\mathrm{e}^{-\int P(x)\mathrm{d}x}$$

把 $y$ 和 $\dfrac{\mathrm{d}y}{\mathrm{d}x}$ 代入非齐次方程中, 得

$$\frac{\mathrm{d}u}{\mathrm{d}x}\mathrm{e}^{-\int P(x)\mathrm{d}x} = Q(x)$$

即

$$\frac{\mathrm{d}u}{\mathrm{d}x} = Q(x)\mathrm{e}^{\int P(x)\mathrm{d}x}$$

两边积分, 得

$$u(x) = \int Q(x)\mathrm{e}^{\int P(x)\mathrm{d}x}\mathrm{d}x + C$$

其中 $C$ 是任意常数.

于是, 一阶线性非齐次方程 $\dfrac{\mathrm{d}y}{\mathrm{d}x} + P(x)y = Q(x)$ 的通解为

$$y = \left[\int Q(x)\mathrm{e}^{\int P(x)\mathrm{d}x}\mathrm{d}x + C\right]\mathrm{e}^{-\int P(x)\mathrm{d}x}$$

上式可改写为

$$y = C\mathrm{e}^{-\int P(x)\mathrm{d}x} + \mathrm{e}^{-\int P(x)\mathrm{d}x}\int Q(x)\mathrm{e}^{\int P(x)\mathrm{d}x}\mathrm{d}x$$

这种将常数变易为待定函数的方法, 称为常数变易法. 可以看到, 一阶线性非齐次方程的通解是其对应的齐次线性方程的通解与非齐次线性方程的一个特解之和.

**例 3**　求微分方程 $\dfrac{\mathrm{d}y}{\mathrm{d}x} - \dfrac{y}{x} = x^2$ 的通解.

**解**　这是一阶线性非齐次方程, 因为 $P(x) = -\dfrac{1}{x}, Q(x) = x^2$, 代入公式, 有

$$y = \left[ \int Q(x) e^{\int P(x)\,dx}\,dx + C \right] e^{-\int P(x)\,dx}$$

$$= \left[ \int x^2 e^{\int -\frac{1}{x}\,dx}\,dx + C \right] e^{\int \frac{1}{x}\,dx}$$

$$= \left[ \int x^2 e^{-\ln x}\,dx + C \right] e^{\ln x}$$

$$= \left[ \frac{1}{2} x^2 + C \right] x$$

$$= \frac{x^3}{2} + Cx$$

所以微分方程 $\dfrac{dy}{dx} - \dfrac{y}{x} = x^2$ 的通解为 $y = \dfrac{x^3}{2} + Cx$.

**例 4**　求微分方程 $\dfrac{dy}{dx} + \cot x \cdot y = 2\cos x$, 满足 $y\big|_{x=\frac{\pi}{2}} = 6$ 的特解.

**解**　这是一阶线性非齐次方程, $P(x) = \cot x$, $Q(x) = 2\cos x$, 代入通解公式, 得

$$y = \left[ \int 2\cos x e^{\int \cot x\,dx}\,dx + C \right] e^{-\int \cot x\,dx} = \left[ \int 2\cos x \sin x\,dx + C \right] \frac{1}{\sin x}$$

$$= \left[ \int 2\sin x\,d\sin x + C \right] \frac{1}{\sin x} = \left[ \sin^2 x + C \right] \frac{1}{\sin x}$$

$$= \sin x + C\csc x$$

将初始条件 $y\big|_{x=\frac{\pi}{2}} = 6$ 代入通解, 得 $C = 5$, 故所求特解为 $y = \sin x + 5\csc x$.

# 同步练习 10.2

1. 用分离变量法求解下列微分方程:

(1) $\dfrac{dy}{dx} = x^2 y^2$;

(2) $\dfrac{dy}{dx} = \dfrac{y}{\sqrt{1-x^2}}$;

(3) $\dfrac{dy}{dx} = (1 + x + x^2)y$, 且 $y(0) = e$;

(4) $\cos x \sin y\,dy = \cos y \sin x\,dx$, $y\big|_{x=0} = \dfrac{\pi}{4}$;

(5) $\dfrac{dy}{dx} = y + \sin x$;

(6) $\dfrac{dx}{dt} + 3x = e^t$.

2. 列车在平直线路上以 20 m/s 的速度行驶; 当制动时列车获得加速度 $-0.4$ m/s². 问开始制动后多少时间列车才能停住, 以及列车在这段时间里行驶了多少路程?

# 10.3　可降阶微分方程

我们把二阶及二阶以上的微分方程称为高阶微分方程. 对于一般的高阶微分方程的解法的处理原则就是降阶, 利用变换把高阶方程的求解问题化为较低阶的方程来求解. 本节主要讨论三种特殊的高阶微分方程.

**1. $y^{(n)} = f(x)$ 型**

微分方程 $y^{(n)} = f(x)$ 的特点是其右端仅含有自变量 $x$. 容易看到, 由于积分与导数运算互为逆运算, 两边积分, 就得到一个 $n-1$ 阶的微分方程

$$y^{(n-1)} = \int f(x)\mathrm{d}x + C_1$$

同理再积分一次,就得到一个 $n-2$ 阶的微分方程,依此法继续进行,接连积分 $n$ 次,便得到含有 $n$ 个任意独立常数的通解.

**例 1**　求微分方程 $y'' = \mathrm{e}^{2x} - \cos x$ 的通解.

**解**　对所给方程连续积分两次,得

$$y' = \int (\mathrm{e}^{2x} - \cos x)\mathrm{d}x = \frac{1}{2}\mathrm{e}^{2x} - \sin x + C_1$$

$$y = \int \left(\frac{1}{2}\mathrm{e}^{2x} - \sin x + C_1\right)\mathrm{d}x = \frac{1}{4}\mathrm{e}^{2x} + \cos x + C_1 x + C_2$$

这就是所求的通解.

**2. $y'' = f(x, y')$ 型**

这种类型方程的特点是不显含未知函数 $y$,因此也称为不显含 $y$ 的微分方程. 此类方程的解法是:令 $y' = p(x)$,则 $y'' = p'$. 代入原方程,将方程化成以 $p$ 为未知函数的一阶微分方程 $p' = f(x, p)$,这样便将原来关于 $x, y$ 的二阶微分方程降为关于 $x, p$ 的一阶微分方程. 设其解为 $p = \varphi(x, C_1)$,而 $p = \dfrac{\mathrm{d}y}{\mathrm{d}x}$,因此又得到一个一阶微分方程 $\dfrac{\mathrm{d}y}{\mathrm{d}x} = \varphi(x, C_1)$,对其积分,就得到原来二阶微分方程的通解 $y = \displaystyle\int \varphi(x, C_1)\mathrm{d}x + C_2$.

**例 2**　求微分方程 $(1+x^2)y'' = 2xy'$ 满足初始条件 $y|_{x=0} = 1, y'|_{x=0} = 3$ 的特解.

**解**　所给方程是不显含 $y$ 的微分方程. 设 $y' = p$,则 $y'' = p'$,代入原方程,有

$$(1+x^2)p' = 2xp$$

分离变量并取积分,得

$$\int \frac{\mathrm{d}p}{p} = \int \frac{2x}{1+x^2}\mathrm{d}x$$

积分,得

$$\ln|p| = \ln|1+x^2| + C$$
$$p = y' = C_1(1+x^2) \quad (C_1 = \pm\, \mathrm{e}^{C})$$

由条件 $y'|_{x=0} = 3$,得

$$C_1 = 3$$

所以

$$y' = 3(1+x^2)$$

两端再积分,得

$$y = x^3 + 3x + C_2$$

再由条件 $y|_{x=0} = 1$,得

$$C_2 = 1$$

于是所求的特解为

$$y = x^3 + 3x + 1$$

**3. $y'' = f(y, y')$ 型**

这类方程的特点是不显含 $x$,因此也称为不显含 $x$ 的微分方程,解决的办法是:令 $y' = p$,并利用复合函数的求导法则把 $y''$ 化为对 $y$ 的导数,

即

$$y'' = \frac{\mathrm{d}p}{\mathrm{d}x} = \frac{\mathrm{d}p}{\mathrm{d}y} \cdot \frac{\mathrm{d}y}{\mathrm{d}x} = p\frac{\mathrm{d}p}{\mathrm{d}y}$$

这样,原方程就降为以 $p$ 为未知函数,$y$ 为自变量的一阶微分方程

$$p \frac{\mathrm{d}p}{\mathrm{d}y} = f(y, p)$$

设方程的通解为: $p = \varphi(y, C_1) = y'$, 分离变量后积分, 便得到原方程的通解为

$$\int \frac{\mathrm{d}y}{\varphi(y, C_1)} = x + C_2$$

**例 3**　求微分方程 $yy'' + (y')^2 = 0$ 的通解.

**解**　这是不显含 $x$ 的微分方程, 令 $y' = p$, 则 $y'' = p \dfrac{\mathrm{d}p}{\mathrm{d}y}$, 代入原方程, 得

$$yp \frac{\mathrm{d}p}{\mathrm{d}y} + p^2 = 0$$

即

$$p\left(y \frac{\mathrm{d}p}{\mathrm{d}y} + p\right) = 0$$

由 $p = 0$, 即 $\dfrac{\mathrm{d}y}{\mathrm{d}x} = 0$, 得 $y = C$

由 $y \dfrac{\mathrm{d}p}{\mathrm{d}y} + p = 0$, 分离变量, 得 $\dfrac{\mathrm{d}p}{p} = -\dfrac{\mathrm{d}y}{y}$,

两边积分得

$$\ln|p| = -\ln|y| + C$$

即

$$p = y' = \frac{C_1}{y}$$

分离变量积分得,

$$y^2 = C_1 x + C_2$$

这就是所求方程的通解. (注: 解 $y = C$ 包含在方程的解中, 但它不是方程的通解, 它的独立常数个数与阶数不同, 它只是使得方程成立的解).

## 同步练习 10.3

1. 求下列微分方程的通解.

(1) $y'' = \cos x - \mathrm{e}^x$;　　　　　　　　　　(2) $yy'' - 2(y')^2 = 0$;

(3) $xy'' - y' = 0$.

# 10.4*　二阶常系数微分方程

## 10.4.1　二阶常系数线性微分方程解的性质

**定义 1**　形如

$$y'' + py' + qy = f(x) \tag{10-2}$$

的方程 (其中 $p, q$ 为常数), 称为**二阶常系数线性微分方程**.

当 $f(x) \neq 0$, 称方程 (10-2) 为二阶常系数线性非齐次微分方程. 当 $f(x) = 0$ 时, 即

$$y'' + py' + qy = 0 \tag{10-3}$$

为 (10-2) 所对应的齐次方程.

**定理 1**　(齐次线性方程解的叠加原理) 设 $y_1(x)$, $y_2(x)$ 是方程 (10-3) 的两个特解, 则对于任意的常数 $C_1$, $C_2$ ($C_1$, $C_2$ 可以是复数), $y = C_1 y_1 + C_2 y_2$ 仍然是方程 (10-3) 的解, 且当

$\dfrac{y_1(x)}{y_2(x)} \neq$ 常数时, $y = C_1 y_1 + C_2 y_2$ 就是方程(10-3)的通解.

**定理 2**　(非齐次线性微分方程通解的结构定理)设 $y*$ 是非齐次线性方程 $y'' + py' + qy = f(x)$ 的一个特解, 而 $Y$ 是对应齐次方程 $y'' + py' + qy = 0$ 的通解, 则 $y = Y + y*$ 是非齐次方程 $y'' + py' + qy = f(x)$ 的通解.

### 10.4.2　二阶常系数齐次线性微分方程的解法

我们先分析 $y'' + py' + qy = 0$ 的特点. 此方程左端是未知函数与未知函数的一阶导数、二阶导数的某种组合, 且它们乘以"适当"的常数后, 可以合并成 0, 这就是说, 适合于方程 $y'' + py' + qy = 0$ 的解 $y$ 必须与其一阶导数、二阶导数只差一个常数因子, 而具有这样特征的函数, 我们自然会想到 $e^{rx}$.

不妨设 $y = e^{rx}$ 是方程 $y'' + py' + qy = 0$ 的解, 则 $y' = re^{rx}, y'' = r^2 e^{rx}$

将它们代入方程 $y'' + py' + qy = 0$, 便得到 $e^{rx}(r^2 + pr + q) = 0$.

由于 $e^{rx} \neq 0$, 故

$$(r^2 + pr + q) = 0 \qquad\qquad (10-4)$$

这是关于 $r$ 的一元二次方程. 显然, 如果 $r$ 满足方程(10-4), 则 $y = e^{rx}$ 就是齐次方程(10-3)的解; 反之, 若 $y = e^{rx}$ 是方程(10-3)的解, 则 $r$ 一定是(10-4)的根. 我们把方程(10-4)叫方程(10-3)的特征方程, 它的根称为特征根. 于是, 方程(10-3)的求解问题, 就转化为求方程(10-4)的根问题. 下面分三种情况进行讨论.

(1)当 $p^2 - 4q > 0$ 时, 特征方程有两个不相等的实根 $r_1, r_2$. 这时, $y_1 = e^{r_1 x}, y_2 = e^{r_2 x}$ 是微分方程(10-3)的两个特解; 且 $\dfrac{y_2}{y_1} = e^{(r_2 - r_1)x} \neq$ 常数. 所以微分方程(10-3)的通解是:

$$y = C_1 e^{r_1 x} + C_2 e^{r_2 x}$$

(2)当 $p^2 - 4q = 0$ 时, 特征方程有两个相等的实根 $r_1 = r_2$. 这时, $y_1 = e^{r_1 x}$ 是微分方程(10-3)的一个特解. 为了得到通解, 可以证明, $y_2 = x e^{r_1 x}$ 也是微分方程(10-3)的一个解, 且与 $y_1 = e^{r_1 x}$ 线性无关, 因此微分方程(10-3)的通解为:

$$y = C_1 e^{r_1 x} + C_2 x e^{r_1 x} = (C_1 + C_2 x) e^{r_1 x}$$

(3)当 $p^2 - 4q < 0$ 时, $r_1 = \alpha + i\beta, r_2 = \alpha - i\beta$ 是一对共轭复数根. $y_1 = e^{(\alpha + i\beta)x}, y_2 = e^{(\alpha - i\beta)x}$ 是方程(10-3)的两个解, 为得出实数解, 利用欧拉公式: $e^{i\theta} = \cos\theta + i\sin\theta$ 可知:

$$y_1 = e^{(\alpha + i\beta)x} = e^{\alpha x} \cdot e^{i\beta x} = e^{\alpha x}(\cos\beta x + i\sin\beta x)$$

$$y_2 = e^{(\alpha - i\beta)x} = e^{\alpha x} \cdot e^{-i\beta x} = e^{\alpha x}(\cos\beta x - i\sin\beta x)$$

由定理 1 知, $y_1, y_2$ 是(10-3)的解, 它们分别乘上常数后相加所得的和仍是(10-3)的解, 所以

$$\overline{y}_1 = \frac{1}{2}(y_1 + y_2) = e^{\alpha x}\cos\beta x$$

$$\overline{y}_2 = \frac{1}{2i}(y_1 - y_2) = e^{\alpha x}\sin\beta x$$

也是方程(10-3)的解, 且 $\dfrac{\overline{y}_2}{\overline{y}_1} \neq$ 常数, 因此, 方程(10-3)的通解为

$$y = e^{\alpha x}(C_1 \cos\beta x + C_2 \sin\beta x)$$

根据以上讨论,我们总结求二阶常系数齐次线性方程的通解的步骤:

(1) 写出齐次线性微分方程(10-3)的特征方程$(r^2 + pr + q) = 0$;

(2) 求出特征方程的特征根;

(3) 根据特征根的情况按下表写出方程(10-3)的通解.

| 特征方程的根 | 通解形式 |
|---|---|
| 两个不等的实根 $r_1 \neq r_2$ | $y = C_1 \mathrm{e}^{r_1 x} + C_2 \mathrm{e}^{r_2 x}$ |
| 两个相等的实根 $r_1 = r_2 = r$ | $y = (C_1 + C_2 x)\mathrm{e}^{rx}$ |
| 一对共轭复根 $r = \alpha \pm i\beta$ | $y = \mathrm{e}^{\alpha x}(C_1 \cos\beta x + C_2 \sin\beta x)$ |

**例 1**　求微分方程 $y'' + 2y' - 8y = 0$ 的通解.

**解**　所给微分方程的特征方程为　$r^2 + 2r - 8 = 0$

即　　　　　　　　　　　　　　　$(r + 4)(r - 2) = 0$

其特征根为　　　　　　　　　　$r_1 = -4, r_2 = 2$

因此所求微分方程的通解为

$$y = C_1 \mathrm{e}^{-4x} + C_2 \mathrm{e}^{2x}$$

**例 2**　求微分方程　$y'' - 6y' + 9y = 0$ 的通解.

**解**　所给微分方程的特征方程为　$r^2 - 6r + 9 = 0$

它有相同的实根 $r_1 = r_2 = 3$,因此所求微分方程的通解为

$$y = (C_1 + C_2 x)\mathrm{e}^{3x}$$

**例 3**　求方程 $y'' - 6y' + 13y = 0$ 的通解.

**解**　所给微分方程的特征方程为　$r^2 - 6r + 13 = 0$

它有一对共轭复根　　　　　　　$r_1 = 3 + 2i, r_2 = 3 - 2i$

因此所求微分方程的通解为

$$y = \mathrm{e}^{3x}(C_1 \cos 2x + C_2 \sin 2x)$$

### 10.4.3　二阶常系数非齐次线性微分方程的解法

由非齐次线性微分方程解的结构定理可知,求非齐次方程(10-2)的通解,可先求出其对应的齐次方程(10-3)的通解,再设法求非齐次线性方程(10-2)的某个特解,二者之和就是(10-2)的通解.下面我们就 $f(x)$ 取常见形式时求特解的方法进行讨论.

$$f(x) = P_m(x)\mathrm{e}^{\lambda x}$$

其中 $\lambda$ 为常数,$P_m(x)$ 为 $x$ 的 $m$ 次多项式

此时方程(10-2)为

$$y'' + py' + qy = P_m(x)\mathrm{e}^{\lambda x} \qquad\qquad (10-5)$$

考虑到 $p, q$ 常数,而多项式与指数函数的乘积求导以后仍是同一类型的函数,因此,我们设方程(10-5)有形如 $y^* = Q(x)\mathrm{e}^{\lambda x}$ 的解,其中 $Q(x)$ 是一个待定多项式,为使

$$y^* = Q(x)\mathrm{e}^{\lambda x}$$

满足方程(10-5),我们将 $y^* = Q(x)\mathrm{e}^{\lambda x}$ 代入方程(10-5),整理后得到

$$Q''(x) + (2\lambda + p)Q'(x) + (\lambda^2 + p\lambda + q)Q(x) = P_m(x) \qquad (10-6)$$

上式右端是一个 $m$ 次多项式,所以左端也应该是一个 $m$ 次多项式,由于多项式每求一次导

数,次数就降低一次,故有以下三种情况:

(1) 当 $\lambda^2 + p\lambda + q \neq 0$ 时,即 $\lambda$ 不是特征方程 $r^2 + pr + q = 0$ 的根时,式(10-6) 左边 $Q(x)$ 与 $m$ 次多项式 $P_m(x)$ 的次数相同,所以 $Q(x)$ 为一个 $m$ 次待定多项式,可设

$$Q(x) = b_0 x^m + b_1 x^{m-1} + \cdots + b_{m-1} x + b_m = Q_m(x) \qquad (10-7)$$

其中 $b_0, b_1, \cdots b_m$ 为 $m+1$ 个待定系数,将(10-7)代入(10-6),比较等式两边同次幂的系数,就可得到 $b_0, b_1, \cdots b_m$ 为未知数的 $m+1$ 个线性方程的联立方程组,从而求出 $b_0, b_1, \cdots b_m$,即确定 $Q(x)$,由上分析,可得方程(10-5)的一个特解: $y^* = Q_m(x)\mathrm{e}^{\lambda x}$.

(2) 当 $\lambda^2 + p\lambda + q = 0$,但是 $2\lambda + p \neq 0$ 时,即 $\lambda$ 为特征方程 $r^2 + pr + q = 0$ 的单根,那么(10-5)就成为 $Q''(x) + (2\lambda + p)Q'(x) = P_m(x)$,由此可见, $Q'(x)$ 与 $P_m(x)$ 同次幂,故设 $Q(x) = x Q_m(x)$,其中 $Q_m(x)$ 是 $m$ 次多项式,同样将它代入(10-6)即可求得 $Q_m(x)$ 的 $m+1$ 个待定系数,从而得到方程(10-5)的一个特解: $y^* = x Q_m(x)\mathrm{e}^{\lambda x}$.

(3) 当 $\lambda^2 + p\lambda + q = 0$ 且 $2\lambda + p = 0$ 时,即 $\lambda$ 是特征方程 $r^2 + pr + q = 0$ 的特征重根时,式(10-6) 就变成 $Q''(x) = P_m(x)$,此时设 $Q(x) = x^2 Q_m(x)$,将它代入(10-6),便可确定 $Q_m(x)$ 的系数,得到方程(10-5)的一个特解: $y^* = x^2 Q(x)\mathrm{e}^{\lambda x}$.

综上所述,我们得到如下结论:

二阶常系数非齐次线性微分方程

$$y'' + py' + qy = P_m(x)\mathrm{e}^{\lambda x}$$

具有形如

$$y^* = x^k Q(x)\mathrm{e}^{\lambda x} \qquad (10-8)$$

的特解,其中 $Q_m(x)$ 为 $m$ 次多项式,它的 $m+1$ 个系数可由(10-8)中的 $Q(x) = x^k Q_m(x)$ 代入(10-6)而得,其中(10-8)中 $k$ 的确定如下:

$$k = \begin{cases} 0, & \lambda \text{ 不是特征根} \\ 1, & \lambda \text{ 是特征单根}. \\ 2, & \lambda \text{ 是特征重根} \end{cases}$$

**例 4**　求方程　$y'' + 4y' + 3y = x - 2$　的一个特解并求其通解.

**解**　对应的齐次方程的特征方程为

$$\lambda^2 + 4\lambda + 3 = 0,$$

特征根为 $\lambda_1 = -3, \lambda_2 = -1$.方程右端可看成 $(x-2)\mathrm{e}^{0x}$,即 $\alpha = 0$.由于 $0$ 不是特征根,故设特解为

$$y* = ax + b$$

将 $y*$ 代入原方程,得　　　　　$4a + 3(ax + b) = x - 2$

比较两边系数得　　　　　$3a = 1, \quad 4a + 3b = -2$

即　　　　　$a = \frac{1}{3}, \quad b = -\frac{10}{9}$

故　　　　　$y* = \frac{1}{3}x - \frac{10}{9}$

于是方程通解为　　　　　$y = C_1 \mathrm{e}^{-3x} + C_2 \mathrm{e}^{-x} + \frac{1}{3}x - \frac{10}{9}$

**例 5**　求方程 $y'' - 5y' + 6y = x\mathrm{e}^{2x}$ 的通解.

**解**　对应的齐次方程的特征方程为 $\lambda^2 - 5\lambda + 6 = 0$

特征根为 $\lambda_1 = 2, \lambda_2 = 3$　从而对应的齐次方程的通解为

$$y = C_1 e^{2x} + C_2 e^{3x}$$

因为 $\alpha = 2$ 是特征方程的单根,故设其特解为

$$y* = x(ax + b)e^{2x}$$

于是
$$(y*)' = [2ax^2 + 2(a+b)x + b]e^{2x}$$
$$(y*)'' = [4ax^2 + 4(2a+b)x + 2(a+2b)]e^{2x}$$

代入方程,得
$$-2ax + 2a - b = x$$

比较系数,得
$$-2a = 1, 2a - b = 0$$

故
$$a = -\frac{1}{2}, b = -1$$

因此
$$y* = x(-\frac{1}{2}x - 1)e^{2x}$$

于是原方程的通解为

$$y = C_1 e^{2x} + C_2 e^{3x} + x(-\frac{x}{2} - 1)e^{2x}$$

**例 6**　求方程 $y'' - 2y' + y = (x+1)e^x$ 的通解.

**解**　对应的齐次方程的特征方程为 $\lambda^2 - 2\lambda + 1 = 0$

特征根为 $\lambda_1 = \lambda_2 = 1$. 于是,对应的齐次方程的通解为

$$y = (C_1 + C_2 x)e^x$$

因 $\alpha = 1$ 是二重特征根,故令原方程特解为

$$y* = x^2(ax + b)e^x$$

代入方程化简后得

$$6ax + 2b = x + 1$$

比较系数得
$$a = \frac{1}{6}, b = \frac{1}{2}$$

所以
$$y* = \frac{1}{6}x^2(x + 3)e^x$$

于是方程通解为

$$y = (C_1 + C_2 x)e^x + \frac{1}{6}x^2(x + 3)e^x$$

# 同步练习 10.4

1. 求下列微分方程的通解.

(1) $y'' - 12y' + 35y = 0$;　　　　　　(2) $y'' + 4y' + 3y = 0$;

(3) $4x'' - 20x' + 25x = 0$;　　　　　　(4) $y'' + 6y' - 13y = 0$;

(5) $y'' + 5y' + 4y = 3 - 2x$;　　　　　　(6) $2y'' + y' - y = 2e^x$.

2. 求下列方程满足初始条件的特解.

(1) $4y'' + 4y' + y = 0, y|_{x=0} = 2, y'|_{x=0} = 0$;

$(2) y'' - y = 4x \mathrm{e}^x, y|_{x=0} = 0, y'|_{x=0} = 1.$

# 10.5 　应用案例

**例 1** 　有高为 1 m 的半球形容器,水从它的底部小孔流出,小孔的横截面积为 1 m²,开始时容器内盛满了水,求水从小孔流出过程中容器水面高度 $h$(水面与孔中心间的距离)随时间 $t$ 的变化规律。

**解** 　由水力学知识,水从孔口流出的流量(即通过孔口横截面的水的体积 $V$ 对时间 $t$ 的变化率)$Q$,可用下列公式计算:

$$Q = \frac{\mathrm{d}V}{\mathrm{d}t} = 0.62 S \sqrt{2gh} \tag{1}$$

其中 0.62 为流量系数,$S$ 为孔口横截面面积,$g$ 为重力加速度。现在孔口横截面面积 $S = 1\mathrm{cm}^2$,故

$$\frac{\mathrm{d}V}{\mathrm{d}t} = 0.62 \sqrt{2gh} \tag{2}$$

另一方面,设在微小时间间隔 $[t, t + \mathrm{d}t]$ 内水面高度 $h$ 降至 $h + \mathrm{d}h(h > 0)$,则又可得到

$$\mathrm{d}V = -\pi r^2 \mathrm{d}h \tag{3}$$

(前置负号是应为在坐标系里,体积减小,高度 $h$ 增加)其中 $r$ 是时刻 $t$ 的水面半径,右端置负号是由于 $\mathrm{d}h < 0$,而 $\mathrm{d}V > 0$ 的缘故。

又 $\because r = \sqrt{100^2 - (100^2 - h^2)} = \sqrt{200h - h^2}$

$\therefore \mathrm{d}V = -\pi(200h - h^2) \cdot \mathrm{d}h \tag{4}$

由(2)和(4)得: 　　　　$0.62 \sqrt{2gh} \cdot \mathrm{d}t = -\pi(200h - h^2) \tag{5}$

这就是 $h = h(t)$ 满足的微分方程。

此外,开始时容器内的水是满的,所以未知函数 $h = h(t)$ 还应满足下列初始条件:

$$h|_{t=0} = 100 \tag{6}$$

方程(5)是可分离变量的方程,分离变量后,得

$$\mathrm{d}t = -\frac{\pi}{0.62\sqrt{2}\,g}(200h^{\frac{1}{2}} - h^{\frac{3}{2}})\mathrm{d}h$$

两端积分,得 　　　　$t = -\frac{\pi}{0.62\sqrt{2}\,g}\int(200h^{\frac{1}{2}} - h^{\frac{3}{2}})\mathrm{d}h$

即 　　　　$t = -\frac{\pi}{0.62\sqrt{2}\,g}\left(\frac{400}{3}h^{\frac{3}{2}} - \frac{2}{5}h^{\frac{5}{2}}\right) + C \tag{7}$

将(6)代入(7),$0 = \frac{\pi}{0.62\sqrt{2}\,g}\left(\frac{400}{3} \times 100^{\frac{3}{2}} - \frac{2}{5} \times 100^{\frac{5}{2}}\right) + C$

$\therefore C = \frac{\pi}{0.62\sqrt{2}\,g}\left(\frac{400000}{3} - \frac{200000}{5}\right) = \frac{\pi}{0.62\sqrt{2}\,g} \times \frac{14}{15} \times 10^5$

将 $C$ 代入(7),化简得 $t = \frac{\pi}{4.65 \times \sqrt{2}\,g}(7 \times 10^5 - 10^3 \cdot h^{\frac{3}{2}} + 3h^{\frac{5}{2}})$

本题中通过对微小量 $\mathrm{d}V$ 的分析得到微分方程(5),这种微小量分析的方法,也是建立微

分方程的一种常用方法。

**例 2**　一横截面积为常数 $A$,高为 $H$ 的水池内盛满了水,由池底横截面积为 $B$ 的小孔放水,设水从小孔流出的速度为 $\nu = \sqrt{2gh}$ ,求在任意时刻的水面高度和将水放空所需的时间.

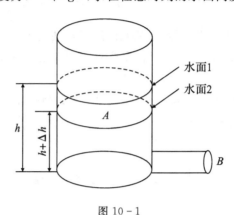

图 10 - 1

**解**　第一步列方程:

如图 10-1 设当时间 $t$ 时水的高度为 $h$　(水面1),当 $t + \Delta t$ 时的高度为 $h + \Delta h$(水面2).这里我们根据的基本原理是:由水面1降到水面2所失去的水量。容易看出,从水面1降到水面2所失去的体积在数量上是 $A\Delta h$,但要注意符号,因为 $\Delta h$ 实际是负的,因而在 $\Delta t$ 时间内,实际损失的体积是 $- A\Delta h$,在同样时间内,水从小孔流出的体积是 $B\Delta S$,其中 $\Delta S$ 是水在 $\Delta t$ 时间内流出保持水平前进时所经过的距离。

因而,有

$$- A\Delta h = B\Delta S$$

两端同除以 $\Delta t$,并令 $\Delta t \to 0$ 取极限,得

$$- A \frac{\mathrm{d}h}{\mathrm{d}t} = B \frac{\mathrm{d}s}{\mathrm{d}t}$$

由于 $\frac{\mathrm{d}s}{\mathrm{d}t} = \nu$,按所设 $\nu = \sqrt{2gh}$ ,于是上式化为

$$\frac{\mathrm{d}h}{\mathrm{d}t} = - \frac{B}{A} \sqrt{2gh}$$

这是一阶可分离变量方程,初始条件为

$$h(0) = H$$

第二步解方程:

$$\int_{H}^{h} \frac{\mathrm{d}h}{\sqrt{h}} = - \frac{B}{A} \sqrt{2g} \int_{0}^{t} \mathrm{d}t$$

$$2\sqrt{h} - 2 \sqrt{H} = - \frac{B}{A} \sqrt{2g}t$$

$$\sqrt{h} = \sqrt{H} - \frac{B}{2A} \sqrt{2g}t$$

这就是所求的水面高度 $h$ 和时间 $t$ 的函数关系

其次,求将水放空的时间 $t^*$,令 $h = 0$ 代入得

$$t^* = \frac{A}{B} \sqrt{\frac{2H}{g}}$$

# 10.6　数学实验

常微分方程的求解是高等数学的基础内容,在实际有着广泛的应用. $Matlab$ 提供求解常微分方程的命令语句,可以方便地进行常微分方程的求解. 其调用语句如下:

- dsoive('equation'):将对默认的自变量 v 求微分方程的通解;
- dsoive('equation','v'):将对指定的自变量 v 求微分方程的通解;
- dsoive('equation','condition1','condition2',…,'v'):表示对指定自变量

微分方程求各初始条件下的特解.

值得注意的是微分方程的输入方法与书写是不同的. 在输入时,微分算子用"D"表示,用 Dny 表示函数 $y$ 对自变量的 $n$ 阶导数,即 $y^{(n)}$. 例如 D2y 表示 $y$ 对自变量的二阶导数,即 $y''$.

**例 1**　求微分方程 $y' - \dfrac{y}{x} = x^3$ 的通解.

**解**　在命令窗口输入:

$\gg$ syms x;

$\gg$ y = dsolve('Dy - y/x = x^3','x')

y =

1/3 * (x^3 + 3 * C1) * x

**例 2**　求微分方程 $y' - \dfrac{2y}{x} = x^2 \mathrm{e}^x$ 满足初值条件 $y(1) = 0$ 的特解.

**解**　在命令窗口输入:

$\gg$ syms x;

$\gg$ dsolve('Dy - 2 * y/x = x^2 * exp(x)','y(1) = 0','x')

ans =

　　(exp(x) - exp(1)) * x^2

**例 3**　计算微分方程 $y' + 3xy = x\mathrm{e}^{-x^2}$ 的通解.

**解**　在命令窗口输入:

$\gg$ syms x;

$\gg$ dsolve('Dy + 3 * x * y = x * exp(- x^2)','x')

ans = exp(- x^2) + exp(- 3/2 * x^2) * C1

即方程的通解为 $y = \mathrm{e}^{-x^2} + \mathrm{e}^{-\frac{3}{2}x^2} C_1$

**例 4**　求微分方程 $y'' - a^2 y' = 0$ 满足初始条件 $y(0) = 1, y'\left(\dfrac{\pi}{a}\right) = 0$ 的特解.

**解**　在命令窗口输入:

$\gg$ syms x a

$\gg$ dsolve('D2y = a^2 * Dy','y(0) = 1','Dy(pi/a) = 0','x')

ans = 1

即满足初始条件的特解是 $y = 1$.

**例 5** 求 $y'' + 2y' + e^x = 0$ 的通解.

**解** 在命令窗口输入：

$>>$ syms x

$>>$ dsolve('D2y + 2 * Dy + exp(x) = 0', 'x')

ans $= -1/3 * exp(x) - 1/2 * exp(-2 * x) * C1 + C2$

即方程的通解为 $y = -\dfrac{1}{3}e^x - \dfrac{1}{2}C_1 e^{-2x} + C_2$.

# 同步练习 10.6

用 Matlab 中的 dsolve 命令求解下列微分方程的通解或特解.

1. 求微分方程 $\dfrac{dy}{dx} = x^3$ 的通解.

2. 求微分方程 $xdy + 2ydx = 0$ 满足初值条件 $y(2) = 1$ 的特解.

3. 求微分方程 $y'' - 5y' + 4y = 0$ 的通解.

4. 求微分方程 $y'' + 3y' + 2y = xe^{-x}$ 的通解.

# 单元测试 10

1. 判断题.

(1) 若 $y_1$ 和 $y_2$ 是二阶常系数齐次线性方程的解, 则 $C_1 y_1 + C_2 y_2$ ($C_1$, $C_2$ 是常数) 是其通解. （　　）

(2) $y'' - 7y' - x = 0$ 的特征方程为 $r^2 - 7r - 1 = 0$. （　　）

(3) $y' = y$ 的通解可设为 $y = Ce^x$ ($C$ 为任意常数). （　　）

(4) 方程 $y + \sin y^2 + 1 = 1$ 是二阶微分方程. （　　）

2. 填空题.

(1) 微分方程 $y''y''' = a^3 x (y')^5 + 3 (y'')^3$ 的阶数是_____.

(2) 方程 $y'' + py' - qy = 0$ 的特征方程是_____.

(3) $y'' = \cos x$ 的通解是_____.

(4) 已知 $y_1 = \sin x$ 和 $y_2 = \cos x$ 是 $y' + py' + qy = 0$ ($p$、$q$ 均为实常数) 的两个解, 则该方程的通解_____.

3. 选择题.

(1) 下列微分方程中, 是一阶方程的是（　　）.

A. $y' = y^2 + x$;　　　　　　　　　　B. $y'' + (y')^2 + e^x = 0$;

C. $\dfrac{d^2 x}{dy^2} = xy$;　　　　　　　　　　D. $\dfrac{d^4 s}{dt^4} + s = s^4$.

(2) 方程 $\dfrac{d^3 y}{dx^3} + e^x \dfrac{d^2 y}{dx^2} + e^{2x} = 0$ 的通解中应包含的任意常数个数为（　　）.

A. 1;　　　　　　　B. 2;　　　　　　　C. 3;　　　　　　　D. 4.

(3) 下列函数中,(　　) 是微分方程 $y' + \dfrac{x}{y} = x$ 的解.

A. $y = \dfrac{x^2}{3} + 1$;

B. $y = \dfrac{x^3}{3} + \dfrac{1}{x}$

C. $y = -\dfrac{x^2}{3} + 1$;

D. $y = \dfrac{x^2}{3} + \dfrac{1}{x}$.

(4) 方程 $y'' - y' = 0$ 的通解为(　　).

A. $y = C_1 e^x + C_2 e^x$;

B. $y = (C_1 + xC_2)e^x$;

C. $y = C_1 e^x + C_2$;

D. $y = C_2 + C_1 e^{-x}$.

(5) 方程 $xy' + (1+x)y = e^x (x > 0)$ 的通解为(　　).

A. $y = C\dfrac{e^{-x}}{x}$;

B. $y = \dfrac{e^x}{x}\left(\dfrac{1}{2}e^{2x} + C\right)$;

C. $y = \dfrac{e^{-x}}{x}\left(\dfrac{1}{2}e^{2x} + C\right)$;

D. $y = \dfrac{e^{-x}}{x}(2e^{2x} + C)$.

(6) 方程 $y' = y\tan x + \sec x$ 满足 $y(0) = 0$ 的特解为(　　).

A. $y = \dfrac{1}{\cos x}(c + x)$;

B. $y = \dfrac{x}{\cos x}$;

C. $y = \dfrac{x}{\sin x}$;

D. $y = \dfrac{1}{\cos x}(2 + x)$.

4. 简答题,求下列微分方程的通解.

(1) $(1 + x^2)dy - \sqrt{1 - y^2}\,dx = 0$;　　　(2) $(1 + e^x)y^2 y' = e^x$;

(3) $y' + y = 3x$;　　　(4) $y' - 2y = e^x - x$;

(5) $y'' - xe^x = 0$;　　　(6) $xy'' - y' = 0$.

5. 设一曲线过原点,且在点 $(x, y)$ 处的切线斜率等于 $2x + y$,求此曲线的方程.

# 答　案

## 同步练习 1.1

**1.** 求下列函数的定义域

(1)$[0,1]$；　(2)$x \neq \pm 1$；　(3)$(-3, +\infty)$；　(4)$(-\infty, 5]$.

**2.** 下列各对函数是否相同,为什么?

(1) 不相同；　(2) 不相同；　(3) 相同；　(4) 相同.

**3.** 下列函数是由哪些简单函数复合而成的?

(1)$y = \tan u, u = 4x$；

(2)$y = \sqrt{u}, u = 7x + 1$；

(3)$y = (u)^5, u = \lg x$；

(4)$y = \sqrt{u}, u = \lg v, v = \sqrt{x}$；

(5)$y = u^3, u = \ln v, v = \arcsin t, t = x^3$；

(6)$y = e^u, u = \sqrt{v}, v = x + 1$；

(7)$y = u^3, u = \sin v, v = 2x^2 + 3$；

(8)$y = u^3, u = \ln v, v = x + 5$.

## 同步练习 1.2

**1.** 求下列数列的极限.

(1)$1$；　(2)$0$；　(3)$6$；　(4) 无极限.

**2.** $8, -6$　$\lim\limits_{x \to 0} f(x)$ 不存在.

**3.** $\lim\limits_{x \to 2^-} \varphi(x) = -\dfrac{1}{4}$　$\lim\limits_{x \to 2^+} \varphi(x) = \dfrac{1}{4}$, $\lim\limits_{x \to 2} \varphi(x)$ 不存在.

**4.** 观察下列各题,哪些是无穷大,哪些是无穷小?

(1) 无穷大；　(2) 无穷小；　(3) 无穷小；　(4) 无穷小.

**5.** 求下列极限

(1)$0$；　(2)$0$；　(3)$0$.

## 同步练习 1.3

**1.** 计算下列极限.

(1)$-\dfrac{5}{4}$；　(2)$0$；　(3)$\infty$；　(4)$\dfrac{7}{2}$；　(5)$0$；　(6)$-1$；　(7)$\dfrac{\sqrt{3}}{6}$；　(8)$0$.

**2.** 求下列极限.

(1)$1$；　(2)$2$；　(3)$e$；　(4)$e^{-2}$.

**4.** 用等价无穷小代换定理,求下列极限:

(1)$\dfrac{3}{7}$；　(2)$\dfrac{1}{2}$；　(3)$\dfrac{1}{2}$；　(4)$\dfrac{1}{10}$.

## 同步练习 1.4

**1.** (1) 连续；　(2) 不连续.

**2.** (1) 可去间断点、无穷间断点；　(2) 跳跃间断点.

**3.** (1)$2\sqrt{2}$；　(2)$1$；　(3)$0$；　(4)$a$.

**4.** $a = 1$.

**5.** 略.

## 单元测试 1

**1.** (1)$(3,+\infty)$; (2)不相同; (3)$y = e^u, u = \sin v, v = x^2$; (4)$(-\infty,1]$或$[2,+\infty)$; (5)充要;

(6)可去; (7)$a = 0\, b = 15$; (8)等价无穷小.

**2.** (1)(A); (2)(A); (3)(B); (4)(D).

**3.** (1)$\infty$; (2)$\dfrac{\pi}{2}$; (3)9 (4)$e^6$; (5)$e^{-2}$; (6)$\dfrac{3}{2}$.

**4.** $(-\infty, +\infty)$.

## 同步练习 2.1

**1.** $-4$.

**2.** (1)$-\dfrac{1}{2} x^{-\frac{3}{2}}$; (2)$y = 3x^2$; (3)$\dfrac{5}{2} x^{\frac{3}{2}}$; (4)$\dfrac{1}{2\sqrt{x}}$.

**3.** $y - 8 = 12(x-2), y - 8 = -\dfrac{1}{12}(x-2)$.

**4.** $a = 2\, b = -1$.

## 同步练习 2.2

**1.** 求下列函数的导数.

(1)$y' = \dfrac{-2x}{1-x^2}$; (2)$y' = -\dfrac{1}{3} \csc^2 \dfrac{x}{3}$; (3)$y' = \cos x \sin x$; (4)$y' = \dfrac{\cos x (x+1) - \sin x}{(x+1)^2}$;

(5)$y = 3\sec^2(\ln x) \sec(\ln x) \tan(\ln x) \dfrac{1}{x}$.

**2.** (1)$y' = 2e^{2x} + 2e x^{2e-1}$; (2)$y' = e^{-\frac{1}{x}} \left( \dfrac{1}{x^2} \right)$; (3)$y' = e^{\tan\frac{1}{x}} \sec^2 \dfrac{1}{x} \left( -\dfrac{1}{x^2} \right)$;

(4)$y' = e^{x\ln x}(\ln x + 1)$; (5)$y' = 2e^{2x} \ln 2x + e^{2x} \dfrac{1}{x}$.

**3.** (1)$y'' = 6x + 4$; (2)$y'' = -\dfrac{1}{x^2}$.

**4.** $v = s' = 3t^2 + 4t - 1, a = y'' = 6x + 4$.

## 同步练习 2.3

**1.** (1)$y' = \dfrac{x}{y}$; (2)$y' = \dfrac{\cos y - \cos x}{x \sin y}$.

**2.** (1)$y' = \dfrac{\sqrt{x+2}\,(3-x)^4}{(x+5)^5} \left[ \dfrac{1}{2} \dfrac{1}{x+2} - \dfrac{4}{3-x} - \dfrac{5}{x+5} \right]$; (2)$y' = \dfrac{\ln y - \dfrac{y}{x}}{\ln x - \dfrac{x}{y}}$.

**3.** (1)$\dfrac{dy}{dx} = \dfrac{1-3t^2}{-2t}$; (2)$\dfrac{dy}{dx} = \dfrac{1}{\cos t}$.

## 同步练习 2.4

**1.** (1)$5x + c$; (2)$\dfrac{x^3}{3} + c$; (3)$-\dfrac{\cos \omega t}{\omega} + c$; (4)$\ln(x-1) + c$.

**2.** (1)$dy = \left( -\dfrac{1}{x^2} + \dfrac{1}{\sqrt{x}} \right) dx$; (2)$dy = (\sin 2x + 2x\cos 2x) dx$;

(3)$dy = \left[ -2\ln(1-x) \dfrac{1}{1-x} \right] dx$; (4)$dy = \left[ -2e^{-2x}\cos(3+2x) + 2e^{-2x}\sin(3+2x) \right] dx$.

**3.** 略

**4.** 略

## 单元测试 2

**1.** 判断题.

(1)√ ； (2)√ ； (3)× ； (4)× .

**2.** (1)(B)； (2)(A)； (3)(C)； (4)(B).

**3.** $(1)y - y_0 = f'(x_0)(x - x_0)$ , $y - y_0 = -\dfrac{1}{f'(x_0)}(x - x_0)$ ； $(2)y' = 0$ ； $(3)f''(0) = -1$ ；

   $(4)v = 50 - 10t$ .

**4.** 求下列函数的导数.

$(1)y' = \cos\dfrac{1}{x} + \dfrac{1}{x}\sin\dfrac{1}{x}$ ； $(2)y = \dfrac{1}{2}(x + \sqrt{x})^{-\frac{1}{2}}\left(1 + \dfrac{1}{2\sqrt{x}}\right)$ ； $(3)y' = \dfrac{1}{1 + (3^x)^2}3^x\ln3$ ；

$(4)y' = \dfrac{6}{\sqrt{1 - (6x)^2}}$ ； $(5)y' = 2(x^2 + x^5)(2x + 5x^4)$ ； $(6)y' = \dfrac{1}{\sqrt{x^2 + 3}}$ .

**5.** $v = 1 - \dfrac{a}{e}$ , $a = \dfrac{a^2}{e}$ .

**6.** $(1)y' = \dfrac{ay - x^2}{y^2 - ax}$ ； $(2)y' = \dfrac{e^y}{1 - xe^y}$ .

**7.** $(1)\dfrac{dy}{dx} = \dfrac{\cos t - t\sin t}{1 - \sin t - t\cos t}$ ； $(2)\dfrac{dy}{dx} = \dfrac{3e^t + 1}{-3e^{-t}}$ .

## 同步练习 3.1

**1.** $\xi = 2$ .

**2.** $\xi = e - 1$ .

## 同步练习 3.2

**1.** (1)3； (2)∞； (3)2； (4)0； (5)1.

## 同步练习 3.3

**1.** (1) 在 $\left(-\infty, \dfrac{1}{2}\right)$ 上单调递增, 在 $\left(\dfrac{1}{2}, +\infty\right)$ 上单调递减；

   (2) 在 $(-\infty, -1)$ 上单调递减, 在 $(-1, +\infty)$ 上单调递增.

**2.** (1) 极大值 $f(1) = 4$ , 极小值 $f(3) = 0$ ； (2) 在定义域内单调递减, 无极值.

**3.** (1) 最大值 $y(1) = \dfrac{1}{2}$ , 最小值 $y(0) = 0$ ； (2) 最大值 $y(4) = 128$ , 最小值 $y(1) = -7$ .

**4.** 距离 A 点 15 千米处运费最省.

## 同步练习 3.4

**1.** (1) 下凹区间 $(-\infty, 2)$ , 上凹区间 $(2, +\infty)$ , 拐点 $(2,2)$ ；

   (2) 下凹区间 $(-\infty, 0)$ , 上凹区间 $(0, +\infty)$ , 拐点 $(0,0)$ .

**2.** $a = -\dfrac{3}{2}$ , $b = \dfrac{9}{2}$ .

**3.** (1) 水平渐近线 $y = 0$ ；

   (2) 水平渐近线 $y = 0$ , 铅直渐近线 $x = -3$ ；

   (3) 铅直渐近线 $x = -1$ , 斜渐近线 $y = \dfrac{1}{2}x - \dfrac{5}{2}$ ；

   (4) 铅直渐近线 $x = -1$ , $x = 5$ 。水平渐近线 $y = 0$ .

**4.** 略

## 单元测试 3

**1.** (1) $\dfrac{1}{2}$；  (2)$(-1,0)\bigcup(0,1)$；  (3)$(-\infty,0)$；  (4)$11,-14$.

**2.** (1)C；  (2)B；  (3)B；  (4)C；  (5)D.

**3.** (1)0；(2)2；(3)0；(4)0；(5)1；(6)0.

**4.** (1) 极小值 $f(0)=0$；  (2) 极大值 $f\left(\dfrac{3}{4}\right)=\dfrac{5}{4}$.

**5.** (1) 在$(-\infty,1)$ 和$(2,+\infty)$ 内,曲线上凹;在$(1,2)$ 内曲线下凹.拐点是$(1,-3)$ 和$(2,6)$；

  (2) 在$(0,\mathrm{e}^{-\frac{3}{2}})$ 下凹,在$(\mathrm{e}^{-\frac{3}{2}},+\infty)$ 上凹,拐点是$(\mathrm{e}^{-\frac{3}{2}},-\dfrac{3}{2}\mathrm{e}^{-3})$.

**6.** 当 $R=h=\sqrt[3]{\dfrac{V}{\pi}}$ 时,表面积最小.

## 同步练习 4.1

**1.** (1)$5x^4$；  (2)$F(x)+C$；  (3)$\dfrac{1}{1+x^2}$；  (4)$\sqrt{1-2x}\,\mathrm{d}x$；  (5)$4\mathrm{e}^{-2x}$.

**2.** (1)C；  (2)$Cx$；  (3)$\dfrac{1}{4}x^4+C$；  (4)$\dfrac{1}{\ln 3}3^x+C$；

  (5)$-\mathrm{e}^{-x}+C$；  (6)$x^3-\dfrac{1}{2}x^2 C$；  (7)$-\cos x$；  (8)$\sin x$.

**3.** (1)$2x+C$；  (2)$x^2+C$；  (3)$\dfrac{1}{3}x^3+C$；  (4)$\dfrac{2^x}{\ln 2}+C$.

## 同步练习 4.2

**1.** (1) $\dfrac{1}{5}\mathrm{e}^{5x}+C$；

  (3) $\dfrac{2}{9}\sqrt{(3x+1)^3}+C$；

  (5) $\dfrac{2}{9}\sqrt{(x^3+1)^3}+C$；

  (7) $-\sin\dfrac{1}{x}+C$；

  (9) $-\cos\mathrm{e}^x+C$；

  (11)$\ln|x^2-x+3|+C$；

  (13)$2\arcsin\dfrac{x}{2}-\dfrac{x}{2}\sqrt{4-x^2}+C$；

  (2) $\dfrac{1}{2}\ln|2x-1|+C$；

  (4)$\mathrm{e}^{x^2}+C$；

  (6)$2\mathrm{e}^{\sqrt{x}}+C$；

  (8) $\dfrac{1}{3}(\ln x)^3+C$；

  (10) $-\mathrm{e}^{\cos x}+C$；

  (12)$2\sqrt{x}-3\sqrt[3]{x}+6\sqrt[6]{x}-6\ln(\sqrt[6]{x}+1)+C$；

  (14)$-\dfrac{1}{x}\sqrt{x^2+a^2}+\ln(x+\sqrt{x^2+a^2})+C$.

**2.** (1) $\sqrt{1+2x}+C$；

  (3) $\sqrt{a^2+x^2}+C$；

  (2)$2\arctan\sqrt{x}+C$；

  (4) $\dfrac{1}{2}\ln(1+x^2)+C$.

## 同步练习 4.3

**1.** (1) $-x\cos x+\sin x+C$；

  (3)$\ln x,x^2\mathrm{d}x$；

  (5)$\arctan x,x^2\mathrm{d}x$；

  (2)$x\arcsin x+\sqrt{1-x^2}+C$；

  (4)$\mathrm{e}^{-x},\cos x\mathrm{d}x$；

  (6)$x,\mathrm{e}^{-x}\mathrm{d}x$.

**2.** (1) $\dfrac{x^3}{6}+\dfrac{1}{2}x^2\sin x+x\cos x-\sin x+C$；

  (3) $\dfrac{\mathrm{e}^{ax}}{a^2+n^2}(a\cos nx+n\sin nx)+C$；

  (2) $-\dfrac{1}{x}\big[(\ln x)^3+3(\ln x)^2+6\ln x+6\big]+C$；

  (4)$3\mathrm{e}^{\sqrt[3]{x}}(\sqrt[3]{x^2}-2\sqrt[3]{x}+2)+C$.

## 单元测试 4

**1.** (1)$e^{-x}+C$; (2)$-\sin\dfrac{x}{2}$; (3)$\dfrac{1}{x}+C$; (4)$\dfrac{1}{2}f^2(x)+C$; (5)$\dfrac{1}{2}\sin^2x+C$.

**2.** (1)D; (2)B; (3)A; (4)A; (5)D.

**3.** (1)$\tan x-x+C$;        (2)$\dfrac{1}{12}\ln\left|\dfrac{3+2x}{3-2x}\right|+C$;

(3)$\dfrac{1}{2}x-\dfrac{1}{4}\sin2x+C$;     (4)$2\sqrt{x}-3\sqrt[3]{x}+6\sqrt[6]{x}-6\ln\left|\sqrt[6]{x}+1\right|+C$;

(5)$\sqrt{x^2-4}-2\arccos\dfrac{2}{x}+C$;    (6)$x\arcsin x+\sqrt{1-x^2}+C$.

**4.** $\cos x-\dfrac{2\sin x}{x}+C$.

## 同步练习 5.1

**1.** 根据定积分的几何意义,判断下列定积分的符号.

(1) 定积分为正; (2) 定积分为正.

**2.** 利用定积分的几何意义,求出下列各定积分.

(1)6; (2)6.

**3.** 用定积分表示下列各图中阴影部分的面积.

(1)$\displaystyle\int_0^\pi\sin x\mathrm{d}x$; (2)$\displaystyle\int_0^{\frac{\pi}{2}}\cos x\mathrm{d}x-\int_{\frac{\pi}{2}}^\pi\cos x\mathrm{d}x$.

## 同步练习 5.2

**1.** (1)0; (2)$-\dfrac{8}{3}$; (3)$\dfrac{\pi}{3}$; (4)$\dfrac{\pi}{6}$.

**2.** $\dfrac{5}{6}$.

## 同步练习 5.3

**1.** (1)$4-2\ln2$; (2)$\dfrac{\pi}{4}a^2$; (3)$\dfrac{1}{6}$; (4)$\dfrac{22}{3}$;

**2.** (1)$-2$; (2)$\dfrac{\sqrt{3}}{3}\pi-\ln2$; (3)$\dfrac{\pi}{12}+\dfrac{\sqrt{3}}{2}-1$; (4)$1-\dfrac{2}{e}$.

## 同步练习 5.4

**1.** 判断下列各广义积分是否收敛?若收敛,求其值.

(1)$\dfrac{1}{2}$; (2)$\pi$.

## 单元测试五

**1.** (1)6; (2)0; (3)0; (4)$\pi$; (5)$-\dfrac{3}{10}$; (6)$\dfrac{16}{3}$; (7)$\dfrac{76}{3}$; (8)$2\pi$.

**2.** (D); (C); (C); (C); (C).

**3.** (1)$\dfrac{1}{6}$; (2)$\sqrt{3}-\dfrac{\pi}{3}$; (3)$e^e-e$; (4)$3\ln3-2$; (5)$\dfrac{\pi^2}{4}-2$; (6)$\dfrac{2}{e}-1$.

**4.** (1)18; (2)$\dfrac{1}{3}$.

## 同步练习 6.1

**1.** (1)C; (2)A; (3)A.    **2.** $\dfrac{7}{5}$.    **3.** $-13$.

## 同步练习 6.2

1. $4, -8$.

2. (1) $-3$；  (2) $-30$；  (3) $\sqrt{14}$；  (4) $\arccos-\dfrac{1}{\sqrt{14}}$.

3. (1) $\times$；  (2) $\times$；  (3) $\sqrt{}$.

4. $\dfrac{\pi}{3}$.

5. 3.

## 同步练习 6.3

1. $2x + 2y + z - 9 = 0$.

2. $x + y + z = 0$.

3. $3x + 4y + 2z - 2 = 0$.

4. $-\dfrac{x}{9} - \dfrac{y}{6} + \dfrac{z}{18} = 1$  截距分别时 $-9$、$-6$、$18$.

5. $2(x-1) + 2(y-2) + (z-3) = 0$.

6. $x + y + z = 1$.

7. $3x + 4y + 2z = 0$.

8. $\dfrac{x-1}{4} = \dfrac{y-0}{-1} = \dfrac{z+2}{-3}$  $\begin{cases} x = 1 + 4t \\ y = -t \\ z = -2 - 3t \end{cases}$ .

9. $x + 5y + z - 1 = 0$.

10. $2x + 3y + z - 7 = 0$.

## 同步习题 6.4

1. $2x - y - 4z = -9$.

2. $(x-1)^2 + (y+2)^2 + (z-2)^2 = 4$.

3. $(x-2)^2 + (y+2)^2 + (z-1)^2 = 8$  表示一球.

4. (1) 表示以 $(1, -2, 0)$ 为圆心半径 $r$ 为 $2\sqrt{2}$ 球；

   (2) 表示以 $(-1, 1, 1)$ 为圆心半径 $r$ 为 $\sqrt{3}$ 球.

5. (1) 绕 $x$ 轴，$3x^2 - 2(y^2 + z^2) = 6$ 为一旋转双叶双曲面；绕 $y$ 轴，$3(x^2 + z^2) - 2y^2 = 6$ 为一旋转单叶双曲面；

   (2) $2(x^2 + y^2) + 1 = z$  为一旋转抛物面；

   (3) 绕 $x$ 轴，$4x^2 + 9(y^2 + z^2) = 36$ 为一旋转椭圆面；绕 $z$ 轴，$4(x^2 + y^2) + 9z^2 = 6$ 为一旋转椭圆面.

6. (1) 平面上是一点 $\left(\dfrac{12}{7}, \dfrac{15}{7}\right)$，空间中是一直线 $\dfrac{x - \frac{12}{7}}{0} = \dfrac{y - \frac{15}{7}}{0} = \dfrac{z}{1}$；

   (2) 平面上是两点 $(2, 0)$，$(0, 2)$   空间中是两条平行直线 $\dfrac{x-2}{0} = \dfrac{y}{0} = \dfrac{z}{1}, \dfrac{x}{0} = \dfrac{y-2}{0} = \dfrac{z}{1}$；

   (3) 平面上是一点 $(-2, 0)$，空间中是一直线 $\dfrac{x+2}{0} = \dfrac{y}{0} = \dfrac{z}{1}$.

## 单元测试 6

1. (1) $4\sqrt{2}$；  (2) $-10$  2；  (3) $x = 1$；  (4) 1；  (5) $\dfrac{\pi}{3}$.

**2.** (1) $\dfrac{\pi}{4}$;　(2) $\begin{cases}\dfrac{x-2}{2}=\dfrac{z-4}{4} \\ y=-3\end{cases}$;　(3) $2x+y-1=0$;　(4) $\left(-\dfrac{5}{3},\dfrac{2}{3},\dfrac{2}{3}\right)$;

(5) $\dfrac{x+4}{2}=\dfrac{y+4}{-3}=\dfrac{z+7}{4}$;　(6) $8x-9y-22z-59=0$;　(7) $\dfrac{x}{-2}=\dfrac{y-2}{3}=\dfrac{z-4}{1}$.

## 同步练习 7.1

**1.** (1) $\dfrac{5}{3},2(x+y)$;　(2) $xy+(x^2+y^2)$.

**2.** (1) $\{(x,y)\mid 0<x^2+y^2<1,y^2\leqslant 4x\}$;　(2) $\{(x,y)\mid x^2+y^2<1,x+y>1\}$.

**3.** (1) $\ln 2$;　(2) $0$;　(3) $\dfrac{1}{2}$.

## 同步练习 7.2

**1.** $-4,\dfrac{1}{2}$.

**2.** (1) $\dfrac{\partial z}{\partial x}=2xy^2,\dfrac{\partial z}{\partial y}=2x^2y$;　(2) $\dfrac{\partial z}{\partial x}=-\dfrac{1}{x},\dfrac{\partial z}{\partial y}=\dfrac{1}{y}$;　(3) $\dfrac{\partial z}{\partial x}=y\mathrm{e}^{xy}+2xy,\dfrac{\partial z}{\partial y}=x\mathrm{e}^{xy}+x^2$;

(4) $\dfrac{\partial z}{\partial x}=\dfrac{1}{2\sqrt{x}(\sqrt{x}+\sqrt{y})},\dfrac{\partial z}{\partial y}=\dfrac{1}{2\sqrt{y}(\sqrt{x}+\sqrt{y})}$.

**3.** (1) $\dfrac{\partial^2 z}{\partial x^2}=12x^2-8y^2;\dfrac{\partial^2 z}{\partial y^2}=12y^2-8x^2;\dfrac{\partial^2 z}{\partial x\partial y}=-16xy$;

(2) $\dfrac{\partial^2 z}{\partial x^2}=-\dfrac{1}{4x}\sqrt{\dfrac{y}{x}},\dfrac{\partial^2 z}{\partial y^2}=-\dfrac{1}{4y}\sqrt{\dfrac{x}{y}},\dfrac{\partial^2 z}{\partial x\partial y}=\dfrac{1}{4\sqrt{xy}}$.

**4.** 略

## 同步练习 7.3

**1.** (1) 偏导数存在且连续;　(2) $\mathrm{d}u=u_x\mathrm{d}x+u_y\mathrm{d}y+u_z\mathrm{d}z$;　(3) $0.42;0.4$.

**2.** (1) $\mathrm{d}z=(y\ln x+y)\mathrm{d}x+x\ln x\mathrm{d}y$;

(2) $\mathrm{d}u=yx^{y-1}\mathrm{d}x+(x^y\ln x+\sin z)\mathrm{d}y+y\cos z\mathrm{d}z$;

(3) $\mathrm{d}u=\dfrac{1}{x^2+y^2+z^2}(2x\mathrm{d}x+2y\mathrm{d}y+2z\mathrm{d}z)$.

**3.** $0.04$;　**4.** $\dfrac{\sqrt{5}}{50}$.

## 同步练习 7.4

**1.** $z_x=\dfrac{2x}{y^2}\cdot\ln(3x-2y)+\dfrac{3x^2}{(3x-2y)y^2};z_y=-\dfrac{2x^2}{y^3}\cdot\ln(3x-2y)-\dfrac{2x^2}{(3x-2y)y}$.

**2.** $\dfrac{\partial u}{\partial x}=\dfrac{\mathrm{d}f}{\mathrm{d}r}\dfrac{x}{\sqrt{x^2+y^2}};\dfrac{\partial u}{\partial y}=\dfrac{\mathrm{d}f}{\mathrm{d}r}\dfrac{y}{\sqrt{x^2+y^2}}$.

**3.** $\dfrac{\mathrm{d}z}{\mathrm{d}x}=\dfrac{\mathrm{e}^x(1+x)}{1+x^2\mathrm{e}^{2x}}$.

**4.** $\dfrac{\partial z}{\partial x}=y\mathrm{e}^{xy}\cos xy-y\mathrm{e}^{xy}\sin xy;\dfrac{\partial z}{\partial y}=x\mathrm{e}^{xy}\cos xy-x\mathrm{e}^{xy}\sin xy$.

**5.** $\dfrac{\mathrm{d}y}{\mathrm{d}x}=\dfrac{y^2-y\mathrm{e}^{xy}}{x\mathrm{e}^{xy}-2xy-\cos y}$.

**6.** $\dfrac{\partial z}{\partial x}=\dfrac{y(1+z^2)(\mathrm{e}^{xy}+z)}{1-xy(1+z^2)},\dfrac{\partial z}{\partial y}=\dfrac{x(1+z^2)(\mathrm{e}^{xy}+z)}{1-xy(1+z^2)}$.

## 同步练习 7.5

**1.** 错,对,对,对.

**2.** (1)$z(0,0)=0$ 是极小值,$(-2,2)$ 不是极值点; (2)$z(0,0)=0$ 是极小值.

**3.** 极小值 $z\left(\dfrac{4}{5},\dfrac{2}{5}\right)=\dfrac{4}{5}$.

**4.** 当 $x=y=z=\sqrt[3]{2}$ 时,所用材料最省.

## 单元测试 7

**1.** D,A,C,A,C.

**2.** (1)$\mathrm{d}x+\mathrm{d}y$; (2)满足 $y-x^2+1\geqslant 0$; (3)$\dfrac{\mathrm{d}u}{\mathrm{d}t}=\mathrm{e}^{(\sin t-2t^3)}\cdot\cos t-6t^2\cdot\mathrm{e}^{(\sin t-2t^3)}-\dfrac{1}{t^2}$.

**3.** (1)$z_x=yx^{y-1}$,$z_y=x^y\ln x$; (2)$z_x=\dfrac{1}{x}$,$z_y=\dfrac{1}{y}$; (3)$z_x=\dfrac{1}{x+\ln y}$,$z_y=\dfrac{1}{(x+\ln y)y}$.

**4.** 略

**5.** $\dfrac{\partial z}{\partial x}=-\dfrac{\mathrm{e}^{2y}+3y\mathrm{e}^{3x}+z\cos xz}{x\cos xz}$;$\dfrac{\partial z}{\partial y}=-\dfrac{2x\mathrm{e}^{2y}+\mathrm{e}^{3x}}{x\cos xz}$.

**6.** $z(2,1)=-24$ 是极小值.

**7.** 当 $x=\dfrac{2p}{3}$,$y=\dfrac{p}{3}$ 时,体积达到最大值.

## 同步练习 8.1

**1.** (1)$\displaystyle\int_0^{2\pi}f(t\cos\theta,t\sin\theta)t\mathrm{d}\theta$; (2)负; (3)$\sqrt[3]{\dfrac{3}{2}}$; (4)$\dfrac{1}{4}$.

**2.** (1)$\displaystyle\iint_D(x+y+1)\mathrm{d}\sigma,D:0\leqslant x\leqslant 1,0\leqslant y\leqslant 2$; (2)$\displaystyle\iint_D\sqrt{R^2-x^2-y^2}\mathrm{d}\sigma,D:x^2+y^2\leqslant R^2$.

**3.** (1)$4\leqslant I\leqslant 6$; (2)$\displaystyle\iint_D(x+y)^2\mathrm{d}\sigma\leqslant\iint_D(x+y)^3\mathrm{d}\sigma$.

## 同步练习 8.2

**1.** (1)$\dfrac{3}{2}$; (2)$\displaystyle\int_0^1\mathrm{d}y\int_x^{\sqrt{x}}f(x,y)\mathrm{d}x$.

**2.** B.

**3.** (1)$\mathrm{e}^{-1}$; (2)$6\ln 2$; (3)$\dfrac{6}{55}$; (4)$-2$.

## 同步练习 8.3

**1.** $4\pi a^2$. **2.** $\dfrac{5}{16}\pi$. **3.** $\dfrac{7}{3}$. **4.** $\dfrac{1}{4}Ma^2$.

## 单元测试 8

**1.** (1)$\displaystyle\int_0^1\mathrm{d}x\int_0^{x^2}f(x,y)\mathrm{d}y+\int_1^{\sqrt{2}}\mathrm{d}x\int_0^{2-x^2}f(x,y)\mathrm{d}y$; (2)$\displaystyle\int_0^4\mathrm{d}x\int_{\frac{x}{2}}^{\sqrt{x}}f(x,y)\mathrm{d}y$;

(3)$\displaystyle\int_0^1\mathrm{d}y\int_x^1 f(x,y)\mathrm{d}y$; (4)$\displaystyle\int_{-1}^1\mathrm{d}x\int_0^{\sqrt{1-x^2}}f(x,y)\mathrm{d}y$;

(5)$\displaystyle\int_0^1\mathrm{d}y\int_{\mathrm{e}^y}^{\mathrm{e}}f(x,y)\mathrm{d}x$; (6)$\displaystyle\int_{-2}^0\mathrm{d}x\int_{2x+4}^{4-x^2}f(x,y)\mathrm{d}y$.

**2.** $\dfrac{1}{2}(1-\mathrm{e}^{-4})$.

3. $\displaystyle\iint\limits_{D}(x+y)^2\mathrm{d}\sigma\geqslant\iint\limits_{D}(x+y)^3\mathrm{d}\sigma.$

4. $\pi-2.$

5. (1) $\dfrac{9}{4}$；　(2) $\dfrac{3}{2}+\cos1+\sin1-\cos2-2\sin2$；　(3) $\dfrac{1}{3}R^3\left(\pi-\dfrac{4}{3}\right)$；　(4) $\dfrac{2}{3}\pi(b^3-a^3)$.

## 同步练习 9.1

2. (1) $\dfrac{1}{1\cdot2}+\dfrac{1}{2\cdot3}+\dfrac{1}{3\cdot4}+\dfrac{1}{4\cdot5}+\dfrac{1}{5\cdot6}+\cdots$；　(2) $1+\dfrac{3}{5}+\dfrac{4}{10}+\cdots$.

3. (1) $u_n=(-1)^{n-1}\dfrac{n+1}{n}$；　(2) $u_n=(-1)^{n-1}\dfrac{x^n}{n}$.

4. (1) $\displaystyle\sum_{n=1}^{\infty}\dfrac{1}{3^n}=\dfrac{\frac{1}{3}}{1-\frac{1}{3}}=\dfrac{1}{2}$；　(2) 发散；　(3) 发散.

## 同步练习 9.2

2. (1) 收敛；　(2) 收敛.

3. (1) 收敛；　(2) 收敛；　(3) 发散.

4. (1) 条件收敛；　(2) 发散.

## 同步练习 9.3

1. (1) $R=\infty,(-\infty,+\infty)$；　(2) $R=\infty,(-\infty,+\infty)$；　(3) 收敛,收敛区间$(1,3)$.

2. $-\ln(1-x).$

## 同步练习 9.4

1. (1) $a^x=\displaystyle\sum_{n=0}^{\infty}\dfrac{(x\ln a)^n}{n!},x\in(-\infty,+\infty)$；　　(2) $\cos^2x=1+\displaystyle\sum_{n=1}^{\infty}(-1)^n\dfrac{(2x)^{2n}}{2(2n)!},x\in(-\infty,+\infty)$.

2. (1) $\dfrac{1}{2-x}=\displaystyle\sum_{n=0}^{\infty}(x-1)^n,x\in(0,2)$；　　(2) $\ln x=\ln2+\displaystyle\sum_{n=1}^{\infty}(-1)^{n-1}\dfrac{1}{n\cdot2^n}(x-2)^n,(0,4]$.

## 单元测试 9

1. (1) 错；　(2) 对；　(3) 　；　(4) 错；　(5) 对；　(6) 错；　(7) 对.

2. (1) 1；　(2) $u_n=(-1)^{n-1}\dfrac{n+1}{n}$；　(3) $p>1,p\leqslant1$；　(4) 2；　(5) $\left[-\dfrac{1}{2},\dfrac{1}{2}\right)$.

3. (1) D；　(2) A；　(3) A；　(4) A；　(5) B.

4. (1) 收敛；　(2) 收敛；　(3) 收敛；　(4) 条件收敛；　(5) 发散；　(6) 收敛；　(7) 发散；　(8) 绝对收敛.

5. (1) $[4,6)$；　(2) $(-1,1)$.

6. $\cos^2x=1+\displaystyle\sum_{n=0}^{\infty}(-1)^n\dfrac{2x^{2n}}{2(2n)!},x\in(-\infty,+\infty)$.

7. $\ln x=\displaystyle\sum_{n=1}^{\infty}(-1)^{n-1}\dfrac{(x-1)^n}{n},x\in(0,2]$.

## 同步练习 10.1

1. (1) 二阶,非线性；　(2) 二阶,线性；　(3) 四阶　非线性；　(4) 三阶,线性.

2. 略.

## 同步练习 10.2

1. (1) $y=-\dfrac{3}{x^3+C}$ 及 $y=0$；　(2) $y=C\mathrm{e}^{\arcsin x}$；　(3) $y=\mathrm{e}^{1+x+\frac{x^2}{2}+\frac{x^3}{3}}$；

(4) $\dfrac{1}{\cos y} = \dfrac{C}{\cos x}$，即 $\cos y = C \cos x$；　(5) $y^* = -\dfrac{1}{2}(\cos x + \sin x) + Ce^x$；

(6) $y^* = \dfrac{1}{4}e^t + Ce^{-3t}$.

**2.** $s = -0.2t^2 + 20t$. 经过 50 秒停下来，走了 500 米.

## 同步练习 10.3

**1.** (1) $y = \displaystyle\int (\sin x - e^x + C_1)\,\mathrm{d}x = -\cos x - e^x + C_1 x + C_2$；

(2) $-\dfrac{1}{y} = Cx + C_1$，当 $p = 0$ 时，$y = c$，是方程的解，但它不是方程的通解；

(3) $y = \dfrac{C}{2}x^2 + C_1$.

## 同步练习 10.4

**1.** (1) $y = C_1 e^{5x} + C_2 e^{7x}$；　　　　　　　　(2) $y = C_1 e^{-x} + C_2 e^{-3x}$；

(3) $y = (C_1 + C_2 x)e^{\frac{5}{2}x}$；　　　　　　　(4) $y = e^{-3x}(C_1 \cos \sqrt{22}\,x + C_2 \sin \sqrt{22}\,x)$；

(5) $y = y_c + y_p = c_1 e^{-x} + c_2 e^{-4x} - \dfrac{1}{2}x + \dfrac{11}{8}$；　(6) $y = C_1 e^{-x} + C_2 e^{\frac{1}{2}x} + e^x$.

**2.** (1) $y = (2 + x)e^{-\frac{x}{2}}$；　　　　　　　　(2) $y = (x^2 - x + 1)e^x - e^{-x}$.

## 单元测试 10

**1.** (1)（错）；　(2)（错）；　(3)（是）；　(4)（错）.

**2.** (1) 3；　(2) $r^2 + pr - q = 0$；　(3) $y = -\cos x + c_1 x + c_2$；　(4) $y = C_1 \sin x + C_2 \cos x$.

**3.** (1) A　(2) C　(3) D　(4) C　(5) C；　(6) B.

**4.** (1) $\arcsin y = \arctan x + C$；　　　　　(2) $\dfrac{1}{3}y^3 = \ln|1 + e^x| + C$；

(3) $y = 3x - 3 + Ce^{-x}$；　　　　　　　(4) $y = -e^x + \dfrac{x}{2} + \dfrac{1}{4} + Ce^{-2x}$；

(5) $y = xe^x - 2e^x + C$；　　　　　　　(6) $y = \dfrac{C}{2}x^2 + C_1$.

**5.** $y = -2x - 2 + Ce^x$.

# 参考文献

[1] 侯风波.高等数学[M].北京:高等教育出版社,2000.

[2] 张涛,郭随兰.高等数学[M].西安:西安电子科技出版社,2014.

[3] 王玉华,彭秋艳.应用数学基础[M].北京:高等教育出版社,2013.

[4] 李颖.土木工程实用力学[M].北京:人民交通出版社,2013.

[5] 张国勇.高等数学[M].北京:教育科学出版社,2008.